华章心理
HZBOOKS | Psychological

Counseling Children
a practical introduction
(5th Edition)

儿童心理咨询

（原书第5版）

凯瑟琳·格尔德（Kathryn Geldard）
［澳］ 大卫·格尔德（David Geldard） 著
丽贝卡·伊芙（Rebecca Yin Foo）

杜秀敏 译

图书在版编目（CIP）数据

儿童心理咨询（原书第 5 版）/（澳）凯瑟琳·格尔德（Kathryn Geldard），（澳）大卫·格尔德（David Geldard），（澳）丽贝卡·伊芙（Rebecca Yin Foo）著；杜秀敏译．—北京：机械工业出版社，2020.1

书名原文：Counseling Children: a practical introduction

ISBN 978-7-111-64324-1

I. 儿⋯ II. ①凯⋯ ②大⋯ ③丽⋯ ④杜⋯ III. 儿童心理学 – 咨询心理学 IV. B844.1

中国版本图书馆 CIP 数据核字（2019）第 264689 号

本书版权登记号：图字 01-2019-4722

Kathryn Geldard, David Geldard and Rebecca Yin Foo. Counselling Children: a practical introduction, 5th Edition.

Copyright © 2018 by SAGE Publications, Inc.

Simplified Chinese Translation Copyright © 2020 by China Machine Press. This edition is authorized for sale in the People's Republic of China only, excluding Hong Kong, Macao SAR and Taiwan.

No part of this book may be reproduced or transmitted in any form or by any means, electronic or mechanical, including photocopying, recording or any information storage and retrieval system, without permission, in writing, from the publisher.

All rights reserved.

本书中文简体字版由 SAGE Publications, Inc. 授权机械工业出版社在中华人民共和国境内（不包括香港、澳门特别行政区及台湾地区）独家出版发行。未经出版者书面许可，不得以任何方式抄袭、复制或节录本书中的任何部分。

儿童心理咨询（原书第 5 版）

出版发行：机械工业出版社（北京市西城区百万庄大街 22 号 邮政编码：100037）			
责任编辑：曹　文　彭　箫		责任校对：李秋荣	
印　　刷：北京诚信伟业印刷有限公司		版　　次：2020 年 4 月第 1 版第 1 次印刷	
开　　本：170mm×230mm　1/16		印　　张：26.75	
书　　号：ISBN 978-7-111-64324-1		定　　价：99.00 元	

客服电话：（010）88361066　88379833　68326294　　投稿热线：（010）88379007
华章网站：www.hzbook.com　　　　　　　　　　　　读者信箱：hzjg@hzbook.com

版权所有·侵权必究
封底无防伪标均为盗版
本书法律顾问：北京大成律师事务所　韩光 / 邹晓东

本书献给大卫·格尔德,他的专业知识和临床技能极大地帮助了咨询师和接受心理咨询的儿童。

前言

本书新版的发布是非常令人兴奋的，但写这篇前言时，我们的心情非常复杂，因为大卫在准备本书手稿的过程中去世了。虽然这是一段悲伤的时光，但当我们想到大卫在心理咨询领域的惊人贡献，以及这种贡献可以通过我们的书被铭记时，我们尤感欣慰。他通过与来访者的工作，以及培训和写作分享咨询经验，感动了许多人。我们特别希望这一版能成为对大卫一生有意义的工作的献礼。

在更新这个版本的时候，我们有意把重点放在使文本更贴近现代语境上。特别是，我们已经添加关于技术（见第31章）的新的一章。我们认为这是一个极为重要的问题，因为在我们的咨询经验中，这是我们所帮助的儿童的许多家长所关心的问题。因此，我们在开始这一章时探讨了现代技术的前景，强调了儿童获得技术所带来的利与弊。然后，我们介绍了一些在咨询过程中可能有用的技术。为了使文本更加现代化，我们还在每一章末尾增加了一个新的部分，标题为"更多资源"，这一部分提供文章、活动和更多信息的链接，以补充文本内容。

我们已试图进一步确认咨询服务的环境范围，并尽可能在文化方面考虑周全。我们希望这些内容对读者有用，限于篇幅，我们不能在本书中详尽介绍这些内容。同时，我们强烈鼓励读者在这些领域寻找更多的信息，以补充咨询知识并强化实践能力。我们也简要地介绍了及时了解策略更新的重要性（见第3章和第6章）。然而，由于咨询工作的环境多种多样，我们强烈鼓励读者进一步探讨适用于其独特咨询情况的策略。在第1章中，我们将幸福感和恢复力作为咨询的一个基本目标，这也是前言的扩展部分，我们鼓励读者在这一领域寻找更多的资源。

之前关于实践的重点内容在本版中得以保存，我们希望这将帮助那些支持儿童发展并扩大自己咨询实践范围的人。为了支持实践活动，书里面还保持了一种交互风格，希望这种风格能鼓励读者思考自己的实践活动。说到这一点，我们相信咨询是受咨询师的个人特质影响的，因此我们也看到读者能够接受那些与他们自己的咨询方法相适应的想法，而拒绝那些不适合的想法，这是很重要的。

我们真诚地希望本书能对读者的咨询工作有所帮助，并支持读者的专业实践能力发展！

凯瑟琳·格尔德

丽贝卡·伊芙

目录

前言

第一部分 儿童心理咨询

第1章 儿童心理咨询的目标 / 2

第一级目标——基本目标 / 3

第二级目标——父母的目标 / 4

第三级目标——心理咨询师制定的目标 / 4

第四级目标——儿童的目标 / 4

第2章 儿童与心理咨询师的关系 / 8

儿童与咨询师的关系所具有的特质（以及这些特质对父母与咨询师关系的影响）/ 9

移情 / 17

第3章 儿童心理咨询的伦理考量 / 20

建立咨询关系 / 21

　　　　维持咨询关系 / 23
　　　　结束咨询关系 / 26

第 4 章　儿童心理咨询师所需的特质 / 29
　　　　儿童心理咨询师必须具备的特质 / 30

第二部分　实践的理论框架

第 5 章　儿童心理咨询的历史背景和当代观点 / 36
　　　　1880～1940 年——早期先驱提出基本理念 / 37
　　　　1920～1975 年——涌现出多种儿童心理发展理论 / 43
　　　　1940～1980 年——人本主义和存在主义治疗的发展 / 46
　　　　1950 年至今——行为治疗的发展 / 51
　　　　1960 年至今——认知行为治疗的发展 / 51
　　　　1980 年至今——提出了更多有关儿童心理治疗的
　　　　　新观点 / 53
　　　　儿童心理治疗是否有首选的方法 / 57

第 6 章　儿童心理治疗的过程 / 61
　　　　最初的评估阶段 / 61
　　　　儿童心理治疗 / 65
　　　　治疗结果的回顾 / 70

第 7 章　儿童发生治疗性变化的内部过程 / 73
　　　　案例研究——背景资料 / 75

第 8 章　有序计划整合式儿童心理咨询模式 / 83
　　　　儿童在咨询中发生改变的过程 / 84
　　　　整合治疗中系统性方法的优势 / 86

SPICC 模式 / 87
SPICC 模式如何整合多种治疗方法 / 89

第 9 章 家庭治疗背景下的儿童心理治疗 / 97

个体治疗与家庭治疗的比较 / 98
个体治疗与家庭治疗的整合 / 99
将个体和亚团体咨询整合到家庭治疗中 / 108

第 10 章 儿童团体咨询 / 116

儿童团体咨询的优势 / 117
儿童团体咨询的局限 / 118
儿童团体咨询的类型 / 118
实施团体咨询的准备 / 120
设计团体活动 / 122

第三部分 儿童心理咨询技巧

第 11 章 观察 / 127

观察整体外貌 / 128
观察行为 / 128
观察儿童的情绪或情感 / 129
观察智力功能和思维过程 / 129
观察言语 / 130
观察动作技能 / 130
观察游戏 / 130
观察儿童与咨询师的关系 / 131

第 12 章 积极倾听 / 133

配合身体语言 / 134

利用最小应答 / 134
利用反应技巧 / 135
使用总结 / 141

第 13 章　帮助儿童讲述他们的故事并触及强烈的情感 / 143

利用观察和积极倾听技巧 / 144
利用提问 / 144
利用陈述 / 149
利用道具 / 151

第 14 章　处理阻抗和移情 / 155

处理阻抗 / 155
处理的需要 / 159
处理移情 / 162

第 15 章　处理自我概念和损己信念 / 165

自我概念 / 166
损己信念 / 167

第 16 章　积极促进改变 / 173

思考取舍和选择 / 173
探索改变的决定 / 179
练习和尝试新行为 / 184

第 17 章　心理咨询的结束 / 187

第 18 章　儿童团体咨询技巧 / 191

带领机制 / 191
儿童团体咨询的技巧 / 195

第四部分 游戏治疗——道具和活动的使用

第 19 章　游戏治疗室 / 202

家具、装备、玩具和材料 / 205

第 20 章　儿童游戏治疗的循证基础 / 209

医院环境 / 210
支持有创伤经历的儿童 / 211
情绪的表达和管理 / 212
行为 / 213
儿童–咨询师关系 / 214

第 21 章　选择适宜的道具或活动 / 216

适用于不同年龄组的道具和活动 / 216
适用于不同情境的道具和活动 / 217
适用于不同预期目标的道具和活动 / 218
道具和活动的属性 / 224
总结 / 225

第 22 章　模型动物的使用 / 227

所需的材料 / 227
使用模型动物的目标 / 228
如何使用模型动物 / 229
使用模型动物所需的咨询技巧 / 233
道具的适用性 / 234

第 23 章　沙盘游戏 / 236

所需的设施和材料 / 236
使用沙盘游戏的目标 / 238
如何使用沙盘 / 239

　　　　使用沙盘的咨询技巧 / 241
　　　　沙盘游戏的适用性 / 245

第 24 章　黏土治疗 / 247

　　　　所需的材料 / 248
　　　　使用黏土的目标 / 249
　　　　如何使用黏土 / 250
　　　　黏土的适用性 / 255

第 25 章　绘画、彩绘、拼贴画和建筑模型 / 257

　　　　所需的材料 / 260
　　　　使用绘画和彩绘的目标 / 263
　　　　如何进行绘画和彩绘 / 263
　　　　拼贴画 / 268
　　　　建筑或雕塑游戏 / 268
　　　　绘画、彩绘、拼贴画和建筑游戏的适用性 / 269

第 26 章　想象之旅 / 271

　　　　进行想象之旅的目标 / 272
　　　　所需的材料 / 273
　　　　如何引导儿童进行想象之旅 / 274
　　　　分析儿童的画作和旅程 / 277
　　　　想象之旅的适用性 / 277

第 27 章　书和故事 / 280

　　　　故事书在儿童心理咨询中的应用 / 280
　　　　编故事 / 281
　　　　基于教育目的的书籍 / 281
　　　　使用书和故事的目标 / 282
　　　　如何使用书和故事 / 284

书和故事的适用性 / 286

第 28 章　玩偶和毛绒玩具 / 288

使用玩偶和毛绒玩具的目标 / 289
所需的材料 / 291
玩偶和毛绒玩具的适用性 / 295

第 29 章　假装游戏 / 297

进行假装游戏的目标 / 298
所需的材料和设备 / 299
如何利用假装游戏 / 301
假装游戏的开始 / 304
如何利用假装游戏实现特定的目标 / 304
假装游戏的适用性 / 308

第 30 章　益智或竞技游戏 / 310

所需的材料 / 312
进行益智或竞技游戏的目标 / 312
如何带领孩子进行益智或竞技游戏 / 313
益智或竞技游戏的适用性 / 317

第 31 章　技术 / 319

技术的作用 / 319
技术和咨询 / 323

第五部分　工作单的使用

第 32 章　培养自尊 / 334

第 33 章　社会技能训练 / 342

　　　　　识别和表达情绪　/ 345
　　　　　与他人交流　/ 347
　　　　　自我管理　/ 350
　　　　　总结　/ 352

第 34 章　**自我保护教育**　/ 354

　　　　　帮助儿童理解什么是适当的界线　/ 354
　　　　　帮助儿童保护自己，远离身体伤害　/ 357
　　　　　帮助儿童保护自己，远离情感伤害　/ 358
　　　　　工作单在自我保护教育中的应用　/ 360

结束语　/ 365

附录：工作单　/ 368

参考文献　/ 404

·第一部分·
儿童心理咨询

第 1 章

儿童心理咨询的目标

即使是从来没接触过儿童心理咨询的人也知道，它与成人心理咨询的方式是不一样的。我们在给成人做心理咨询时，通常是坐下来进行面对面的交谈的。如果我们在对儿童进行咨询辅导时，也试图采用同样的方法，那么大多数儿童除了回答问题之外，其他什么都不会说。虽然他们能与我们交谈，但是并不可能告诉我们任何重要的信息，而且在过了一段时间之后，他们会对这种交谈感到厌烦，或者退回到沉默的状态。即使他们确实在跟我们进行对话，也很可能会偏离那些重要的问题。

身为心理咨询师，如果我们希望鼓励儿童对我们说出那些令他们痛苦的问题，就必须在使用言语咨询技巧的同时结合其他方法。例如，我们可以让儿童做游戏，或者利用诸如模型动物、黏土等道具或是其他不同的艺术形式。另外，我们也可以选择让他们讲故事或者展开想象之旅。正因为我们将言语咨询技巧与其他道具或策略结合起来，所以才能够创造机会，让他们进入咨询过程并产生疗效。身为心理咨询师，我们为儿童提供了能够让他们在治疗过程中产生改变的环境。

因为我们不能单独使用言语咨询技巧，同时也为了提升治疗效果，所以我们会在本书中经常提到儿童心理治疗。很明显，治疗过程中的变化是我们在结合其他道具的咨询辅导过程中所希望达到的效果。

在成为一个儿童心理咨询师之前，理解儿童心理咨询的本质和目标是很重要的，我们必须对我们的目标以及如何达成目标有清楚的认知。正如我们将要看到的，达成这些目标不仅依赖于我们所使用的道具和工作风格，而且依赖于儿童与心理咨询师之间的关系。因此，我们在这个部分会先探讨儿童心理咨询的目标，然后在第2章中再继续思考儿童与心理咨询师的关系。

在继续阅读之前，请你暂停一下思考：你认为在对儿童进行心理咨询时最重要的目标是什么？

请你再回答一个具有伦理意味的问题，那就是咨询过程中某个独立的阶段或者一系列过程中特定的目标是由谁来设定的？是心理咨询师？儿童的父母或监护人？还是儿童自己？你的看法是什么？

我们认为以上这些问题的答案是相当复杂的，我们确定出以下四个不同级别的目标。

- ◇ 第一级目标——基本目标
- ◇ 第二级目标——父母的目标
- ◇ 第三级目标——心理咨询师制定的目标
- ◇ 第四级目标——儿童的目标

这些目标都很重要，并且在治疗过程中必须作为中心。然而在治疗过程的不同时间点，有些目标的重要性是凌驾于其他目标之上的，完成这个过程是心理咨询师的职责。现在，我们将就每个级别的目标来阐述我们的观点。

第一级目标——基本目标

以下目标普遍适用于接受治疗的所有儿童。

1. 儿童能够处理令他们感到痛苦的情绪问题。
2. 儿童能够在思想、情感和行为三个方面在某种程度上达成一致。

3. 儿童能够对自身感觉良好。
4. 儿童能够接受自己的优势和不足,并感觉良好。
5. 儿童能够改变会产生不良后果的行为。
6. 儿童能够对外部环境(例如家庭或学校)表现出安心和适应良好的行为。
7. 最大限度地增加儿童进入新的发展阶段的可能性。
8. 支持儿童发展他们的适应能力并促进总体幸福感。

第二级目标——父母的目标

这些目标是父母在带领儿童接受治疗时确立的。它们与父母自身的意愿有关,并且通常是基于儿童目前的行为而设定的。例如,有一个儿童在墙上胡乱涂鸦,那么父母的目标可能就是消除他的这种行为。

第三级目标——心理咨询师制定的目标

这些目标是心理咨询师基于他对儿童特殊行为方式的假设而制定的,如同上述在墙上胡乱涂鸦的儿童,咨询师可能假设这种涂鸦是儿童情绪问题导致的。于是,咨询师设定的目标就是确认和解决他的情绪问题。

很明显,在咨询师对儿童行为的可能原因提出假设时,需要整合多方面的信息,包括自身的案例咨询经历、对儿童心理学和行为理论的了解以及关于当前研究和相关文献的知识。

第四级目标——儿童的目标

这些目标是在治疗期间出现的,尽管儿童通常无法自己用语言进行表述,但实际上就是他们自己的目标。它们依赖于儿童在接受咨询时的状态。

有时候，这些目标与咨询师的目标一致，有时候却不一样。例如，咨询师可能带着第三级目标进入一个治疗阶段，这个目标是赋予儿童权利。但是，这时候儿童可能想倾诉令他痛苦的失落感，而没有准备好使用这些权利。在这种情况下，咨询师需要专注于第四级目标，并允许儿童倾诉那些令人伤心的遭遇。

如果咨询师是带着明确的日程表进入某个特定阶段的，那么当按照这个日程表执行的时候，有些时候它是有效且适当的。然而通常情况下，如果刻板地按照预先确定的日程表，可能存在危险，因为这时候儿童本身的需要并没有得到认同，而是被忽略了。为了确保在治疗过程中儿童的真正需要能够浮现出来，并且得到适当的治疗，咨询师的治疗节奏必须与儿童的节奏保持一致。有的咨询师会建构符合其自身所需而非符合求助的儿童所需的治疗过程。很显然，这是不能被接受的，通常情况下第四级目标都要占据主导位置。

我们提到的"儿童的目标是最重要的"还有另外一层含义。如果我们面对的是一个来自暴力家庭的儿童，我们可能会产生一种很强烈的信念，即治疗的一个重要目标（第三级目标）就是帮助儿童找到安全的生活方式。这个目标当然很重要，并且从长远来看是一个有用且根本的目标。然而，儿童更想要克服自己对母亲的恐惧（第四级目标）。我们认为，如果对儿童来说最主要的问题没有首先解决，那么咨询成功的可能性就会降低。

要知道每个儿童都是独一无二的，所以在制定第三级目标时需要非常谨慎。我们对于儿童的需求的假设可能是错误的。在咨询过程中，我们应不断回顾目标，并且在任何必要的时候进行修正。用于发现儿童真正需求的技能也要在实践和经验中不断发展。

如果治疗过程得到正确的引导，儿童的目标就会自然地出现。如果这些目标被咨询师识别出来，且没有被咨询师或父母制定的目标所掩盖，那么通过与父母协商，这些目标就可以正式进入咨询过程中。我们认为，这些包含儿童自己意愿的第四级目标无论在什么情况下，都应该被优先考虑。

因此我们强烈建议，在通常情况下，确定某个咨询阶段或一系列咨询过程的特定目标时，要在结合父母的第二级目标和咨询师的第三级目标的情况下，优先考虑儿童的第四级目标。我们的经验是，当遵循以上原则时，第一级基本目标就能自动实现。无论在什么时候，确立目标的过程必须是互动并经过协商的，是儿童、父母或家庭及咨询师三方完全参与的。

在设置目标的过程中隐含着这样一种想法：虽然儿童是我们主要的服务对象，付钱的却是父母！尽管这种想法会让我们陷入尴尬的伦理困境，但是我们发现通过使用上述方法，父母的目标也可以实现。

在考虑到儿童心理辅导所蕴含的内容时，我们最先关注的是目标。如前所述，儿童心理咨询的又一个重要方面就是儿童与咨询师的关系，我们将在下一章中进行探讨。

□ 案例学习

你刚刚收到一个新的客户转介。12岁的迈克由他的母亲琼转介过来。琼提供的转介信息表明，她对迈克过去六个月的行为变化感到担忧。琼觉得迈克变得越来越"对立"，有时在言语和身体上越来越咄咄逼人。如果迈克去见咨询师，她希望这种行为能得到改善。她还指出，这个家庭今年因为丈夫约翰的工作调动已经搬到了州际公路，这也意味着约翰的工作时间更长了。琼在转介信中还提到，迈克在他以前的学校里经常在被严重欺凌后（包括身体上的攻击）去找学校咨询师。迈克没有向父母报告他新学校里的任何欺凌事件。因此，琼觉得这对迈克来说已不再是问题。作为咨询师，你与这个家庭如何设定目标？你会如何向孩子/家庭介绍设定目标的过程？你会怎么说？你如何处理父母/孩子/咨询师三者目标之间的冲突？

● 重点

- 为了让儿童和我们谈论敏感的问题，我们需要结合媒介或活动来使用咨询技巧。

- 作为咨询师，我们需要牢记以下四种不同类型的目标。
  - 基本目标
  - 父母的目标
  - 心理咨询师制定的目标
  - 儿童的目标
- 在优先考虑儿童的目标的前提下，同时照顾父母和咨询师的目标，那么基本目标一般都能得到最好的实现。

◎ 更多资源

儿童成果研究联合会（CORC）收集材料以支持儿童和青少年的心理健康和总体幸福感。通过伦敦大学学院（UCL）官网，CORC 为大家提供了一本在儿童和青少年咨询过程中关于设立和跟踪目标的小册子。需要注意的是，这本小册子更适合大龄儿童，但也可以满足父母的目标，但咨询师需要在治疗过程中跟随孩子的引导。这本小册子可以在这里找到：http://www.ucl.ac.uk/ebpu/docs/publication_files/Goals_booklet_3rd_ed。

访问 http://study.sagepub.com/geldardchildren 查看 *Establishing Goals*。

第 2 章

儿童与心理咨询师的关系

在很早以前，可以追溯到 20 世纪 50 年代，人们就认识到，成人来访者和咨询师之间的关系对治疗结果是一个关键因素。最初，关于成人来访者与咨询师的关系的探讨来自多年前卡尔·荣格的研究。他认为，影响这种关系的重要因素是一致性、同理心和无条件的积极关注。从那个时候起，其他心理学工作者也阐述了他们所认为的良好的咨询关系应该具备的特质，也普遍同意这种关系对积极的治疗效果有显著影响。

同样地，人们普遍同意在儿童心理治疗中，儿童与咨询师的关系对治疗的有效性有重大影响。到目前为止，已经有很多研究试图确定这种关系所需的重要特质（Virginia Axline，1947；Anna Freud，1928；Melanie Klein，1932）。不幸的是，到底什么类型的关系能够使治疗的效果最大化，仍然存在很大的争议。我们并不妄图深入讨论不同流派的观点，因为本书并不是关于儿童心理治疗理论的，而是一本实用的入门指南。但是，我们仍然会在第 5 章中简单地总结儿童心理治疗的历史背景和当前的一些观点。

在这一章中，我们想和大家分享一下我们认为对儿童与咨询师的关系有重要影响的观点。你可以将我们的观点和其他流派的观点进行比较，然后做出你认为正确的决策。

我们同意其他儿童心理工作者关于儿童与咨询师的关系对儿童治疗过程中发生的变化有关键影响的观点，而且我们主张这种关系对达成治疗效果是一个简单而重要的因素。

我们必须承认，儿童与咨询师的关系取决于咨询师在这种关系中所携带的个人特质。这一点我们将在第 4 章中进行讨论。这里，我们将要思考什么特质在这种关系中是适当且必要的。这些特质不可避免地会影响父母与咨询师的关系，我们也将对其进行讨论。此外，我们还会考虑移情在儿童与咨询师的关系中有何作用。

儿童与咨询师的关系所具有的特质（以及这些特质对父母与咨询师关系的影响）

为了取得最佳效果，我们认为儿童与咨询师的关系必须具备下列所有特质。

1. 儿童的世界和咨询师之间的联系纽带
2. 排外
3. 安全
4. 真实
5. 保密（受到一些条件的限制）
6. 非侵入性
7. 有目标

现在，我们将对上面所列的特质进行具体的探讨。

儿童与咨询师的关系应当是儿童的世界和咨询师之间的联系纽带

这种关系主要是建立了咨询师与儿童之间的联系，并一直跟随儿童的感知。儿童看待生活环境的方式可能与成人有相当大的差异。咨询师的工作就是融入儿童的世界，并且制订适合儿童的工作计划。咨询师不能加入自己的判断、主张或指责，因为这么做，只能让儿童远离他们所觉知的世界，而趋近咨询师的世界。让儿童保持他们原先的价值观、信念和态度，而不受咨询师的价值观、信念和态度的影响是很重要的。

儿童与咨询师的关系在儿童的世界与咨询师之间架起了桥梁，使咨询师能够清楚地观察到儿童的经历。但是，这种观察将不可避免地受到咨询师本身经历的影响，并产生一定的偏差，其中有些偏差会不可避免地反向投射到儿童身上。所以，咨询师必须尽力减弱他们的自身经历对儿童所产生的影响，这样他们与儿童世界的联系才会尽可能完整。

儿童与咨询师的关系应当是排外的

咨询师需要与儿童之间建立并维持良好的、和谐的关系，这样儿童才能发展出对咨询师的信任。对儿童来说，这种关系必须具有强烈的排外性，这样儿童所体验到的与咨询师之间的独特关系才不会受制于其他人不必要的侵入，例如父母或兄弟姐妹。儿童对自己有独特的自我认知，这种自我认知与父母对儿童的认知是不一致的。为了让这种关系在治疗过程中产生效果，儿童必须感觉到他们的自我认知是能被咨询师接受的。假如儿童认为咨询师对他们的看法受到父母或其他重要人士的影响，那么这样对治疗就不会产生帮助。因此，儿童与咨询师的关系必须是排外的。保持这种关系的排外性意味着不允许其他人侵入，或是不经儿童同意不能纳入其他人。所以，在治疗前需要特别注意为儿童和父母打预防针，因为这里很明显地存在伦理上的困境。父母对儿童有照顾和控制的权利，然而在治疗中我们提出咨询师与儿童的关系必须是排外的。你认为父母对此会有什么看法呢？当父母接受公共卫生局或者大型非政府机构的帮助时，这种情况可能会发生恶化。尽管个别工作者尝试创造私人的顾客导向服务，但是一些父母仍可能觉得被这些体系压制或剥夺了权利。父母不能完全地融入心理咨询过程，这种想法可能会让一些父母陷入焦虑。

这个伦理问题若要得到令人满意的解决，方法只有一个，那就是咨询师要让父母明白治疗的本质，并让父母接受他们的要求。一般来说，治疗对儿童和父母来说都是一段新的经历。我们发现，如果父母充分了解咨询师在治疗过程中与儿童维持排外性关系的必要性，那么他们就能对治疗感到安心并充分信任。

提醒父母，孩子有时并不愿意把在治疗过程中透露的事情告诉他们是有益的。父母感到焦虑，而且认为他们对自己理所应当知道的信息一无所知，这也是可以预见和理解的，因为父母想要确保他们能及时获得那些他们认为很重要的信息。然而，他们必须明白，儿童通常很难将重要和私密的事情与人分享，只有当儿童准备好并感到安全时，才能做出分享的行为。

有时候，特别是在治疗过程中的某些重要时段，儿童可能会表现出一些新的行为，而这些行为比刚开始治疗时儿童已有的行为更难以被父母掌控。因此，应提前告知父母在治疗开始后很快就会有一段上升期，但是经常会紧跟着一段复发期，这是很有帮助的。将这种一般信息传达给父母并不会危及儿童与咨询师之间关系的排外性。然而，如果没有经过儿童的同意，将治疗过程中的具体细节告诉父母就势必会危及排外性。

随着儿童在治疗中自信的增长，以及咨询师对儿童的问题不断加深了解，儿童所体验到的信任感也在增强。当儿童意识到，没有他们的允许，他们对父母、事件和情境的恐惧、焦虑和负面的想法都不会在家庭成员面前暴露的时候，这种信任就会不断被强化。我们认为尽管儿童的隐私权受到某些限制，但是他们仍然拥有这种权利，不过我们也确实能理解，有时候父母很难接受这一点。

很明显，获得父母的支持和鼓励是非常值得的，这样儿童就能毫无顾虑地与咨询师交谈。我们发现，假如以开放的态度对父母说出儿童与咨询师之间关系的本质，他们很多时候对我们的工作是很支持的。

我们尝试在儿童在场的时候与其父母建立信任关系。这时候儿童充分地意识到父母接受儿童与咨询师之间的关系，同时我们也得到了父母的同意和支持，因此儿童与咨询师之间关系的排外性也得到了维持。

很自然，在某些时候，父母有权利也需要知道在咨询过程中儿童透露给咨询师的信息。排外性和保密性的问题无疑是很复杂的，我们将在第3章和第9章中进行更充分的讨论。

儿童与咨询师的关系应当是安全的

咨询师必须创造一个宽容的环境使得儿童能够毫无顾虑地行动，并且安全地掌控自己的情绪。在这种环境下，他们能获得安全感从而自信地暴露自己，不用担心接收到不利的反馈，或者是在情感上受到伤害。这里也包含了保密性问题，我们将在稍后以及第3章和第9章中再进行讨论。

为了让儿童感到安全，需要制定一个框架。这个框架能够在治疗过程中给儿童提供安全感，并能够对事件进行预测。同时，它也允许咨询师提醒儿童，沉溺于无目的的重复活动会减少有效咨询的时间。这个框架的内容还包含设置行为界限，以及每个治疗阶段的预期长度。另外，儿童还需要为每个治疗阶段的终止做好准备。

关于限制条款的制定，我们认为这是为了保护儿童、咨询师以及财物不受损害。在治疗过程的早期融合阶段，我们就要让儿童清楚地知道下面三个基本规则：

◇ 儿童不能伤害自己。
◇ 儿童不能伤害咨询师。
◇ 儿童不能破坏财物。

然后，我们要让儿童清楚违反这三条规则是要付出代价的。假如违反这些规则，他们不会受到任何指责，但是治疗过程就此结束。不管用什么方法，咨询师一定要让儿童明白因为规则已经被破坏，所以治疗不得不终止。同时，我们要让他们觉得我们依然欢迎他们下次再来并重新预约。

仅仅通过这三条规则，我们就能避免在治疗过程中像父母一样管教他们，同时也能创建出一种独特的治疗关系。在这种关系中，儿童可以不受限制地表现出他们真实的自我。

尽管我们实施了一些外部的控制，但并不意味着咨询师就能保证在所有治疗阶段不会出现出格的行为。间断出现的试探性行为也是儿童心理治疗过程的一个正常部分。

在游戏治疗中，我们所选择的材料必须要考虑到安全需要。那些能够被轻易毁坏的设备或玩具对许多儿童来说都是焦虑感的来源。大部分儿童都不想为不小心毁坏物品而承担责任。

儿童与咨询师的关系应当是真实的

为了确保儿童与咨询师的关系是真实可信的，这种关系就必须是两个真实的人在互动过程中形成的一种真正的、诚实的关系。这种关系从头至尾都必须与咨询师和儿童双方真实的自我保持一致。它不能是一种表面的，或是咨询师试图伪装成他人的关系。真实可信的关系给儿童提供了机会，让他们能够放弃伪装，并允许他们表露内在的自己。这种关系会引发深层次的信任和理解。

关系的真实性意味着允许儿童和咨询师之间发生自然的、本能的交流，不会受到压抑或阻挠，也不会产生不必要的焦虑感。在这种真实的表现下，基于所讨论话题的严重性和投入的情感强度，有时候儿童与咨询师的关系会变得严肃起来，但是真实的关系并不总是严肃的，它也允许儿童和咨询师自然地投入有趣且快乐的互动中。最重要的是，在真实的关系中，儿童出现的问题并不会被压制、逃避或推翻。

儿童与咨询师的关系应当是保密的

在做儿童咨询时，咨询师尝试创造一个让儿童感到足够安全的环境。在这种环境下，儿童敢于分享私密的想法和情感。为了让儿童有安全感，咨询师就需要一定的保密措施。对于保密性及其限制，我们需要在建立关系的早期就与儿童进行探讨。

首先，我们需要考虑保密会产生什么问题，这样就能划定合适的界限。

在治疗过程中，不可避免地将会遇到咨询师认为有必要将儿童吐露的信息告知其他人的情况。例如，一个孩子告诉我们他遭到性虐待或身体伤害，然而，不经考虑地泄露信息，或者没有考虑到这种泄露对儿童造成的影响，这就可能让他们觉得自己被出卖了。显而易见，这会让咨询师陷入两难境地。

如果你愿意的话，可以花些时间思考一下，你如何在满足儿童的保密性需求的同时，又让他们明白将这些重要信息与他人分享的可能性。

下面是我们处理保密性问题的方法。在治疗一开始，我们就告诉儿童，他们告诉我们的信息是保密的，并且一般情况下这些信息只会在他们同意后才透漏给父母或其他人。但是，我们要提醒儿童，可能有时候把这些信息传达出去是很重要的。我们要向儿童解释，遇到这样的情况，我们将会与他们具体讨论要以什么方式、在什么时候将这些信息与他人分享。这么做以后，儿童就不会觉得他们的权利遭到剥夺，并认为自己仍然拥有控制信息以何种方式示人的权利。

当我们需要将信息传达给父母或其他人的时候，要提醒儿童，我们之前已经和他们说过有些信息是必须要传达给其他人的，告诉儿童现在就是这种情况，然后问他们如果向他人传达了这些信息会对他们带来什么影响。随后，一起探讨信息传达出去后会出现的正反面结果，这样他们就能充分意识到可能出现的情况。我们要处理分享信息后儿童产生的焦虑感。同时，我们还要让儿童在某种程度上掌控公开信息的时机和条件。我们会问儿童如下几个问题。

✧ 你想让我告诉你的父母，还是你自己说呢？
✧ 当你告诉父母的时候，你想让我在场吗？
✧ 你希望当我告诉你父母的时候，你是在场还是不在场呢？
✧ 你希望今天就告诉父母，还是另找一个时间呢？

通常情况下，由儿童本人将事情告知他们的父母或其他人是最好的，但是他们需要对信息分享的方式和时机具有一定的掌控力。

如果来访儿童的家庭是与政府服务机构保持联系的，那么了解这些机构对儿童及其家庭的期待目标是非常必要的。找出这些目标有时候可以扭转儿童想逃离家庭的想法，或者可能在其他情况下促进儿童重新回归家庭。在获得这些信息后，咨询师可以告诉儿童相关机构的目标，同时咨询师有必要提醒儿童有时候也要将信息传达给这些机构。

我们认为，咨询师应当逐步地把儿童自我表露所带来的影响最小化，尤其是关于身体虐待或性虐待的。儿童在吐露诸如此类的信息后经常会后悔，因为结果对他们来说可能是很痛苦的。当然，咨询师需要对儿童因吐露敏感性信息而带来的苦楚有敏锐的反应。

虽然我们一直在讨论受虐儿童自我表露的保密性问题，但是保密性也涉及儿童的家庭关系问题，尤其是与父母的关系。我们已经发现，如果儿童认为信息的分享能够带来正面的改变，那么他们愿意把这些信息告知他人。当然，我们要很谨慎地与儿童探讨自我表露可能带来的负面结果。

在所有情况下，除非我们认为很有必要向其他人传达信息，否则在与儿童充分讨论后，我们要尊重他们是否愿意分享信息的决定。但是，我们一定要让儿童明白，只要他们愿意，他们可以自由地与父母或任何人分享与治疗有关的任何信息。

儿童与咨询师的关系应当是非侵入性的

当对儿童进行心理咨询时，咨询师需要采用一种能让他们感到安心的方式来融入他们。一些咨询师认为，在治疗过程中询问和探究儿童的家庭和背景是一种有效了解儿童及其世界的方法。尽管我们同意这种方法的价值，但是在使用时必须谨慎，否则就会使儿童产生被侵犯的感觉。

向儿童提太多问题会存在风险，因为儿童在被要求说出那些私密或不敢吐露的信息时会感到害怕。如果出现这种情况，儿童就会感觉自己受到侵犯，就会退缩、沉默或者表现出令人不安的行为。同样，咨询师任意使用那些从父母、监护人或其他机构获得的信息也是很危险的。当儿童发现在没有他们同意或知情的情况下,那些重要信息就已经被告知给咨询师后,他们可能会产生被威胁、出卖或攻击的感觉,并且不确定咨询师是否知道除此之外的其他信息。儿童的自我界限遭到侵蚀,他们可能会觉得被剥夺了权利。用这种方式侵入儿童的世界可能会使他们难以接受心理咨询,并且在面对心理咨询师时会感到焦虑。

儿童与咨询师的关系应当是有目标的

如果儿童能准确地知道他们与咨询师会面的目的,那么他们就会更主动和安心地进入心理咨询过程。他们需要时间来做好接受咨询的准备,如果能事先知会他们并告知来见咨询师的目的,通常他们是愿意的。因为父母不知如何开口,所以有时候等到最后一刻儿童才知道他们要去见心理咨询师以及父母所期待的结果。更不幸的是,有些父母对儿童隐瞒了所有的事情,让孩子带着对未知的困惑、不确定和焦虑站在咨询室的门口。

假定父母已经诚实而清楚地向儿童解释了他们的担忧以及来见咨询师的理由,这也可能是危险的。有些父母会以很谨慎的态度,用一种有益的、积极的方式向儿童解释来见咨询师的目的。但是,有些父母不具备这种技能,他们只会以这种方式告知儿童——"你要去见一个可以帮助你们解决问题的人"或者"我现在要带你去见一个能够让你的行为变得正常的阿姨"。以上这两种方式毫无疑问都将给咨询师设置障碍。对咨询师来说很重要的是,他们要精确地知道儿童已经获得的有关前来接受咨询的信息,并澄清、证实或是修正儿童对于即将发生的事情的认知。这么做需要儿童和父母都在场,这样就不会存在误解,也能避免那些对结果期待的差异。

如果儿童明确地了解会见咨询师的原因,那么儿童与咨询师的关系就有可能成为有目的性的。许多心理辅导过程都包含游戏,这是因为游戏是一种能使儿童产生变化的有效方式。咨询师的任务就是,确保游戏或者任何其他活动都以一种有目的的方式进行,而非毫无目的的。然而,这并不意味着游戏都必须是被操纵的,它最好是自由游戏,完全由儿童设计和掌控。重要的是咨询师要从旁协助，或让儿童把精力投入在对治疗有用的过程中。

我们认为，不经引导的游戏对有些儿童来说能产生疗效。然而，在大多数情况下，允许儿童肆意地玩而没有咨询师恰当地干预来促进目标的实现，这种游戏是无益的。我们认为，一个熟练的咨询师会利用在游戏中出现的机会，有目的地进行干预。

我们讨论了在儿童与咨询师的关系中必需的 7 种特质。你也可能有一些不同的想法。即便如此，我们仍希望在你开始自己探索治疗关系中所需的特质时，将我们的建议作为你研究的起点。

在这里我们也需要思考移情的作用，这在儿童与咨询师的关系中是不可避免的。了解移情的本质，识别它发生的时间以及如何应对，这对咨询师来说是很重要的。

移情

"移情"是来自精神分析理论的一个术语。在儿童心理治疗中，当儿童亲近咨询师，就好像咨询师是他的母亲、父亲或者生活中的另一个重要成人时，移情就发生了。这种行为的出现是因为儿童将他们对重要他人的信念投射到了咨询师身上，认为咨询师很像这个重要他人。移情可能导致两种结果，一种是正面的，即儿童认为咨询师是仁慈的父母（正移情）；另一种则是负面的，即儿童认为咨询师是严厉的父母（负移情）。

很自然地，咨询师可能会不经意地陷入这样一种境地，他们扮演了儿童认为的角色并做出像父母那样的反应。对于这种现象，我们称之为反移情。当儿童引发咨询师自身未解决的问题或对过往的联想，反移情就可能出现。

在儿童与咨询师的关系中，不时地出现移情和反移情是不可避免的，但是倘若这两种现象被识别并得到恰当的处理，就不会成为问题；反之，当这两种现象没有得到处理时，就会存在问题。假如儿童持续地把咨询师当成父母对待，而咨询师也持续地表现得像父母，那么治疗就会受到伤害。若希望对移情和反移情的本质有更全面的理解，可以看鲍尔和科波的相关论述（Bauer and Kobos，1995）。

儿童经常将指向父母的情感或想象迁移到咨询师身上。然后，咨询师可能不经意并且无意识地陷入反移情。例如，当一个孩子被父母拒绝后，他可能不能面对这个痛苦的事实，然后把属于父母的负面特征投射到咨询师身上，因此他可能认为拒绝他的就是咨询师（移情发生）。于是，儿童对咨询师的态度就可能是负面的，而咨询师可能未加思考地就以拒绝儿童要求的父母形象出现（反移情发生）。

当身为咨询师的我们对出现的移情有所察觉时，必须尽可能地保持客观性。为了保持这种客观性，我们可能需要与督导一起来探讨，这样才能处理好在儿童咨询过程中出现的自身问题、投射以及无意识的欲望。正如第14章所描述的，一旦出现反移情，就要处理它，然后通过把这种问题引入儿童的意识来解决迁移问题。

为了创建和维持恰当的儿童与咨询师的关系，咨询师需要将某些人格特征或特质引入关系中，并做出一些特定的行为。我们将在第4章中考虑这些特征和行为。然而，我们首先要更详细地探讨在儿童咨询时可能产生的伦理问题，其中一些我们已经讨论过。例如，设定目标和保密。

● **重点**
- 儿童与咨询师的关系如下。
  - 是实现积极治疗效果的一个既简单又最重要的因素
  - 是儿童的世界和咨询师之间的联系纽带
  - 必须是排外的、安全的、真实的、保密的（受到一些条件的限制）、非侵入性的以及有目标的
- 移情的发生是指，儿童亲近咨询师，就好像咨询师是他的父母或另一个重要成人。
- 反移情的发生是指，咨询师无意识地扮演儿童看待他们的角色并对儿

童的移情做出反应。
- 当出现反移情时，咨询师必须承认自己的反移情，这样才能使反移情得到恰当的处理。
- 可以把移情引入儿童的意识。

◎ **更多资源**

堪萨斯大学（KU）儿童与家庭中心已经完成了一系列报告（是儿童心理健康方面的优秀实践），总结了在进行儿童咨询时的一些重要问题。在这些报告中，就有聚焦于治疗联盟的，可在 http://childrenandfamilies.ku.edu/resources/archived/best-practice-reports 上查阅这些报告。

访问 http://study.sagepub.com/geldardchildren 查看 *The Counselling Relationship*。

第 3 章

儿童心理咨询的伦理考量

儿童心理咨询提出了独特的伦理考虑。这样的考虑通常没有一个清晰的解决方案——灰色调可能比黑白色调更让人心烦！实际上，根据儿童、家庭和现状的独特特征，类似的伦理考虑可能要求我们采取不同的方法。英国心理学会（BPS，2002，2009）、英国心理咨询与治疗协会（BACP，2016）、英国游戏治疗师协会（BAPT，2008）、澳大利亚心理学会（APS，2007，2009）和昆士兰咨询师协会（QAC，2009）提供的守则、框架和指南是基本出发点。除了道德准则之外，咨询师还必须及时了解政策的最新进展，这些政策会对他们的咨询环境产生影响。第 6 章简要介绍了与此相关的例子。与督导交谈也可以是有益的指导来源。还有一些伦理决策模型可以帮助思考伦理问题（e.g., Miner，2006；Pope and Vasquez，2016）。在本章中，我们旨在讨论在儿童心理咨询时所需的一些伦理考量。我们希望这次讨论不是提供解决方案，而是希望它能成为你自己在实践中作为指导和反思的又一个来源。

建立咨询关系

我们的咨询方法是基于"有序计划整合式儿童心理咨询模式"（SPICC 模式），我们将在第 8 章中更详细地介绍这一模式。SPICC 模式有五个阶段，我们将讨论每个阶段中出现的伦理问题。SPICC 模式的第一个阶段是关系构建阶段。这个初始阶段的重点是发展一种积极的儿童–咨询师关系，在这种关系中，孩子感到舒适、安全、有价值、受到尊重，并且能够自由地分享他们的故事。在建立这种支持性环境时，出现了许多伦理方面的考虑。

知情同意

正如第 1 章所强调的，通常是父母带孩子来咨询，而不是孩子自己寻求这种关系。因此，虽然从父母那里获得知情同意很重要，但获得孩子的知情同意同样重要。事实上，BPS 和 APS 都强调给孩子提供机会去理解所提供的咨询服务的重要性（BPS, 2009），并"尽可能地"得到他们的同意（APS, 2007）。此外，知情同意包括在咨询过程中给予孩子发言权，鼓励被重视和尊重的感觉。我们想请你花点时间来思考一些可能影响知情同意过程的因素。在实践中，我们希望引起你注意的一个因素是孩子的发展水平：孩子是否具有认知和情感能力，以了解咨询关系的性质，并做出决定（Lawrence and Robinson Kurpius, 2000）。

在获得同意的过程中，可能出现的另一种情况是一方表示同意，但另一方不同意。这带来许多需要考虑的可能性。如果孩子在学校环境中寻求咨询，但又不想让父母知道，你会怎么做？什么因素可能会影响你的决定？对于这些问题，很难给出一个明确的答案，因为每个孩子、家庭和现状都是独特的，必须在具体情况下加以考虑（Hall and Lin, 1995）。然而，重要的是，记住当儿童自愿地，即在知情同意的情况下进入咨询关系时，儿童最有可能从中获益（Bond, 1992）。

保密

在开始一种新的咨询关系时，必须非常清楚保密及其限制（Mitchell et al.，2002）。特别是在与儿童一起工作时，重要的是考虑与父母和相关方共享什么信息以及如何共享信息。此外，要牢记我们有责任提醒和思考，如何在保持支持性的儿童－咨询师关系的同时实现这一目标。我们的提醒责任包括对来访者或他人造成伤害的风险（Mitchell et al.，2002）。许多协会提供了报告伤害风险的指导方针，特别是在涉及虐待和忽视儿童的情况下（e.g.，APS，2009；BPS，2007）。你有必要熟悉这些指导原则，以及当地的立法要求或适用于咨询背景的任何组织指导原则。第2章和第9章进一步讨论与父母共享信息的保密性。

保密的另一个方面是咨询过程的文档。重要的是考虑谁有权访问该文档，如何保护该文档以及如何响应查阅文档的请求。重要的是要确保任何机密来访者信息都被安全存储，包括硬拷贝和电子拷贝，并且只有咨询师才能访问这些信息。当收到请求信息时，与孩子或父母交谈总是一个很好的起点。如果请求以传票或法院命令的形式提出，你也可以向主管或律师寻求建议。通用的规则是"只披露达到披露目的所需的信息，并且只向需要这些信息的人披露"（APS，2007:16）。考虑来访者文件中包含哪些信息也很重要，信息应该是全面和真实的，不包含带评判和情感的语言。

包含家庭成员

孩子来自一个家庭！因此，重要的是在其家庭范围内考虑儿童，并了解可能出现的伦理考量。正如前面所强调的，通常是父母带着特定的目标发起儿童－咨询师关系。然而，孩子也可以把自己的目标带到咨询关系中。这就引出了一个问题：你的来访者是谁，要遵循谁的目标？正如第1章所强调的，从一开始就要明确咨询关系的目标，并在儿童－咨询师关系的发展过程中经常反思这些目标。当不同的家庭成员对咨询过程有不同的目标或意见时，这个过程会变得更具挑战性。如果父母对咨询的重点有不同看法，你会如何处理这种情况？或者，如果父母一方根本不希望自己的孩子进入咨询关系呢？在某些情况下，例如父母分居或离婚，其中一方可能不希望另一方知道孩子接受咨询，也不希望向另一方提供有限的信息。另外，孩子可能希望不告知父母某些信息，你会如何处理这样的情况？有问题的家长有权得到通知吗？APS（2009）提供了一些有用的指导方针，用于在孩子的父母分居或离婚时提供咨询服务，重点是保持与孩子和相关父母的清晰沟通。

在与儿童及其家庭一起工作时的另一个考虑因素是，目前的问题在家庭治疗的背景下进行咨询是否更合适。有关在家庭治疗中为儿童提供咨询的更多信息，请参阅第 9 章。

与关联方联系

有时，与孩子生活中的相关方（如学校、医生和其他专业人员）协商、合作或收集信息很重要。在与相关方建立联系的同时，如何在儿童－咨询师关系中继续保持儿童的信任感和安全感呢？如果孩子或父母坚持不与关联方联系呢？再次强调，首先与孩子或父母交谈是一个很好的起点。讨论与相关方联系的潜在利弊，以及共享什么（以及如何共享）信息，可能有助于找到一个孩子和父母都能接受的解决方案。然后，这一讨论可能成为从孩子和家长那里获得与关联方联系所需的口头和书面同意的基础。

维持咨询关系

一旦建立了儿童－咨询师关系，下一步就是以一种支持提高认识和改变的方式来维持这种关系。维持这种关系对应于 SPICC 模式（第 8 章）的第 2～5 阶段，在此阶段中，儿童提高了他们的意识（格式塔疗法），改变了他们对自我的看法（叙事疗法），挑战了任何自我毁灭的信念（认知行为疗法，CBT），并排练和实验新的行为（行为疗法）。

儿童－咨询师关系中的界限和权力

咨询师有责任在儿童－咨询师关系中保持适当的界限。从咨询过程的一开始，儿童和父母就必须了解儿童－咨询师关系的性质和限制。为你作为咨询师的角色设定界限，包括时间（例如，会面长度和会面以外的可用性）、地点（会面地点）、自我暴露（暴露多少是适当的）、会面期间的行为以及适当的接触（Gutheiland Gabbard，1993）。保持清晰的界限会将儿童－咨询师关系定义为专业关系。虽然让孩子感到安全和被支持是很重要的，但是这种关系和成人的个人关系是不同的。

维持界限的另一个需要考虑的问题是关系中的权力不平衡，在与孩子一起工作时，这种不平衡会被放大。权力不平衡始终存在，但反思和防范这种不平衡的后果是十分重要的。当权力失衡影响到儿童－咨询师关系时，你如何识别？一个可能表明权力失衡的影响的迹象是，在儿童－咨询师关系中产生的依赖性。咨询师可能会注意到他们自己变得更具指导性，而不是允许孩子主导这种关系。感觉，例如对来访者的保护或来访者不符合你的计划而招致的挫折，也可能是权力失衡开始影响关系的信号。这些因素会导致孩子在关系中感到无能为力。这种权力剥夺会导致咨询关系的有效性下降。孩子对权力不平衡的反应，可能是退缩，也可能是试图顺从父母对他们的期望（Bond，1992）。因此，重要的是防止权力失衡的后果，以确保儿童不会感到被剥夺权力，并保持咨询关系的有效性。事实上，BACP（2016）准则强调了尊重和鼓励来访者自主权的重要性。你如何防止在儿童－咨询师关系中建立依赖和丧失权力？你可以用什么方式鼓励你的来访者在儿童－咨询师关系中的自主权？我们相信，持续的自我反省伴随适当的督导是一个良好的起点。确保一个安全和支持的环境，让孩子分享他们的想法，并在可能的情况下引导孩子，这也有助于限制权力失衡的后果。

咨询师的角色和责任

作为一名咨询师，带来了各种各样的角色和责任。维护这些角色和责任需要经常进行自我反省，这可以在督导关系中得到进一步的支持。在这里，我们将集中讨论咨询师的角色和职责范围内的两个领域：咨询师的价值观和专业能力。

价值观

我们都有一套独特的价值观，指导我们的思考、决定和行动。这些价值观也影响着我们作为咨询师的实践。因此，理解我们的价值观以及它们如何影响我们对这种儿童–咨询师关系所做的伦理决定是很重要的。我们想邀请你现在花一点时间来反思你自己的价值观。你的核心价值观是什么？你的价值观会以何种方式影响你的咨询方法？你的价值观对特定的儿童–咨询师关系有何影响？你的价值观与孩子或家庭有什么冲突？这种冲突将如何影响你的咨询关系？在我们自己的实践中，我们发现积极主动和自我反省是确保我们的价值观不影响儿童–咨询师关系的最佳方式之一。由于这种关系是动态和多变的，重要的是，在整个咨询过程中会反复出现这种自我反省的过程。

价值观通常受到我们文化背景的影响。同样重要的是，要考虑文化对你的价值观产生了怎样的影响，并对来访者的文化价值观保持清醒和敏感（Leebert，2006）。虽然这可能意味着研究一种特定的文化，但同样重要的是要记住，文化是不断变化的，可能对不同的人意味着不同的东西（Chantler，2005）。我们想邀请你花些时间来反思你的文化认同。这一认同附加了什么样的价值观？这些价值观可能以何种方式影响儿童–咨询师关系？关于跨文化工作的更多信息，Yan 和 Wong（2005）对文化框架下的自我意识进行了很好的概述。Ivey 及其同事（2012）也探讨了文化问题对咨询的影响。

专业能力

正如 BACP（2016）准则所强调的，咨询师的一项重要职责是保持和发展其专业能力，这包括意识到自己能力的局限性。在这段儿童–咨询师关系中，定期反思自己的专业能力也很重要。你可能会问自己一些问题：你的经验和技能是否符合孩子的需要？这种儿童－咨询师关系对孩子有益吗？有变化的证据吗？为了支持你的自我反省，经常对结果进行评估并听取孩子和父母的反馈是很有帮助的。孩子和他们的父母是否报告了咨询关系的好处？他们看到变化了吗？如果这种儿童－咨询师关系似乎对孩子没有好处，或者你觉得你的经验和技能不能满足孩子的需要，你可能需要寻求督导和培训或考虑其他推荐的选择，来满足孩子的需要。

专业能力的另一个方面是自我关怀：当你需要自我支持时，很难为来访者提供支持性的咨询关系！再次强调，自我反省你提供支持的能力是非常重要的。当你意识到自己可能快要精疲力竭的时候，你会寻找哪些因素作为身体衰竭的早期征兆呢？库克尔和基思（Koocher and Keith-Spiegel，2008:91）建议了一些警告信号，包括不典型的愤怒爆发、冷漠、长期沮丧、没有人情味、抑郁、情绪和身体疲惫、敌意、对来访者的恶意或厌恶感、工作效率降低。我们发现，最好的解决办法是积极主动！我们建议实施自我关怀策略，以首先降低达到耗竭点的可能性。你能制定什么样的自我关怀策略？一些常见的策略包括锻炼、听音乐、洗澡、读书、与朋友或家人共度时光。当你第一次注意到自己精疲力竭的迹象时，你可能会发现和督导谈话很有帮助。

结束咨询关系

一旦孩子达成了一个解决方案，并实现了自适应功能，就到了开始结束这种儿童－咨询师关系的时候了。这包括让孩子为结束这段儿童－咨询师关系做好准备，支持孩子获得一种结束的感觉。为孩子（和家长）提供机会来表达他们是如何发现咨询经验的，这也会很有帮助。这些机会也使儿童和父母能够评价儿童－咨询师关系的结果。如果由于其他原因而不得不终止这种关系（这种关系不是有益的或是咨询师专业能力之外的），咨询师也有责任为该儿童寻找合适的转介。在寻求此类转介时，咨询师要考虑该转介是否符合儿童的需要，是否对儿童有益，以及转介的服务机构是否能够接受这种转介。在转介过程中，还应与儿童及家长讨论有关资料的披露，包括应向新咨询师提供什么资料（BACP，2016）。对于有兴趣进一步阅读的读者，伦德拉姆（Lendrum，2004）反思了结束咨询关系可能具有挑战性的一些方面。

本章我们探讨了在咨询关系中可能产生的伦理问题。下一章，我们探讨影响儿童-咨询师关系的另一要素：儿童咨询师的特质和行为。

□ **案例学习**

你刚刚收到一个新的客户转介：9岁的莎莉。莎莉是由她的父亲弗雷德转介过来的，他很担心她从母亲家里回来后的行为。在你第一次见到弗雷德的时候，他对莎莉母亲的事仍然捉摸不透，只是说他们已经分开一段时间了。弗雷德不愿意透露有关莎莉监护权的信息，并特别要求不要联系她的母亲。然而，他确实分享了莎莉每两周去一次她母亲家的经历。他没有给莎莉的母亲提供任何联系方式。你会怎么做？你会尝试和莎莉的母亲联系吗？你可能需要考虑哪些法律方面的问题？托管安排会如何影响你的决定？莎莉对咨询建议的反应会对你的决定有何影响？

● **重点**

- 儿童咨询时的伦理考虑往往是复杂的，没有明确的答案。向相关的道德规范和指导方针征求意见，以及向督导征求意见，是一个很好的起点。
- 在开始一种新的咨询关系时，知情同意、保密（包括家庭成员）以及与相关方的联系是重要的伦理考虑。
- 在维持儿童-咨询师关系期间，伦理考虑包括维持边界、权力失衡以及你作为咨询师的角色和责任，包括你的价值观和专业能力对你的实践的影响。
- 以合乎伦理的方式结束儿童-咨询师关系也很重要，包括为这个过程中的儿童（和父母）在必要时寻求适当的转介。

◎ 更多资源

有关伦理守则，以及更多有关伦理的资源，可浏览各心理学和咨询相关学会的网站：

英国心理学会（BPS）：www.bps.org.uk

英国心理咨询与治疗协会（BACP）：www.bacp.co.uk

英国游戏治疗师协会（BAPT）：www.bapt.info

澳大利亚心理学会（APS）：www.psychology.org.au

昆士兰咨询师协会（QAC）：qca.asn.au

访问 http://study.sagepub.com/geldardchildren 查看 *A Confidential Space: Differences when counselling children*, *A Confidential Space: Parents and parental permission and Counselling, Confidentiality* 和 *The Law: Children's right to confidentiality*。

第 4 章

儿童心理咨询师所需的特质

我们知道每个心理咨询师都会把自己独特的人格特征引入治疗关系中，没有两个咨询师是一模一样的。你的人格将会影响你的治疗关系，同时你也可以利用自己的力量和人格特质来促进你的工作。在这方面，我们必须承认如果要与儿童建立令人满意的关系，咨询师身上要具备一些适当的特质和行为，同时他们还必须扮演某些角色。

请回味一下儿童与咨询师的关系，并考虑下面这个问题：咨询师采取与下列哪种身份相似的方式与儿童接触是最有效的呢？如果孩子不同意，但家长希望孩子接受咨询，怎么办？

- ◆ 父母
- ◆ 老师
- ◆ 叔叔或阿姨
- ◆ 同伴
- ◆ 白纸

你是怎么认为的呢？

上面任何一个身份都不适合我们。事实上，如果我们表现得像上述任何一个角色,就是该去拜访督导的时候了。我们认为,存在很多咨询师必须具备的重要特质。

儿童心理咨询师必须具备的特质

咨询师必须具备如下特质。
- 表里如一
- 能够通达自己内心的孩童世界
- 善于接纳
- 情感独立

表里如一

儿童必须要感觉到他们与咨询师的关系是可以信赖的,并且接受咨询的环境也是安全的。因此咨询师必须是人格完整的、可靠的、真诚的、一致的、稳定的,这样儿童才能培养并保持对他的信任。儿童能够很好地识别出表里不一的人。

能够通达自己内心的孩童世界

成人世界与儿童世界差异巨大。然而,作为成年人我们并没有失去我们的童心,它依然是我们人格的一个部分。如果我们学会了如何接近它,那么就可以利用它。进入我们内心的孩童世界,并不意味着变得幼稚或退化到儿童时代,它表示进入我们人格中适合儿童世界的那个部分。

假如我们能够通达自己的内在小孩并进入儿童的世界,那么可能就会更成功地融入他们,理解他们的情感和体验,并给他们提供充分感受自己的机会。通过帮助他们体验现在的情感,我们能把这些情感贮存和压抑在内心的可能性降到最低,而这种贮存和压抑会导致一些情感障碍和神经症的爆发。

儿童通常都试图去逃避那些令他们感到不舒服的情感。正如我们成人一样，对他们来说，去碰触那些之前从来没有感受过的情感是会让人感到恐惧的。因此，我们的儿童来访者自然趋向于把诸如此类的感觉往下推、向下压，更不幸的是，将这种感觉锁在内心深处。儿童了解到这种负面的情感一旦通过语言表达出来，并与他人进行分享以及充分地感受后，它的强度就会降低，而性质也会发生变化，对他们来说就是一个巨大的进步。同样，作为咨询师，假如我们能够碰触到我们自己的内在小孩以及来自童年时代未解决的问题所带来的痛苦，那么我们就能更好地理解面对这些问题的困难和把问题释放出来的感受。如果我们对自己的情感能够更开放，并且更多地去碰触它们，那么接受我们咨询的儿童就会与我们建立起一种不一样的关系，他们将以更自由、更开放的态度对待我们。

作为心理咨询师，我们会成为所咨询儿童的榜样，所以对我们来说，必须要做的是我们自己要做出那些我们希望儿童做出的改变。为了达到这个目标，我们需要定期找一位有能力的治疗师作为督导，并与他探讨自身的问题。我们认为，如果心理咨询师本身没有接受定期的督导来探讨案例和个人问题，而是埋头从事儿童心理咨询，这是很不负责任的。当我们做儿童咨询时，很难避免不引发自身的问题。如果我们不能处理好这些问题，那么它们将会影响到我们帮助来访者的能力。

善于接纳

从儿童时代开始，我们所有人就开始学习对其他人的言语和非言语行为做出反应。当我们与其他人在一起时，我们改变自己的行为去适应他人。我们控制我们的行为，检查我们所说的话，并且通常情况下我们都会更多地展现自身那些更易被社会接纳的部分。如果我们的表现不符合常规，那么我们就会受到惩罚，例如被反对、批评或是他人的冷遇。

假如我们希望鼓励儿童去挖掘那些私人的，甚至可能是关于他们自己阴暗的或不为人知的一面，作为咨询师，我们就必须表现出所能做到的最体现接纳性的行为，这样我们的儿童来访者才能毫无保留地做他们自己。在表现接纳时，我们不发表赞同或不赞同的意见，因为这两种行为都会对儿童的行为产生影响。我们所要做的就是尽可能以一种最不带评判的方式，去接受儿童所说和所做的任何事情。甚至我们要尽可能地避免说出"好"这样的话，因为这么做会给儿童提供有关我们喜欢和不喜欢的信息。如果我们这么做，儿童的行为就会发生改变，而我们将再也看不到并且不能够理解完整的他们。在对儿童的行为表示接纳时，不要将我们的期待投射到他们身上，也不要对他们行为的改变做出退缩或趋近的表现，更不要被他们的行为吓倒。

很自然，儿童需要一些时间来相信我们会一直接纳他的行为。我们承认表现出接纳，尤其是对那些有出格行为的儿童是不容易的。尽管如此，请记住我们之前（第2章）提到的三个规则。规则受到挑战，治疗即终止，我们对儿童的这种表现仍然需要保持不加批判的接纳。在这种情况下表现出非批判的态度是必需的，因为儿童是在考验治疗情境的安全性，而且他们需要知道我们欢迎他们下次再来。

作为儿童心理咨询师，你能够将自己作为父母的角色抛在一边而去接纳我们所描述的这种孩子吗？我们认为接纳是咨询师最重要的特质之一。

情感独立

为了表现出刚刚描述的接纳性，咨询师也需要做到某种程度的情感独立。这对新手来说通常是很困难的。

不幸的是，如果心理咨询师太过亲密、温和和友好，那么儿童来访者就会面临问题。他们可能会被这种关系控制，因为他们不想为可能引起不赞同的行为而冒失去这种关系的风险。另外，非常可能出现的移情问题对咨询师来说也是不好处理的。

接受心理咨询的儿童最常要面对的就是那些令他们感到极其痛苦的事情。如果咨询师投入自己的情感，那么他们就可能为这些问题感到忧伤，就如同这些儿童所表现出来的那样。而当儿童看到咨询师陷入痛苦时，他们就会体验到更沉重的痛苦，而且可能认为咨询师被他们所分享的心事吓到了，因此会退缩而不再谈那些更让人伤心的事。儿童很难应付一个不停啜泣的咨询师，更何况他们自己的痛苦就已经够棘手的了。

咨询师不仅要避免表现出伤心的情绪，而且必须尝试不表露出对儿童问题的任何一种强烈的情感反应。例如，一般情况下对儿童的问题或欲望给予言语或非言语的肯定都是无益的，这么做反而会促使儿童在说话或行动上取悦咨询师，而不是鼓励他们表现真实的自己。咨询师应当确认儿童的体验，而不是表示同情或肯定。然而，肯定他们所做的任何合理的决定是恰当且必要的。作为咨询师，我们需要区别儿童身上那些需要被肯定的事情，以及那些不需要被评判就接纳的事情。

尽管咨询师需要做到某种程度的情感独立，但是并不意味着他们是不苟言笑、没有生气和高不可攀的。相反，咨询师需要让儿童感到安心，所以这是个寻求平衡的问题。咨询师在儿童面前必须表现出一种冷静而且沉稳的促进者形象，能够融入他们，并在必要的时候倾听、接受和理解他们。

我们已经讨论了对一个儿童心理咨询师来说很重要的四个特质。你可能有其他想法，也可以添加到我们的列表中。很显然，治疗关系是多面的。咨询师也应当具有很强的适应性，能够在需要的时候，在治疗过程的不同阶段和不同的治疗时间点发挥出各种特质。

● **重点**

儿童心理咨询师必须具备以下特质。
- 表里如一——表现真实的自我，而不是扮演一个角色。
- 能够通达自己内心的孩童世界——使自己能够成功地融入儿童。
- 善于接纳——这样儿童就能自由地表露自己而不受任何限制，而且不需要试图完成咨询师的期待。
- 情感独立——一个冷静而沉稳的促进者，不会不必要地干扰、限制或影响儿童自然的行为表现。

◎ 更多资源

　　人们对于咨询师发展哪些特质是有用的，有很多的看法。例如，有效咨询师的"8H 特质"的介绍，可从美国咨询协会的网站获得：http://www.counselling.org/docs/default-source/2015-singapore-conference/keynote-sam-gladding.ppsx?sfvrsn=2。你同意所选的 8 种特质吗？你有什么要改变的吗？

　　访问 http://study.sagepub.com/geldardchildren 查看线上资源。

第二部分

实践的理论框架

第 5 章

儿童心理咨询的历史背景和当代观点

本章对儿童心理咨询的历史背景和当代观点进行了总结性的回顾。希望以儿童为对象的心理工作者，好好地了解那些能对他们的咨询工作提供理论支持的心理理论。我们认为，对咨询师来说重要的是，熟悉所有这些重要的理论，选择那些他们感兴趣的以及对一些特殊来访者有帮助的方法。

我们将重点考虑从早期到现在的六个交叠时期，在这些时期内都提出了与儿童心理咨询相关的重要观点。

- ◇ 1880～1940 年：早期先驱提出基本理念。
- ◇ 1920～1975 年：涌现出多种儿童心理发展理论。
- ◇ 1940～1980 年：人本主义和存在主义治疗的发展。
- ◇ 1950 年至今：行为治疗的发展。
- ◇ 1960 年至今：认知行为治疗（CBT）的发展。
- ◇ 1980 年至今：提出了更多关于儿童心理治疗的新近观点。

我们将按顺序对每个阶段进行阐述。在这个部分的讨论中，有时我们会参考最初为成人心理治疗而发展出来的理论概念和流派。尽管在儿童和成人治疗的应用方法上存在显著差异，但是许多不同流派的治疗师均承认应用于二者的基本原理是相同的（Reisman and Ribordy，1993）。

1880～1940年——早期先驱提出基本理念

早期先驱包括西格蒙德·弗洛伊德、安娜·弗洛伊德、梅兰妮·克莱因、唐纳德·温尼科特、卡尔·荣格、玛格丽特·洛温菲尔德和阿尔弗雷德·阿德勒。

西格蒙德·弗洛伊德

毫无疑问，早期先驱排在首位的正是西格蒙德·弗洛伊德，他从1880年到20世纪30年代逐渐形成了自己的精神分析模式（Henderson and Thompson，2016）。许多儿童精神分析的治疗方法都由弗洛伊德提出的概念发展而来，包括无意识心理过程和防御机制，其中防御机制是指有情感困扰的人为了保护自己远离那些不能处理的、令他们痛苦或难以忍受的经历而发展出来的机能（Dale，1990）。同时，弗洛伊德还引入了关于人格结构的观点，包括本我、自我和超我，还着重强调了性心理发展。

弗洛伊德的一些观点在当代儿童心理咨询中仍是有用的，了解这些观点是很重要的，因为在此之后的一些理论也是基于他的观点，只是进行了修改。我们认为弗洛伊德理论中的下列概念对当今的儿童心理咨询工作者来说是最密切相关的。

- ◇ 本我、自我和超我
- ◇ 无意识过程
- ◇ 防御机制
- ◇ 阻抗和自由联想
- ◇ 移情

本我、自我和超我

简单地说，本我是指个体内心力求自己的基本需要和欲望得到满足的能量部分。本我是固有的、不受控制的、无意识的。超我包含道德的部分，它是信念的混合体，而这些信念来自重要他人的影响，是以理想为基础的。自我是人格的一个部分，它试图在本我的需要和超我的道德感中寻求一种平衡。

对当代从事儿童心理咨询的工作者来说，很重要的是承认当任何引起焦虑或内心冲突的压力出现时，儿童的本我和超我就处在两个极端。本我试图让本能和原始需要得到满足，它可能会引发让人无法接受的行为。与之相对立的是完全经过后天学习形成的超我，并对这些行为施加道德约束（Ivey et al., 2012）。而自我的任务就是在本我与超我的斗争中寻找平衡，使两者能一起和谐工作。咨询师的工作是帮助儿童获得自我力量从而达到这种平衡。

无意识过程

根据弗洛伊德的观点，焦虑的出现是无意识过程的结果。焦虑的产生可能源于对回忆的有意识或无意识的恐惧。其他无意识过程的出现是源于本我和超我的冲突。例如，本我可能驱使儿童去满足超我认为是禁忌的性冲动。假如这种冲突发生在无意识水平，那么儿童可能就会变得悲伤，因为自我无法解决这个困境。

防御机制

防御机制是无意识的过程。它们帮助儿童回避本我和超我之间无法解决的差异，保护儿童远离焦虑。弗洛伊德提出的防御机制，由亨德森和汤普森（Henderson and Thompson, 2016）描述如下。

1. 阻抗
2. 投射
3. 反向形成
4. 合理化
5. 否认

6. 理智化
7. 回避
8. 退行
9. 付诸行动
10. 补偿
11. 解除
12. 幻想

对那些从事儿童心理治疗的咨询师来说，熟悉所有这些防御机制的定义是很有用的，因为儿童利用这些机制应对他们的痛苦和焦虑（Thompson and Rudolph，1983）。尽管防御机制也出现在正常人的行为中，但是弗洛伊德认为它们妨碍了人们解决无意识问题能力的发展。同样，我们需要识别出这些机制是如何阻挠儿童直接处理他们的问题的。

阻抗和自由联想

自由联想通常出现在我们的思维从一个主题或想法转向其他想法的进程中。然而，这种自然的意识流动会由于防御机制或阻抗的干扰而出现停滞。精神分析学家认为阻抗妨碍了来访者回忆那些痛苦的经历，并阻挠他们诉说那些引起他们焦虑的问题。精神分析学家鼓励来访者自由地谈论，同时保持思维和感觉的连贯性，确认主题，然后对他们的陈述进行解释。这样做让来访者能够持续地进行自由联想，由此他们就能持续地谈论那些重要的事件。精神分析学家的工作就是发现阻抗或防御机制何时导致自由联想中断，然后向来访者解释这一切。通过这个过程，促使来访者发现和了解自己以这些方式思考和感觉的原因，并理解自己现在的行为。

精神分析学家非常强调通过倾听来鼓励来访者自由谈话，然后为来访者做出解释。你可能希望受到精神分析方面的训练，并将其运用在工作中，假如你愿意，就可以利用第四部分的许多观点来帮助儿童自由地谈话。尽管我们发现弗洛伊德的基本理论是很有用的，尤其是那些与防御机制、阻抗和移情相关的观点，但是我们并不采用精神分析的方法。反之，我们采用一种综合的方法，它融合了许多理论流派的基本原理和应用观点（第 8 章）。即便如此，我们还是要对儿童心理咨询有主要理论贡献的观点进行全面的介绍，这样你可以从中选择那些最适合你的工作方法。

如果你采用心理动力理论学派的工作方式，那么识别出成人和儿童在自由联想方面的差异是很重要的。对儿童自由联想的观察不仅要通过言语行为，更要通过非导向性的自由游戏，尤其是假装游戏（见第 29 章）。就像一个以成人为对象的精神分析师向成人解释主题和反复涉及的概念一样，儿童心理咨询师也可以向儿童解释从游戏、讲故事等活动中观察到的反复出现的主题和概念。

移情

移情和反移情是弗洛伊德提出的两个重要概念。我们在第 2 章中已经对它们进行过描述，我们将在第 13 章中对它们进行更进一步的讨论。

安娜·弗洛伊德

尽管西格蒙德·弗洛伊德的治疗对象通常是成人，但是他的女儿安娜·弗洛伊德发展出了一种针对儿童的精神分析方法，也就是观察儿童的游戏。当与儿童熟悉之后，她就去寻找隐藏在假扮游戏和绘画作品后面的无意识动机，然后向儿童解释他们游戏的内容（Cattanach, 2003）。安娜·弗洛伊德认为，先与儿童建立关系是最基本的。她付出大量努力让儿童对她产生强烈的依恋感，并让他们真正信赖她。她认为儿童只相信"可爱的人"，而且为了取悦这个人才会去完成某些事情。她相信这种对治疗师亲密的依恋或正移情是让儿童完成所有目标的先决条件（Freud, 1982）。

安娜·弗洛伊德也很强调她称之为负移情的现象。当儿童将治疗师看成母亲的竞争者时，儿童身上就出现了负移情。更多安娜·弗洛伊德的理论观点和实践方法见其文集（Freud, 1982）。

梅兰妮·克莱因

从事儿童心理工作的梅兰妮·克莱因采用的是完全非导向性方法，她以游戏作为西格蒙德·弗洛伊德的言语自由联想方法的替代品，并发展了弗洛伊德的客体相关理论（Klein，1932）。弗洛伊德认为在儿童时期我们依恋"客体"，比如母亲，而随着成长和进步，我们逐渐远离这些客体。在这个分离的过程中，我们便依恋其他客体，也就是所谓的过渡性客体。例如，当一个孩子在玩玩具或与其他人玩耍时，这个玩具或玩伴就成了过渡性客体，因为儿童将他们对母亲的情感转移到了这些客体上。

尽管安娜·弗洛伊德认为，在进行解释时首先要搭建咨询师和儿童之间的关系，然而克莱因则强调即时进行解释而无须等待这种关系的发展（Cattanach，2003）。她强调客体相关理论和过渡性客体的重要性。治疗室中的玩具和其他物体以及治疗师本身都被看成过渡性客体。另外，克莱因认为有时对儿童行为做出不置可否的解释胜过总是为行为赋予象征意义。

当代的儿童心理咨询师对安娜·弗洛伊德和克莱因的观点均需有所了解，尤其是关于咨询关系的本质以及正移情和负移情的概念。显而易见，你个人关于弗洛伊德和克莱因不同理论观点的看法将影响你在工作中利用咨询关系的方式。安娜·弗洛伊德的观点在没有明确规则和无时间限制的儿童心理治疗中是适用的。然而，她的观点在短期或有时间限制的心理治疗中是不合适的，因为这时候无法与儿童建立长期的依恋关系。在此类情境中，克莱因的观点可能会更加合适。

唐纳德·温尼科特

另一位重要的先驱是温尼科特。在《小猪猪的故事》(Ramzy，1978）中，他记录了一个孩子的治疗过程，描述了治疗的发展并对治疗过程进行了理论解释。《小猪猪的故事》通过这个例子揭示了温尼科特对精神分析理论的贡献。温尼科特认为，通过对过渡性客体的使用以及对母亲和儿童之间过渡性空间的体验，儿童逐渐成长和发展起来（Cattanach，2003）。这里的过渡性空间是指提供母亲与儿童一起玩耍的空间，在玩耍的过程中帮助儿童与母亲分离，从而塑造一个独立的个体。根据温尼科特的观点，对儿童的心理治疗与过渡性空间是平行的。这与我们的观点是一致的，也就是说，治疗过程和与咨询师的关系已经足够让儿童解决无意识问题。

卡尔·荣格

卡尔·荣格的工作并不是专门针对儿童的，尽管他确实强调了儿童时期的经历在儿童建立自我认同感过程中的重要性。我们认为，荣格最重要的贡献在于他对弗洛伊德无意识观点的发展。荣格（1993）提出存在一种集体无意识，它源于人类的原始动机。他认为在这种集体无意识中，存在所有人都共有的符号。他在工作中采用符号表征方式，这与使用沙盘、黏土和其他艺术形式的心理咨询（第四部分）尤其相关。

玛格丽特·洛温菲尔德

尽管荣格非常强调符号表征方式，但是他的心理治疗方式依赖与来访者的语言沟通。在1925年，受荣格思想影响的玛格丽特·洛温菲尔德在进行儿童心理咨询时，开始在游戏中使用沙盘来鼓励儿童的非言语表达，这种方式受到理性思维的影响较小。她收集了很多小玩意、蜡笔和形状各异的纸板、铁片和黏土，并把它们放在被她小病人称为"奇妙箱"的盒子里（Ryce-Menuhin，1992）。洛温菲尔德在试图寻找一种帮助儿童不用语言来进行表述的方法的过程中萌生了这种想法（Schaefer and O'Connor，1983）。沙盘游戏是一种帮助儿童采用言语或非言语方式来叙述他们故事的方法（见第23章）。

阿尔弗雷德·阿德勒

在20世纪早期，阿德勒是弗洛伊德领导的讨论小组中的一员。这个小组之后成为第一个精神分析协会。然而，阿德勒因为不赞同弗洛伊德的性心理理论，在1911年脱离了这个团体。

阿德勒（1964）认为，人在作为个体发展的同时，也在一个社会结构范围内得到发展，每个个体都要依靠他人。阿德勒聚焦于个体与更广泛的社会之间的相互依赖。儿童在发展过程中一直受到他人的影响，而行为的发展也反映了他人看待儿童的方式。阿德勒的工作对儿童心理咨询有重要的影响，因为很明显，我们必须考虑儿童所在的生活环境。如果我们在更广阔的背景下看待儿童，那么对行为的结果就能更好地了解。强化和惩罚是阿德勒拒绝使用的概念，相反，他更注意顺其自然与合乎逻辑的结果。我们也更偏好这种方法，特别是当使用工作单和进行社会技能训练时，我们都会使用这种方法（见第33章）。

表5-1总结了早期先驱者的工作。

表5-1 早期先驱者的工作（1880～1940）

人物	工作
西格蒙德·弗洛伊德	开创了精神分析疗法，提出以下概念：无意识过程、防御机制、本我、自我、超我、阻抗、自由联想、移情和性心理发展
安娜·弗洛伊德	力求与儿童建立亲密的依恋关系（正移情）。在与儿童建立亲密的依恋关系后，对儿童非导向性的自由游戏做出解释
梅兰妮·克莱因	在治疗关系建立的早期，开始解释儿童的行为，解释儿童的非导向性自由游戏
唐纳德·温尼科特	认为治疗师与儿童的治疗关系和让儿童逐步脱离母亲的过渡性空间是平行的，认为与治疗师的关系本身就足够让儿童在治疗过程中发生变化
卡尔·荣格	引入有关集体无意识的符号表征的观点
玛格丽特·洛温菲尔德	使用沙盘作为言语沟通的替代品
阿尔弗雷德·阿德勒	考虑到个体社会背景的需要

1920～1975年——涌现出多种儿童心理发展理论

为了解儿童心理治疗的发展，我们需要考虑下列研究者对发展心理学的贡献。

- 亚伯拉罕·马斯洛（Abraham Maslow）
- 埃里克·埃里克森（Erik Erikson）
- 让·皮亚杰（Jean Piaget）
- 劳伦斯·科尔伯格（Lawrence Kohlberg）
- 约翰·鲍尔比（John Bowlby）

亚伯拉罕·马斯洛

亚伯拉罕·马斯洛（1954）通过确定需要层次来帮助我们理解人的需要。这种层次的发展并不针对儿童，但是有相当大的关系，它包括下列几个层次。

1. 生理需要——最低层次（对食物、水、睡眠、空气和温暖的需要）
2. 安全需要
3. 爱和归属的需要
4. 自尊的需要
5. 自我实现的需要——最高层次（个体目标的实现）

马斯洛认为，假如低层次的需要没有得到满足，那么个体就不能把他们的能量用于更高层次需要的实现。如果我们接受马斯洛的需要层次理论，那么该理论对儿童心理咨询有很明显的暗示，即如果没有首先满足低层次的需要，那么试图实现更高层次的需要是毫无意义的。

我们不必那么刻板地看待或利用这种层次理论。在没有完全满足低层次需要之前，人也可能为了更高层次的需要而努力。另外，特定的需要层次可能对儿童的不同发展阶段更为重要。当儿童特定的需要应该被满足却没有满足的时候，理解层次理论确实能帮助咨询师识别这些需要。例如，一个受到身体虐待的儿童在能够提出自尊或自我实现问题之前，我们首先要解决的是安全需要的问题。

埃里克·埃里克森

埃里克·埃里克森认为个体有潜能解决他们自己的冲突，而这种机能的实现是通过解决发生在个体生命的特定发展阶段中的危机来完成的。他强调了个体同一性形成的重要性，个体同一性指的是个体看待自己的方式。

埃里克森将人的一生很明确地分成了八个阶段，每个阶段都由一种个人的社会危机来表示。他认为处理每种危机都为个体提供了增强自我力量，更能适应社会的机会，从而能够更好地生活。

埃里克森的研究和自我概念以及如何帮助儿童成功解决发展危机、获得自我力量等问题有关。儿童心理咨询师需要熟悉和理解埃里克森提出的八个阶段（Erikson，1967），因为这些阶段阐述了儿童在发展中不可避免的危机，每个阶段都有助于儿童能力和成就的不断发展，并且需要在心理咨询过程中予以确认。

让·皮亚杰和劳伦斯·科尔伯格

让·皮亚杰和劳伦斯·科尔伯格都对儿童在不同发展阶段习得特定行为和技能方面做出了理论贡献。皮亚杰（1962，1971）关注儿童与他人和非人客体的相互作用，并且认为儿童与这些客体的关系使他们的行为逐渐变得更具社会适应性，从而发展出更高的认知水平，同时开始采用越来越复杂的方式来理解他们所生存的环境。在咨询师选择带规则的益智游戏这样的活动时，确定儿童的认知发展水平和道德习得水平是很重要的（见第30章）。

劳伦斯·科尔伯格（1969）对皮亚杰的认知发展概念和道德习得之间的关系很感兴趣。咨询师需要了解儿童在理解道德观念上的正常发展顺序，因为儿童做出选择的过程基于他们的道德理解水平和对特定结果的预期。

约翰·鲍尔比

鲍尔比（1969，1988）非常强调儿童对母亲的依恋。他认为儿童今后的行为取决于他们对母亲的依恋方式。他认为与母亲有安全依恋关系的儿童是快乐的、各方面发展协调的，而如果依恋关系并不那么安全可靠的话，儿童就有可能变得缺乏社会适应性且情感失调。同时，他还认为与母亲建立起安全依恋关系的儿童在作为个体独立发展时会更容易。显然，鲍尔比的理论具有文化特殊性，即只适合那些提倡与母亲建立主要依恋关系的社会文化。

在辅导那些与母亲有不良依恋史因而不能形成健康母子关系的儿童时，使用依恋理论是比较合适的。

表 5-2 对儿童发展理论进行了总结。

表 5-2　儿童发展理论（1920～1975）

人物	理论
亚伯拉罕·马斯洛	引进了需要层次的概念
埃里克·埃里克森	认为个体有可能解决其自身的问题。假定了八个发展阶段。认为自我的力量可以通过成功解决发展危机来获得
让·皮亚杰	提出了儿童在特定发展阶段获得特定技能和行为的概念，并提出了认知发展阶段
劳伦斯·科尔伯格	关注皮亚杰的认知发展概念与道德习得之间的关系
约翰·鲍尔比	引进了依恋的概念，认为儿童情感和行为的发展与他和母亲之间的依恋方式有关

1940～1980 年——人本主义和存在主义治疗的发展

许多人本主义和存在主义的成人心理治疗方法是从 1940 年后开始发展起来的（Corsini and Wedding，2014）。正如我们之前提到的，成人的心理治疗方法也可以用于儿童。对人本主义和存在主义治疗做出重要贡献的人物有卡尔·罗杰斯、弗雷德里克·皮尔斯、理查德·班德勒和约翰·葛瑞德。另外，弗吉尼亚·阿克斯林和维奥莱特·奥克兰达为儿童心理治疗也做出了重要贡献。

卡尔·罗杰斯

1942 年，以来访者为中心心理疗法的创始人卡尔·罗杰斯出版了他的第一本同时也备受争议的书——《心理咨询和心理治疗》。不同于心理分析理论强调治疗师对来访者行为的分析和解释，罗杰斯（1955，1965）认为，在一个温暖而负责的咨询关系中，来访者有能力找到解决他们自身问题的方法。因此他把治疗关系本身视为发生治疗性改变的催化剂，并且认为咨询师试图代替来访者对他们的行为做出解释是不合适的。

罗杰斯描述了良好的治疗关系的特质，例如表里如一、共情和无条件积极关注，以及对来访者及其行为的非评判性态度。因为罗杰斯认为来访者自身有能力发现问题的解决方法，所以他完全是非指导性的，并采用了对来访者所言做出积极倾听和反馈的技巧。尽管罗杰斯的工作主要是针对成人，但我们相信他的观点对于帮助儿童叙述自身的故事是特别有用的，尤其是在治疗的初始阶段（见第12章和第13章）。

弗吉尼亚·阿克斯林

弗吉尼亚·阿克斯林的儿童心理咨询方法在某些方面与罗杰斯的成人治疗工作是平行的。她相信在一个儿童与咨询师的关系既可靠又安全的环境中，儿童有能力解决他们自身的问题。她立足于共情、温暖、接受和真诚的治疗原则，使用罗杰斯的反馈倾听技巧（McMahon，1992）。

在《游戏治疗》（1947）一书中，阿克斯林概述了非指导性游戏治疗的八个原则。

1. 治疗师必须与儿童建立一种温暖、友好的关系。
2. 治疗师要接受儿童真实的自己。
3. 治疗师在辅导关系中建立一种宽容的情感。
4. 治疗师要敏锐地识别出儿童正在表达的情感并进行反馈，从而使他们获得对自身的洞察力。
5. 治疗师对儿童解决自身问题的能力要保持高度尊重。
6. 治疗师不要试图采用任何方式去指导儿童的对话或活动。
7. 治疗师不要试图催促治疗的进程。

8. 治疗师只设立那些将治疗锚定到现实世界所必需的限制。

我们发现在与儿童的早期接触阶段和治疗的最初阶段，阿克斯林的方法是很有用的。然而随着治疗过程的推进，我们通常都要变得更具指导性。

弗雷德里克·皮尔斯

弗雷德里克·皮尔斯是格式塔心理治疗的创始人。就像维奥莱特·奥克兰达（1988）所描述的，尽管皮尔斯从事的是成人心理治疗，但格式塔心理治疗也是儿童心理治疗的一种很有价值的工具。最初，皮尔斯是作为一名精神分析师接受训练的，但是他向精神分析的许多假设提出了挑战，尤其是那些非常强调来访者过去的假设（Clarkson, 1989）。他认为，我们的焦点应该放在来访者现在的体验而非他们的过去上，并且来访者也应当为他们现在的体验负责而不是埋怨他人或过去。皮尔斯重点关注提升来访者对目前的身体感觉、情感和相关思想的意识。通过鼓励来访者在"此时此地"更完整地触碰他们目前的体验，他认为他能够让来访者完成"未完成的事"，整理他们的情感困境，实现他所谓的格式塔或顿悟的体验，从而感受到更多的自身完整性。

皮尔斯使用并更正了弗洛伊德的一些概念。例如，他将弗洛伊德的防御机制重新定义为"神经官能症"。

当精神分析师通过解释来访者的行为来处理他们的阻抗时，皮尔斯则通过提升来访者对阻抗的意识以及鼓励来访者探讨对阻抗的体验和阻抗本身来直接面对它。

皮尔斯提出了一系列对儿童特别有效的咨询或治疗技巧。

1. 当在治疗过程中发现非言语行为时，立即给予反馈，这样可以把来访者的注意力指向受到压抑的情感或阻抗。

2. 请来访者随时体验和描述身体的感觉，并将其与情感和思维联系起来。

3. 鼓励来访者做出"我"的陈述，并对自身的行为负责。

4. 挑战和直面那些他认为是神经质的行为，例如偏差、内投射、投射和反转。

5. 他通过把自我的两个极端带进意识中来对它们进行探索，这样两者均不会被排除在外（例如，爱恨两极）。

6. 他鼓励来访者扮演自己的不同部分，并让这些部分进行对话。

7. 他鼓励来访者扮演自己和重要他人，并让自己和重要他人进行对话。

8. 他提出"统治者－受害者"（topdog-underdog）的概念，并鼓励来访者角色扮演，两者之间进行对话。

9. 他帮助来访者发掘他们的梦境。

维奥莱特·奥克兰达

维奥莱特·奥克兰达（1988）示范了一种在儿童心理咨询中将格式塔心理治疗原理和实施方法与道具结合的特殊方式。在治疗中，她通过鼓励儿童进行幻想，并认为在一般情况下儿童幻想的过程与他们真实的生活过程是一样的。由此，她间接地牵引儿童隐藏在心里或逃避的东西，这本质上就是基于一种投射过程。

奥克兰达的书《开启孩子心灵的窗户》包含了许多来自案例研究的摘录，那些使用格式塔心理治疗和幻想的读者可能会很感兴趣。她的工作模式中包含下列特殊技巧。

1. 鼓励儿童给他画中的两个角色编写对话。

2. 帮助儿童承认他对有关画的内容所说的话。

3. 注意儿童的身体姿态、面部表情、语调、呼吸和沉默所透露的线索。

4. 从儿童使用道具的活动转移到直接针对儿童的现实生活情境，以及在道具的使用中出现的未解决事件。奥克兰达通过直接询问来达到这个目的："这与你的生活是一致的吗？"

在使用黏土治疗、想象之旅、讲故事和玩偶治疗的过程中，我们有时候会采用奥克兰达的方法（见第24章、第26章、第27章和第28章）。然而，当我们使用格式塔治疗技巧时，一般情况下是采用直接的方式而不是通过幻想。

理查德·班德勒和约翰·葛瑞德

班德勒（1985）和葛瑞德是神经语言程式学（Neuro-Linguistic Programming, NLP）的创始人。尽管NLP并非针对儿童发展而来的，但是NLP中仍然有一些重要元素对儿童心理咨询是很有用的。它们包括以下两个方面。

✧ 识别儿童在感受世界时的不同方式。
✧ 重构的概念。

人们可以通过以下三种模式的一种或多种来感受这个世界。

1．看
2．听
3．感觉（动觉）

作为心理咨询师，匹配儿童现在使用或主要使用的模式对我们来说是很有用的。

通过使用NLP的重构技巧（Bandler and Grinder, 1982），我们能够帮助儿童从不同模式来看待他们周围的情境，这样他们就可以产生更良好的感觉，并且表现得更具适应性。我们将在第15章中给出使用重构的例子。

人本主义和存在主义方法的贡献

表5-3总结了从1940年至1980年人本主义和存在主义的主要贡献。它们持续地影响着当今的儿童心理咨询策略。

表5-3 人本主义和存在主义心理辅导的主要贡献者（1940～1980）

人物	贡献
卡尔·罗杰斯	引进了非指导性咨询，并且认为来访者在一个温暖可靠的咨询关系中能够找到自己的解决方法
弗吉尼亚·阿克斯林	相信儿童在一个和治疗师有安全可靠的治疗关系的环境中，有能力解决他们自身的问题。使用非指导性的游戏疗法

(续)

人物	贡献
弗雷德里克·皮尔斯	创立格式塔疗法，强调对身体感觉、情感和思维的当下体验，给予来访者反馈、挑战、面质，使用角色扮演和对话
维奥莱特·奥克兰达	将格式塔疗法和道具、幻想的使用结合起来
理查德·班德勒和约翰·葛瑞德	创立神经语言程式学（NLP）。识别人们（和儿童）感受世界的不同模式，提出重构的概念

1950 年至今——行为治疗的发展

行为治疗或通常所说的行为矫正是由 B.F. 斯金纳（B.F. Skinner, 1953）发展起来的，它依赖操作性条件反射或工具性条件反射。在这种类型的条件反射中，强化物的使用或撤销是为了增强或消退特定行为。例如，想象父母想要孩子定期打扫房间。在每次孩子打扫房间的时候，父母就给孩子一个奖励（强化物）。由于得到奖励（强化性刺激），孩子就更可能持续打扫房间（打扫房间是对强化性刺激（奖励）的条件反应）。

1960 年至今——认知行为治疗的发展

认知行为治疗（Cognitive Behaviour Therapy, CBT）发展的三个主要贡献者是阿伦·贝克（1963，1976）、阿尔伯特·埃利斯（1962）和威廉·葛拉塞（1965，2000）。

阿伦·贝克

阿伦·贝克（Aaron Beck）在对抑郁病人的研究中指出，病人的情感状态正受到自动出现在他们脑海里的特殊想法的严重影响。因此，他发展出一种治疗方法，使病人能够改变自己解释生活事件的方式，并挑战他们对环境、自己和他人的核心信念。

这种治疗形式背后的假设是，情感问题来自功能失调的思维。因此，在使用这种治疗方法时，治疗师的作用是帮助来访者用更健康的想法（就像阿尔伯特·埃利斯建议的）取代那些不健康的想法。

阿尔伯特·埃利斯

阿尔伯特·埃利斯（Albert Ellis）建立了他所谓的合理情绪疗法，也就是现在通常所说的理性情绪行为疗法（Rational Emotive Behavior Therapy，REBT）。最初，REBT的发展是专门针对成人的，但是它对8岁以上的儿童也同样适用。如果你对这个类型的疗法感兴趣，我们建议你阅读德莱顿写的《简明理性情绪行为疗法》(Dryden，1995)。

埃利斯认为，要对儿童的行为给予直接的建议和解释。他的方法包括直面和挑战他所谓的不合理信念，并且规劝来访者使用他所认为的合理信念来取代不合理信念。这些不合理信念是指会让来访者对自身感觉糟糕，或者让他们产生负面或不舒服感觉的信念。埃利斯认为，不合理信念是从重要他人那里学来的。

埃利斯的观点对儿童心理治疗也是很有用的，尽管我们更愿将不合理信念称为损己信念（self-destructive beliefs）（见第15章）。在提升儿童自尊、进行社会技能训练和教儿童自我保护行为（见第五部分）时，挑战损己信念是很有价值的。当我们致力于这些领域时，可能必须挑战之前拥有的信念，这样合适的解决问题的方法和决定才能出现。

威廉·葛拉塞

威廉·葛拉塞（William Glasser，1965，2000）是现实疗法（之后有时被称为控制理论或选择疗法）的创始人。该疗法广泛地应用在校园（以及成人拘留所和禁闭室）中。现实疗法帮助来访者对有关行为所做的选择负责，能够接受行为引发的合理而自然的现实结果。现实疗法鼓励来访者自行发现满足自己需要的方式，同时不侵犯他人的权利。

在治疗过程中，当儿童领悟到自己和他人的行为，并寻找更具适应性的、不同的行为方式来满足他们的需要时，现实疗法是很有用的。它同样适用于社会技能训练。

表 5-4 总结了行为疗法和认知行为疗法的发展中那些重要先驱的工作。这两种疗法今天仍在广泛使用，因为两者均是有时间限制且效率较高的方法。就像第 8 章中解释的那样，尽管我们认为这两种疗法不适合在治疗的早期阶段使用，但可以在儿童心理治疗的后期阶段使用。

表 5-4　行为疗法和认知行为疗法的主要贡献者（1950 年至今）

人物	贡献
斯金纳	发展完善的行为疗法（也称行为矫正），包含操作性条件反射或工具性条件反射的使用，其中，强化物的使用或撤销都是为了增强或消退特定行为
阿伦·贝克	提出思维影响情感。开创了认知行为疗法，即发展出一种治疗方法使来访者能改变他们解释生活事件的方式，并挑战他们的核心信念
阿尔伯特·埃利斯	合理情绪疗法的创始人。挑战不合理信念，并鼓励来访者用合理信念取代那些不合理信念
威廉·葛拉塞	现实疗法的创始人。鼓励来访者自己担负起责任去寻找满足需要的方式，而不要侵犯他人的权利，面对自身行为导致的合理、自然的结果而能够接受现实

1980 年至今——提出了更多有关儿童心理治疗的新观点

新近提出的关于儿童心理治疗的最重要的方法是理查德·斯洛福斯（Richard Sloves）和卡伦·贝林格–皮特林（Karen Belinger-Peterlin）提出并加以发展的限时游戏疗法（1986）。另外一个重要贡献是迈克尔·怀特和大卫·爱普斯顿（Michael White and David Epston，1990）发展出来的叙事心理治疗。尽管叙事心理治疗并非针对儿童提出的，但是我们发现在儿童心理治疗中，它能发挥重大的作用。

限时游戏疗法

20 世纪 80 年代的一个重要发展就是提出了短程治疗的观点。从那时起，尤其是在当今社会，让治疗师备感压力的是有责任使用高效率的方法来达到治疗目的（Cade，1993）。德沙泽（De Shazer，1985）对短程治疗的贡献在于，更强调发现解决办法的过程，而不是关注问题的起因（Walter and Peller，1992；Zeig and Gilligan，1990）。与此同时，有心理动力理论背景的工作者，如达凡鲁（Davanloo）、马伦、曼（Mann）、戈尔德曼、西夫尼奥斯、施特鲁普、宾德，他们接受短程治疗的观点却不放弃心理动力取向（Lazarus and Fay，1990）。

限时游戏疗法是作为儿童心理治疗的方法发展起来的，具有心理动力取向的短程治疗思想（Sloves and Belinger-Peterlin，1994）。

这个方法涉及对儿童心理问题的简单评估。然后，治疗师选择一个中心主题，治疗工作就局限在这个主题内。儿童的心理治疗工作聚焦于赋予权利、适应性和增强自我。同时它关注未来而非过去，但是这个中心主题还是会受到儿童过去的影响。通常，个体的儿童心理治疗限制在12次会谈之内。这种形式的治疗兼具指导性和说明性。

斯洛福斯和皮特林清楚地阐明了限时游戏疗法对有些儿童来说是有效的，但是对另外一些儿童来说没有效果（Schaefer and O'Connor，1994）。如果儿童近期有创伤后应激障碍、适应障碍或者失去了长期患慢性病的父母，那么这种治疗是最有效的（Christ et al.，1991）。

有趣的是，我们发现在许多年前，缪尔曼和谢菲尔（Millman and Schaefer，1977）采用一种相似的方式指出，传统的心理动力疗法被证明对那些聪明的、有中度心理问题的儿童最有效，而更具结构性的技巧被证明对那些特定情境障碍或创伤反应的儿童有较好的功效。

这些文献说明，没有一种适合所有儿童的首选治疗方法。的确，我们在工作中已经发现，有效的工作取决于足够灵活地选择一种特别适合某些儿童且与他们的问题相关的方法。类似这样的方法最初是由缪尔曼和谢菲尔（1977）提出的，并称之为"指定性方法"（prescriptive approach）。

在1983年出版的书中，谢菲尔和奥康纳对指定性方法进行了描述。他们强调了治疗师的责任，也就是为每个特定的儿童选择最适合他们的治疗技术。因此，人们期待治疗师指定适合儿童且对处理目前问题最为有效的一种方法。

即使我们赞同治疗师必须灵活地采用适合儿童且能有效处理目前问题的方法，但是我们并不使用指定性模式，而是使用一种由我们发展起来的整合模式（第8章对此进行了介绍）。这种模式采纳了来自不同治疗方法的观点，并且易于变化以配合特定儿童的需要。

叙事心理治疗

叙事心理治疗主要采用语言的方式来帮助儿童。它是一种基于讲故事的方法。故事首先讲述儿童的问题如何影响他们的生活，然后重新改编另一个故事，在这个新故事中，这些问题已无法控制儿童的生活。

叙事心理治疗实践倾向于将儿童本身从问题中分离出来。这是基于"问题就是问题"的前提，反对将儿童本身看成是问题。因此，客观性是许多叙事性谈话建立的基础。它需要在语言使用中进行一种特殊的转换。通常，客观性对话包括追踪问题是如何随着时间的流逝来影响儿童生活的，以及这个问题如何通过限制儿童从不同角度看事物的能力来剥夺他们的力量。咨询师通过解构原本的故事以及重建关于自身和生活更美好的故事来帮助儿童获得改变（Morgan，2000；Parry and Doan，1994；White and Epston，1990）。为了帮助儿童构建一个新故事，咨询师和儿童要多次探讨何时问题不会影响儿童及其生活，并关注他们思维、感觉和行为的不同方式。问题故事中的这些例外情况可以帮助儿童构建起一个全新且更称心的故事。随着更美好的新故事出现，协助儿童继续这个新故事就变得很重要了。让新故事变得更加"丰满"的方法是找一些可以作为新故事听众的见证者，并能以某种方式将他们的生活与新故事联系在一起。这些听众在治疗过程中既可以在场也可以不在场，既可以是真实的也可以是想象的，既可以源自儿童的过去也可以源自现在。

咨询风格的基本差异

我们在讨论儿童心理治疗的历史背景时，只提及了那些我们认为对儿童心理治疗实践有重大影响的人。还有许多人对我们所提到的这些人的观点或治疗方法进行了扩展，或者是引进了与使用某种特定媒介相关的观点。我们没有提到他们，是因为这主要是一本指导实践的书，而我们只想提供一个有关儿童心理治疗理论背景的概况。

历史背景为当前的观点提供了适当的理论基础。因此，在思考这些新近观点时，我们将用两种方式来总结历史背景。你可以回顾一下表5-1至表5-4，从而可以在思考图5-1之前复习一下相关的历史背景。

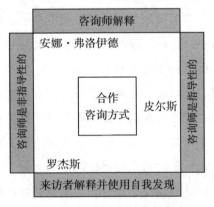

图5-1　不同治疗方法定位图

图5-1定义了几个参数，包括咨询师的工作是指导性还是非指导性，是解释性还是非解释性的。图5-1的中间部分是指没有采用这些维度上的极端倾向，而是采用综合的咨询模式。关于这两个参数两极的问题，一直是儿童心理咨询工作者争论的焦点。无论是过去还是现在，都有一些心理咨询工作者在这些维度上比较极端。他们趋向于在整个心理咨询过程中都采用他们所选择的方法。

我们不知道你是否同意图5-1中对三位心理治疗师的位置分配。我们将安娜·弗洛伊德放在左上方，因为她是非指导性和解释性兼具。而将罗杰斯放在左下方，则是因为他是非指导性的且又将行为的解释工作留给了来访者。然而，我们发现很难去定位皮尔斯。我们将他放在靠近右边的位置是因为当他在对来访者进行心理治疗时，对治疗过程是严格控制的，他直接挑战来访者并且故意试图让他们产生挫败感。然而，一些格式塔心理治疗师会辩称，是来访者目前的体验控制了治疗的方向，因此皮尔斯的位置应该靠左。同样，对将皮尔斯放在垂直方向的"解释性"一端还是"自我发现"一端也存在争议。虽然我们很难把一些人放在精确的位置上，但是我们认为这个图对于分辨前面提到的治疗师的理论立场和实践方法的不同之处是很有用的。你可以试试看能否确定本章所介绍的其他治疗师在图上的位置。

我们认为有价值的工作可以采用多种不同的方式来完成，而你的个人工作风格必须是能够吸引你本人的。另外，对这些心理咨询师来说，依据特定儿童及其目前的问题适当变换工作风格是十分有用的。因此，我们有时候是指导性的，有时候是非指导性的。或者，尽管我们一般更愿意让儿童去自我发现，但有时候我们又必须选择解释性方法。我们觉得为了满足每个儿童的需要，治疗方法的选择需要具备一定程度的灵活性。

儿童心理治疗是否有首选的方法

当读完本章后，你可能在思考是否存在一种"最佳"的儿童心理治疗方法。当然，我们有一个首选的方法，并将在第 8 章中进行描述。然而，我们希望你在读完本书并接受有关儿童心理治疗的实践培训和督导后，再确定哪一种方法最适合你。

我们发现，目前在选取何种治疗方法的问题上有许多不同的观点。一位儿童心理治疗师可能只采用类似于安娜·弗洛伊德的精神分析方法；另一位咨询师却完全使用认知行为疗法，即埃利斯和其他人所提出的方法；还有人则可能以格式塔心理治疗为主，而不像奥克兰达那样强调幻想。此外，许多我们在刚刚回顾的历史中讨论过的观点也仍然被沿用。

我们使用第 8 章所介绍的综合方法。第 8 章描述了这种由我们发展起来的"有序计划整合式儿童心理咨询模式"（SPICC），我们在实践中采用这个模式。在使用这个模式时，我们将之前提到的先驱和发展心理学理论家提出的适合我们的观点进行了整合。我们大量采用了人本主义疗法、认知行为疗法和行为疗法中的策略，还有一些由更现代的方法发展而来的策略。

不论使用任何方法，我们都强调，儿童心理治疗过程中最重要的部分是第 13 章所描述的帮助儿童讲述他们的故事。通常为了帮助儿童达到这个目的，我们需要使用第四部分提到的道具。由于意识到每位咨询师都有自己独特的工作方式，并使用他们偏好的方法，因此我们希望你也能找到适合自己的儿童工作方法。

尽管我们很看重在一个安全的环境中给儿童提供自由讲述自己故事的机会，但是我们也认为，在多数情况下将儿童的心理治疗与我们将在第 9 章中介绍的家庭治疗或者是邀请父母参与的治疗工作相结合是很有效的。

● **重点**

早期先驱
- 心理治疗理论和实践的重要早期贡献者包括西格蒙特·弗洛伊德、卡尔·荣格和阿尔弗雷德·阿德勒。
- 儿童心理治疗的特定理论和实践方法是由安娜·弗洛伊德、梅兰妮·克莱因、唐纳德·温尼科特和玛格丽特·洛温菲尔德等人发展起来的。
- 主要的儿童心理发展理论是由亚伯拉罕·马斯洛、埃里克·埃里克森、让·皮亚杰、劳伦斯·科尔伯格和约翰·鲍尔比等人提出的。

存在主义/人本主义治疗
- 存在主义/人本主义心理治疗的主要贡献者包括：来访者中心疗法的创始人卡尔·罗杰斯、格式塔心理疗法的创始人弗雷德里克·皮尔斯、神经语言程式学的创始人理查德·班德勒和约翰·葛瑞德。这些方法尽管主要是针对成人的，但也适用于儿童。
- 儿童心理治疗实践的重要贡献者是弗吉尼亚·阿克斯林，她相信儿童在一个与咨询师拥有安全可靠的关系中有能力解决自己的问题。还有维奥莱特·奥克兰达，在进行儿童心理治疗时，她将格式塔心理治疗的原则和道具结合在一起使用。

行为疗法
- 斯金纳发展了操作性条件反射的观点，它使用强化物来增强或消退特定行为。

认知行为疗法（CBT）
- 阿伦·贝克发现，可以通过改变人们的思维从而帮助他们改变情感状态。
- 阿尔伯特·埃利斯发展了理性情绪行为疗法（REBT），帮助来访者用更为合理的信念取代不合理信念。
- 威廉·葛拉塞发展了现实疗法，来访者拥有行为的选择权，但是需要接受这种行为导致的结果。

新近的方法
- 理查德·斯洛福斯和凯伦·皮特林提出限时游戏疗法，其重点在于发现解决问题的方法而非聚焦于问题的起源。
- 迈克尔·怀特和大卫·爱普斯坦是叙事心理治疗的创始人，包括将问题与来访者进行分离，帮助来访者解构以往无效的故事，并重构全新且更佳的故事。

心理治疗的风格
- 在治疗风格上最重要的根本差别在于，咨询师是指导性还是非指导性的，是解释性还是非解释性的。
- 有序计划整合式儿童心理咨询模式（SPICC，见第8章）依次使用了许多不同的治疗方法，并设计出一种能产生最为有效且持久变化的治疗方法。

◎ 更多资源

读者如果对心理咨询的历史有兴趣，可浏览以下网站的时间表。

- http://www.slideshare.net/CounselingNU/history-of-counselling-timeline
- http://en.wikipedia.org/wiki/Timeline-of-psychotherapy
- http://allpsych.com/timeline

访问 http://study.sagepub.com/geldardchildren 查看线上资源。

第 6 章

儿童心理治疗的过程

作为心理咨询师,我们的目的是通过与道具相结合的咨询技巧让来访儿童投入治疗过程中。谈及治疗过程,我们真正所指的是那些为了让来访者发生治疗性改变而需要被引入游戏中的一系列过程。

图 6-1 展示的这一流程图对儿童心理治疗的全过程进行了简单概括。每个框架中都包含一个特定过程。例如,"与父母联系"本身就是一个过程。

在熟练的心理咨询师的推动下,图 6-1 中每个方框所描述的过程之间相互作用,从而形成一个完整的治疗过程。因为每个案例都是不同的,所以图中显示的每个过程并不会用在所有儿童身上。有些过程可能与其他过程同时发生,而有些过程可能在治疗中重复使用。在本章中,我们将按顺序对图 6-1 所列出的过程进行描述。

最初的评估阶段

最初的评估阶段是指治疗前的一段准备时间。在这个阶段,我们要收集关于儿童及其问题的信息。这些信息使心理咨询师能够对儿童的情况做出假设。假设形成后，咨询师才能选择适合的道具来帮助他们与儿童互动，并开始治疗工作。另外，最初的评估阶段也包括与父母见面并签订治疗协议。

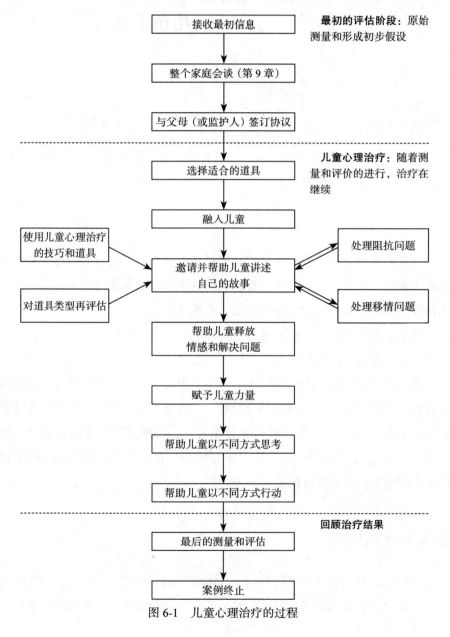

图 6-1 儿童心理治疗的过程

接收最初的信息

为了让治疗工作取得最大的成效，咨询师需要拥有尽可能多的关于儿童的信息，包括儿童的行为、情感状态、人格、过往史、文化背景和生活环境。

在转介时，我们会获得初始信息。转介者可能是父母，其他时候则可能是从业医师、学校、其他专业人员、法定机构或其他来源。诸如此类的信息在帮助咨询师了解儿童方面是非常重要的。

我们必须记住，来自转介者的信息可能并不准确，它可能会受到转介者的主观扭曲。然而这类信息仍然是有用的，因为这是从其他人的角度来看待发生的事情。例如，我们可能被告知一个孩子有故意不服从的行为，后来我们却发现他可能有严重的言语障碍，很难理解别人的指示，而非通常情况下认为的故意不服从。尽管最初的信息确实不准确，但是它会帮助我们立即了解儿童在生活中发生的事件。因此，收集一些关于儿童行为、问题方面的不同观点是很有价值的，但是要记住这些观点可能不是十分准确。

在最初的评估阶段，无论在什么情况下，我们都更愿意与整个家庭见面（正如第9章所描述的）。这么做可以使我们获得有关儿童生活环境的重要信息。当不可能与整个家庭见面时，我们倾向于与父母（或者其他监护人）会面，并以此来了解他们对现状的认识，并与他们签订治疗协议。

与父母（或监护人）签订协议

在开始对儿童进行治疗工作之前，我们发现，在没有儿童在场的情况下，先与父母进行商讨通常是很有用的。这使父母能够不受儿童的约束，自由而毫不隐瞒地谈话。在这种面谈中，我们要记录详细的过往史、父母对问题的理解，以及他们对这些问题的反应。我们还要同父母就治疗过程签订治疗协议。

情感障碍儿童的父母更可能对孩子感到焦虑和担忧。他们可能会担心孩子与一个不认识的人建立治疗关系将会发生什么。让父母感到备受威胁的是，孩子将要向一个陌生人倾诉自己甚至可能是家里的事。另外，一些父母感到他们在父母的角色上不够称职，因此担心咨询师可能会因为孩子的问题而责备他们。

考虑到父母产生焦虑的可能性，给父母提供一个与咨询师面谈的机会是很必要的，不仅是有关孩子的事，也关于咨询过程和适当提及他们自己的焦虑。在与父母的面谈中，咨询师必须是一个有同理心的倾听者，要看到父母及他们所提供的信息的价值。尽管我们认为对咨询师来说，给父母提供机会大略地谈论他们的焦虑是恰当的，但我们更应该试图避免同时成为孩子和父母的咨询师。尽管有时候很难避免，如果一个咨询师同时担当了儿童和父母的咨询师，就很可能使儿童难以与咨询师合作并信任咨询师。我们将在第9章中更详细地探讨这种情况。

我们认为对父母来说很重要的是理解儿童–咨询师关系的排外性。因此，我们必须告诉父母，为了让咨询见效，儿童需要自由自在地畅所欲言，并对我们推心置腹。同时，我们也对他们因无法全部了解儿童所透露给我们的信息而感到不满表示理解。然而，我们向他们保证会让他们了解整个过程的进展。另外，我们告诉父母如果出现他们有权利知道的信息，我们将会告知儿童将此信息与父母分享的必要性。需要与父母或其他方共享的信息量可能在不同的设置或情况下有所不同。例如，在与儿童保护服务有关的家庭合作时，在共享咨询过程中获得的信息方面，将需要更多考虑法律和组织原则。

当所有的可用信息在初始评估阶段收集完后，咨询师就能够形成一个有关儿童目前问题的初步假设。这个假设不只基于转介者和父母所提供的信息，还基于咨询师自己对儿童在心理以及相关环境氛围的背景下所产生的行为的理解。因此，假设必须清楚地考虑到信念、态度、期待和行为在种族、伦理、文化和宗教方面的差异。事实上，意识到咨询的差异和多样性是非常重要的，读者可能希望参考艾维等人（Ivey et al., 2012）所著的《咨询和心理治疗理论：多元文化视角》，这本书进一步探讨了咨询时文化问题的影响。

我们在第 3 章中也谈到了文化因素。

带着一个假设，对儿童的心理治疗就可以开始了。

儿童心理治疗

选择合适的道具

在见儿童之前，咨询师需要选择一种最合适的道具来使用。这种选择基于儿童的年龄、性别、个人人格特质和情感问题的类型。活动或道具的选择也受咨询环境的影响。例如，在医院工作的咨询师可能被限制在他们可以带到儿童病床上的道具。选择过程的详情见第 21 章。

融入儿童

大多数儿童是由父母带来接受治疗的，当父母到来的时候，很重要的一点是要让父母感到自己是受欢迎的，是被尊重的。我们认为营造一个友好而好客的环境是重要的，不只是为了融入儿童，同时这也是治疗过程的一部分。

当父母和儿童如约前来时，我们通常会给父母送上一杯茶或咖啡，给孩子一杯冷饮。这对那些已经在学校度过繁忙的一天而又要来进行咨询的孩子来说，尤其受欢迎。

儿童有自己独特的人格特质和特殊需要。因为各种各样的原因，有些孩子很难投入。他们可能曾经被信任的成人背叛过，所以可能还存在敌意，他们也可能受到过惊吓从而变得沉默，或者他们可能很调皮而且行为很不得体。低龄儿童可能缺少进行有效沟通的语言。所以，必须调整这种融入的过程，来适应每个儿童的个别需要。不过，还是有一些基本的融入方法在通常情况下有用。

当儿童第一次来访时，我们在等候室（咨询设置允许的地方）开始与他们接触。然而，我们首先是通过与父母接触来开始这个过程的。这么做可以让儿童感到安全和舒适，他们也能受到父母的关注和控制。儿童观察我们与其父母相处的方式，能够对我们产生一定程度的信任和信心。另外，他们也得到了父母的鼓励，得到了投入与我们的关系中的许可。这个过程能让父母感受到他们在治疗中担当的角色的重要性。

当儿童在场时，要求父母澄清带孩子来接受治疗的原因是融入过程的一个重要部分。这么做可以让儿童和咨询师对前来接受辅导的原因都同样了解，同时彼此知道对方了解这个信息。这就将双方产生误解的可能性降到了最低。

在融入过程中，我们必须给儿童提供机会来选择第一个治疗阶段如何开始和继续。在治疗初始，允许儿童探索治疗环境并让他们知道父母在哪里等候他们，可能是很有帮助的。这种方法尤其适合那些有高度焦虑感的儿童。

有些儿童很难与父母分离并投入与咨询师的关系中。当我们遇到此类儿童时，我们会邀请儿童及其父母进入游戏治疗室。然后在他们面前与其父母或监护人进行交谈，并让儿童自行观察游戏室。在这个过程中，我们不时地让儿童加入谈话中，或者请他们说说自己在游戏室中发现的感兴趣的东西。有时候我们可能让儿童在游戏室中与父母一起玩耍，直到他们感觉到安全。

与某些儿童混熟很容易，尤其是那些没有什么人际界限或非常渴望情感关注的儿童。这样的儿童可能会毫无戒心地融入我们，但也可能对我们有不恰当的顺从。记录儿童的融入行为有助于对目标的评估。

在融入过程中，帮助儿童理解儿童－咨询师关系的本质是很必要的。如果缺乏这种理解，儿童就不知道咨询师抱有怎样的期待，也不知道咨询师对他们之间的关系所抱有的期待，那么这样的融入就很有限了。

随着儿童的成长和发展，他们会接触许多成人，并受到他们的影响。每一个成人都有自己独特的人格特质或品性，儿童会注意到这些特质并向他们学习。例如，儿童可能感到学校老师具有的权威性，他们指导儿童展开各项任务，而这些任务通常都涉及学习。商店主人则具有不同类型的权威性，这种权威性约束儿童在商店里的行为。叔叔阿姨的权威性则没有清楚的界限，因为他们对侄儿侄女的行为管理只承担一小部分责任。父母对儿童生活的全部领域负责。每个儿童都来自某种独特的生活环境，而正是从他们的生活环境中，他们学会了与不同人群打交道的社会规则，如老师、店主、叔叔阿姨和最重要的父母。儿童与特定人士交往使用的社会规则取决于儿童对这种关系的预期。因此，对接受咨询的儿童来说最根本的是理解儿童 – 咨询师关系的本质，这样他们就知道应该期待什么，否则他们对这种关系就不会感到安全或舒心。在治疗关系的初始，咨询师需要设定基本的方针或规则，这样儿童就能清楚地知道什么是被允许的，什么是不被允许的。我们已经在第 2 章中对规则进行了描述。

对基本规则的解释使儿童能够了解在治疗过程中哪些行为是不被允许的。同时他们也需要了解在规则限制的范围内，他们可以用任何能让自己觉得舒服的方式来进行表达，另外也允许他们透露和谈论那些私人和隐秘的问题。

儿童对治疗关系的理解随着他们对关系的体验而不断发展。儿童通过测试这种关系以及接受在治疗背景下他们自身行为的结果来进行学习。

总之，融入主要是指创造一种能在治疗环境中满足某个儿童的需要的关系，从而让他们感到足够舒适以投入治疗过程中。一旦我们注意到儿童在这种关系中觉得舒心，我们就可以请他们开始讲述自己的故事。

邀请儿童讲述自己的故事

仅对儿童使用言语沟通的咨询技巧一般是无效的，尤其是对那些缺乏沟通技巧、饱受情绪困扰以及严重心理紊乱的儿童来说。通常，咨询师甚至不可能只通过交谈来融入儿童。然而，假如通过游戏或适合的道具来邀请儿童讲述自己的故事，那么在有效地融入之后进行有效的治疗通常是可行的。

在决定使用何种游戏材料和选择道具时，我们需要很谨慎。游戏环境和道具必须适合儿童的年龄，并且有助于促使儿童讲述他们的故事。我们要精心挑选那些可以给儿童提供机会探索情感和心理问题的环境与道具。如何决定游戏素材的细节，见第 19 章；如何选择合适的道具，见第 21 章。在选择完道具和游戏后，我们就可以邀请儿童开始讲故事了。

邀请儿童讲述自己的故事，以及帮助他们讲述故事，是任何儿童心理治疗过程中最核心和最有效的组成部分。

通过讲述故事，儿童有机会澄清并获得对事件和问题在认知上的理解。另外，他们能够公开讨论痛苦的感觉，并通过主动而非被动的方法掌控焦虑及其他情感困扰。随着儿童自己能够投入并融入治疗的体验中，他们的内心也必然会发生心理变化。

这听起来很简单是不是？我们只是让儿童讲述自己的故事，然后治疗就开始了。不幸的是，实际并不总是这么简单和直接。在咨询过程中，与儿童心理问题的性质直接相关的因素会引发许多难题。如果没有谨慎地思考和面对这些因素，它们可能就会破坏治疗的进程。

有情绪困扰的儿童经常会表现得前后不一致，并很难识别或传达自己的情感。一些儿童缺乏冲动控制能力，并且注意广度下降；其他一些儿童则表现出病态的防御机制。治疗过程可能会受到一个或多个这类问题的阻碍，使儿童很难投入治疗中。然而，恰当使用第三部分所描述的儿童咨询技巧，这些障碍通常都能被克服。

在儿童讲述自己的故事时，信任是核心问题。缺少适当程度的信任，治疗关系的发展就会受到抑制。有时，因为这个问题很重要，所以我们需要在最初的阶段走得较为缓慢。在初始阶段，我们可能给低龄儿童提供自由游戏的时间，或者我们使较大的儿童投入游戏中，从而让他们对这个环境感到舒服而安全。在其他情况下，我们可能会使用特定的道具来达成这个目标。

一旦信任关系在一个有适当道具的环境中建立起来，然后我们就可以请儿童讲述自己的故事。在发出邀请时，咨询师不要试图催促治疗进程，而是要给儿童提供机会让他们表达自己并探究令他们感到困扰的情感和问题。咨询师不要采用审问的形式，应该让儿童袒露自己的愿望。

咨询师的一些行为可能会抑制儿童，其中包括对时间、空间以及所使用的道具的限制。新手咨询师可能不具备耐心并想要有快速的进展。有时，缺乏经验的咨询师会由于最初的进展缓慢而感到挫败，从而陷入试图将提问作为一种推动治疗进程的方式。不幸的是，除非以保守的方式进行提问，否则儿童可能会因为惧怕被咨询师问到那些私密和敏感的事情而停止交谈。

帮助儿童讲述自己的故事

我们已经谈到信任、建立适当环境、游戏和道具的使用这三者在邀请儿童讲述自己的故事中的重要性。然而，为了让儿童能够讲述他们的故事，我们必须同时使用合适的儿童心理咨询技巧。为了让治疗过程变得有效，咨询师必须提供下列条件。

- ◇ 信任关系
- ◇ 适合的道具
- ◇ 自由和有意义游戏的设施、机会
- ◇ 儿童心理咨询技巧的恰当使用

通过使用恰当的儿童心理咨询技巧，咨询师使儿童得以讲述自己的故事，并作为孩子在探索之旅上的陪伴者，不断地揭示自己的故事，解决各种问题。在探索的过程中，咨询师需要定期对所使用的道具类型进行再评估，并在恰当的时候做出改变。咨询师可能也需要处理阻抗和移情的问题（见图 6-1）。

移情问题我们最初已经在第 2 章中讨论过。有关处理阻抗和移情所使用的方法的讨论将囊括在第 14 章中。

帮助儿童释放情感和解决问题

有时，儿童会发现讲述自己的故事本身就能有效地减少情感上的痛苦，甚至能很自然地找到解决问题的方法。但是，很多时候，咨询师需要帮助儿童解决特定的问题，从而使他们不再烦恼。这可以通过游戏和咨询技巧的使用来实现，有时还可通过教导来实现。当问题得到恰当的解决，儿童在与他人交往时会更加舒适，变得不再焦虑，同时在他们的社会和情感环境中更具适应性。

赋予儿童力量

尽管在图 6-1 中赋予力量是在问题解决之后，但是它也可能自然地出现在儿童讲故事的过程中。在一个接受、相信和理解儿童且不带任何评判的环境中，使他们能够讲述自己的故事，是赋予力量过程中的一个重要部分。

赋予力量包括让儿童获得对问题的掌控权，这样儿童就不再会受到那些制造焦虑和干扰正常适应性关系的念头与回忆的过多侵扰。于是，儿童开始对自我产生不同的看法，从而增强自尊和社会关系。因此，儿童能够更安心地融入他们的社会和情感世界。我们将在第 8 章中讨论如何使用叙事疗法来促进力量的赋予。

帮助儿童以不同方式思考和行动

正如我们将在第 17 章中所讨论的，假如儿童持续表现出一些无益的想法和行为，那么在解决问题后就终止咨询是不够的。为了完成咨询，咨询师有责任帮助儿童学会新的思考和行为方式，使他们具有适应能力。否则，可能会导致儿童的思维模式和行为举止的进一步恶化，而未来可能还需要再次接受咨询来处理这些问题。

治疗结果的回顾

最后的测量和评估

最后的测量和评估最好是在儿童及其家长共同在场的情况下进行（见第 9 章）。这个测量是为了确定这时进一步的工作是不再需要的或者是不恰当的，而评估是为了评价已经进行的工作的效果并提出建议。

案例终止

在最后的测量和评估完成后，心理辅导过程就可以终止，而这个案例也就结束了。结束咨询的技巧将在第 17 章中进行讨论。

在描述儿童心理治疗的过程时，我们最强调的是使儿童能够讲述自己的故事。如果这成为治疗过程的中心，那么我们相信发生治疗性改变的可能性将被最大化。为了使儿童投入讲述他们自身的故事中，我们不只需要使用儿童心理咨询技巧，也需要采用游戏或道具。

在下一章中，我们将关注其他可能会出现的过程。它们是在儿童身上发生治疗性变化的内部过程。

● **重点**

- 如果要使儿童从治疗中获益，那么邀请和授权儿童讲述自身的故事是最重要的。
- 转介者提供的信息通常是有用的，尽管我们不能假设它是准确的。
- 让父母参与其中并与他们签订协议是很重要的，这样他们能充分地了解治疗过程并感到舒适。
- 儿童需要清楚地认识到他们被带来接受咨询的原因。
- 在邀请儿童讲述故事之前，咨询师需要融入儿童。
- 道具的选择要依据儿童的年龄、性别、人格特质和情感问题的类型。
- 在解决情感问题和赋予儿童力量之后，使用策略来帮助儿童以不同的方式思考和行动通常是很有必要的。

◎ **更多资源**

有关咨询过程在不同情况下的差异，读者可参阅以下资料。

英国心理咨询和心理治疗协会（BACP）编制了一份文件，重点介绍在学校工作的心理咨询师所面临的法律问题和资源：http://www.bacp.co.uk/ethical_framework/documents/GPiA002.pdf。

澳大利亚心理学会（APS）编写了一份学校咨询指南：http://www.psychology.org.au/Assets/Flies/School-psych-services.pdf。

澳大利亚的一项关于儿童和年轻人在保健服务中的权利的宪章规定了与住院儿童一起工作时的总则：http://www.awch.org.au/pdfs/Charter-Chidren-Young%20People-Healthcare-Au-version-FINAL-210911b-web.pdf。

欧洲咨询心理学杂志发表了一篇关于咨询在医疗环境中的作用的文章。虽然这篇文章的重点是成人客户，但文中概述的咨询师的作用也与那些和儿童打交道的人有关：http://ejcop.psychopen.eu/article/view/9。

对于那些与儿童保护服务相关的儿童和家庭工作的咨询师，澳大利亚的儿童保护相关法律：http://aifs.gov.au/cfca/publications/australian-child-protection-legislation。对于英国的读者可以直接查询：http://www.nspcc.org.uk/preventing-abuse/child-protection-system/england/legislation-policy-guidance/。

访问 http://study.sagepub.com/geldardchildren 查看 *School Counselling: Parent involvement*。

第 7 章

儿童发生治疗性变化的内部过程

在前一章中，我们讨论了为给儿童带来治疗性变化，必须由咨询师启动和推进的一些过程。在某种意义上，这些过程对儿童来说是外部力量，因为它们涉及咨询师的行为，而非儿童本身。随着这些过程的出现，儿童自身同时也会产生一系列内部过程。这些内部过程将直接导致儿童发生治疗性变化。这些内部过程要么是在辅导的环境中自然发生，要么是对咨询师干预的直接反应。

这里将使用一个由我们发展出来的模型，描述儿童的内部心理过程。我们将这个模型称为"螺旋式治疗改变模型"，如图 7-1 所示。

由于每个儿童都是独特的，又由于人类行为的复杂性，因此，螺旋式治疗改变模型只能对可能发生在儿童内部的过程的类型提供总体理解，它并非试图为每个儿童如何发生内部治疗性变化做出解释的精确模式。

现在，我们将从"儿童受到情绪困扰"开始，来讨论螺旋式治疗改变模型中的每一个步骤。为了举例说明我们的模型，我们将使用一个虚构但很典型的案例。为了保护来访者的隐私，我们对几个案例的信息进行了整合，并修改了所有的身份信息。

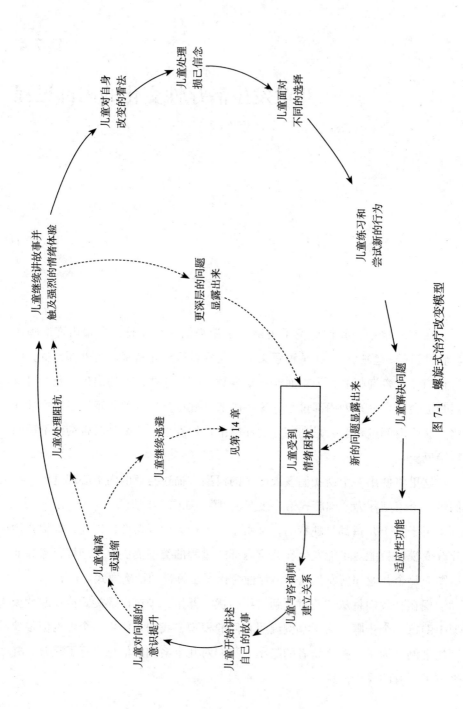

图 7-1 螺旋式治疗改变模型

案例研究——背景资料

艾米今年 11 岁，但是她在心智上的成熟度并没有达到 11 岁的水平，她与母亲单独生活在一起。她是被母亲带来寻求帮助的。她表现出抑郁、焦虑和过度敏感，在学校经常与同学起冲突。她很容易哭泣，注意力不集中，而且不听话。

在与艾米的母亲进行的最初面谈中，我们得知艾米并不是在母亲的计划和期待中出生的，并且当初母亲并不想要她。然而，在最近几年里，母亲把艾米当成一个成人伴侣和知心闺密。我们逐渐明白，这位母亲对艾米的行为和情感成熟度有不现实的高期待。另外，当艾米 18 个月时，她就曾受到外祖父的性侵犯。

在最初的面谈中，我们逐步了解到艾米的母亲也受到过自己母亲的忽视和身体虐待，以及来自父亲的性虐待，同时受到家里的严格约束。尽管艾米的母亲受到父母的虐待，但是她母亲的兄弟姐妹并没有受到同种程度的伤害。艾米的母亲决定不以父母对待她的方式来对待艾米，并决心努力给艾米提供更高的生活质量。

儿童受到情绪困扰

儿童除非有情绪问题，否则不可能被带来接受咨询。然而有时候，转介方可能没意识到儿童是情绪上的问题，以为他们是行为问题。

在我们的案例研究中，母亲看到孩子的行为问题，即注意力不集中和不听话，也看出了情绪问题的存在，包括焦虑和抑郁。

儿童与咨询师建立关系

尽管儿童和咨询师的关系在一些方面是不平等的，但在其他某些方面是相互作用的。融入是相互的。如果儿童融入咨询师，那么咨询师也必须融入儿童。如果融入是成功的，那么儿童和咨询师在一起将会感到比较舒服，会促使治疗过程的继续前进。

最初，咨询师鼓励艾米自由地玩游戏。当艾米在玩娃娃屋和玩偶时，咨询师就加入了她的游戏。通过观察艾米的自由游戏以及与她的互动，咨询师能够发现艾米的优点。她有丰富的想象力，在抽象思维方面表现很好，很友好，但是会不时地过分顺从并极力想讨好别人。

最初，艾米预期自己会因为母亲描述的不良行为而受到咨询师的训斥，她自己也同意母亲对其行为的负面描述。当咨询师解释了治疗关系的本质和目标后，艾米感到更加舒适，并接受了咨询师。

儿童开始讲述自己的故事

通过提供适当的环境、可利用的适当道具以及使用必需的心理咨询技巧，儿童会很自然地投入到讲述故事中。这既可以通过儿童公开讲述他们的故事这种直接的方式来进行，也可以通过游戏这种间接的方式来进行。

在艾米这个案例中，咨询师选择使用微型模型动物（第22章）。咨询师的选择是基于这样一个假设：这个孩子的情绪问题可能与她和母亲的关系有关。这个假设来自咨询师注意到的三点：孩子最初是不被母亲接受甚至被拒绝的；而母亲与外祖母之间关系不好；在艾米的印象中，她是由于自己的不良行为而被母亲带来接受心理治疗的。

通过使用模型动物，艾米能够以投射的方式演示她与母亲、外祖母和外祖父之间的关系。然后，她开始以更直接的方式讨论这些关系。在讨论过程中，她的故事开始展开，概括如下。

1. 艾米认为，母亲一直在赶她离开。
2. 艾米担心被外祖父折磨，但同时也对他很好奇。
3. 艾米认为，只有当她表现好的时候才能接近外祖母。

儿童对问题的意识提升

在儿童叙述自己的故事时，对强烈情感或令其痛苦的问题的意识也在加强。结果就是，要么儿童继续诉说他们的故事，然后推动治疗过程继续前进；要么偏离或退缩。

接下来，我们使用玩偶来扮演一个关于公主和仙女的童话故事（第28章）。随着艾米这个故事的展开，公主承担了母亲的角色。故事显示艾米想要与母亲在积极、温暖的互动基础上建立起一种亲近的关系，并能常常有身体接触和拥抱。然而，她意识到母亲并没有对她实现这种关系的努力做出回应。同时她也逐渐发现，只有当她淘气或受其他孩子欺骗的时候，母亲才会关注她。这是可以理解的，因为艾米的母亲是以一种特殊的方式来满足她本身对父母的需要。

艾米也逐渐认识到，她不能满足自己对外祖父的好奇心这个事实，因为母亲不会让她去接近他。母亲想要保护她远离性虐待的威胁。她开始认识到当她接近外祖母时，外祖母和母亲就会吵架，她则把她们的冲突归咎到自己身上。她同时也认识到为了远离外祖母并更靠近母亲，她有时会故意违背外祖母。

儿童偏离或退缩

当儿童在处理强烈的情感或困难的问题时，他们会很自然地避免处理自己的痛苦或者退缩、沉默。在他们的日常生活中，这种行为有时候是具有适应性的，因为它帮助儿童应对压力。这种回避是治疗中的一个正常部分，被称为儿童的阻抗。当阻抗出现时，咨询师需要小心，避免强迫儿童继续讲述故事，同时采用一种能被儿童接受的方式来帮助他们处理阻抗。

随着艾米越来越认识到自己与母亲之间关系的重要性，她开始回避谈论这种关系。一旦提到这种关系，她会转移话题并投入到一些无关的活动中，比如在白板上画画，以此来逃避直面痛苦。

儿童处理阻抗

阻抗的本质和处理方法将在第14章中进行讨论。儿童处理阻抗的难题围绕着是否选择继续讲故事，或是否选择避免谈论故事。尽管阻抗被无意识过程所驱动，但在意识水平上，儿童思维中出现的问题可能包括："谈论这些问题对我来说是安全的吗？""如果我说了，会发生什么事情吗？"也可能有的儿童会觉得"这太可怕了"或者"谈论这些对我来说太痛苦了"。如果使用了恰当的咨询技巧，可能推动儿童继续讲述令他们困扰的问题。然而，儿童也可能依旧回避谈论这个问题。如果真的发生这种情况，咨询师需要像将在第14章中说明的方法那样直接指出阻抗。另外，这可以帮助咨询师重新回到治疗过程中的较早阶段，为儿童以另一种方式讲述故事来提供一个新的机会。如果使用不同的道具，重塑新的起点会比较容易，因此就能以另一种不同的方式唤起儿童对治疗过程的兴趣。

当艾米开始偏离和回避令她痛苦的问题时，咨询师将艾米的注意力集中到她的偏离上，咨询师说："在我看来，谈论你对母亲的感觉对你来说是很困难的。我发现，当我们开始谈论她时，你就不再说话，而是开始做一些别的事情，比如在白板上画画。我想知道，如果你开始谈论你的母亲，会怎么样呢？"艾米做出了回应，她说她不知道。咨询师继续说："我在想，你是不是有点害怕说起自己的母亲？"艾米表示同意，而且很明显，她没有准备好继续讨论她和母亲之间的关系。然后，咨询师决定用不同的工作方法来帮助孩子以另外一种方式继续讲述她的故事。咨询师让孩子玩黏土（见第24章）。一旦孩子熟悉使用黏土，咨询师就请这个孩子做一个黏土娃娃。然后咨询师鼓励艾米去体验照料这个黏土娃娃以及与自己的作品（黏土娃娃）分离的感受。咨询师让她将这个娃娃放在一个远离她的角落里，然后鼓励她探索自己此时的感受。这个活动使她能够进入螺旋式治疗改变的下一个阶段。

儿童继续讲故事并触及强烈的情绪体验

如果处理阻抗的结果是积极的，那么儿童将会继续讲述他们的故事，而且很可能触碰到强烈的情感。此后，儿童可能会持续围绕着这个螺旋，或者可能返回到最开始去处理新的问题。

将黏土娃娃从艾米身边移走以后，她开始体验到与娃娃接近的感觉是怎样的，与娃娃分离的感觉又是怎样的。然后，咨询师鼓励艾米与娃娃对话，并在对话中与娃娃进行角色转换，这样她作为娃娃也可以对"母亲形象"（艾米）说一些话。在扮演娃娃角色时，艾米可以向这个"母亲"表达她害怕这个"母亲"不爱她，甚至可能永远都不会爱她的想法。她表达了害怕母亲抛弃她的想法，以及对接下来谁将照顾她的担心。在进行娃娃和母亲的对话时，艾米开始谈论自己与母亲之间的关系，她开始哭泣，开始触及自己的悲伤。之后，她一直在谈论她被母亲拒绝的感受，以及对被抛弃的担心。

艾米分析了母亲不喜欢她的可能原因。她认为，母亲之所以不爱她是因为她不是一个好孩子，无法被爱。

儿童对自身改变的看法

由于艾米内化了从母亲和外祖母那里得来的信息，因此她相信自己不是一个好孩子，无法被爱。在艾米进一步对尚未被低自尊和无能感破坏的未来做出选择之前，她需要具备良好的自身感觉。咨询师请艾米把自己比喻成一棵生长在野外的水果树，并把自己画出来。通过探索这棵树的本质、力量、活力、抗压力等，请艾米将她自己和这棵树进行比较，并形成另一个更好的自我形象。咨询师请她记住那些自己为别人提供"荫凉"和"水果"的例子，以及她能够"预测风暴"的例子。渐渐地，艾米根据生活中的真实事件建立起了一幅不同于她已有印象的全新自画像。这一更好的自我形象使她对自己有能力构建力量并为未来做出决定和选择充满自信。

儿童处理损己信念

一旦儿童改变了他们对自我的印象，新的印象很可能会使他们开始质疑自己拥有的一些信念。这时，咨询师需要帮助儿童识别出哪些信念是损己的，并用更具适应性的信念来代替它们（见第15章）。

艾米的自信提高了，但是她仍然坚信母亲和外祖母是把她当作一个坏孩子看待的，这可能是她感觉受她们排斥的原因。这种信念很明显是损己的，而艾米发现自己在学校里没有朋友，且她与外祖母的关系取决于她的表现的好坏，这些"证据"又强化了这种自我贬低的信念。咨询师鼓励艾米注意其他儿童的行为，并由此意识到，所有的儿童都是有时表现好，有时表现差。为了挑战那些无益且无助于更好的自我印象的信念，并开拓进一步心理教育的机会，咨询师还使用了工作单（见第五部分，工作单的例子）。

儿童面对不同的选择

现在是儿童可以考虑对未来做出选择的时候。

基于咨询师目前所做的工作，艾米看到了自己可以做出的选择，并开始探究与母亲和学校同伴相处的不同以往的方式。她认识到，母亲要么不能够，要么不愿意提供大量时间与她有身体接触。艾米看到的一种选择是她继续争取自己一直想要的这种亲密，另一种选择就是与母亲谈判从而获得一种不同的关系，这样她将以不同的方式亲近母亲。她决定选择后一种方式。

艾米也开始考虑在与学校同伴的关系上，自己可以做出选择。她下定决心，认为自己确实想要提升与同伴的关系，但是不知道该怎么办（因为她缺少基本的社会技能）。

儿童练习和尝试新的行为

在这个阶段，儿童能够通过练习所选择的行为或实际应用这些行为来实施他们的选择。

艾米发现，她与母亲可以一起投入到一些共同的兴趣中，这让艾米和母亲都感到满意，她们的关系有了改变，而艾米也获得了更多的安全感。

咨询师通过使用工作单和角色扮演来帮助艾米发展社会技能，这样可以直接排演和练习言语沟通技巧（见第33章）。这些角色扮演参考了艾米在日记中记录的、与同伴在学校中发生的不愉快事件。艾米后来参加了一个社会技能训练小组，使她能够进一步发展社会技能。

儿童解决问题并朝着建立适应性功能前进

在完成螺旋式治疗改变之后，儿童就做出了决定。现在，她既可以表现出正常的适应性功能，也可以回到螺旋的开头去处理新问题。

艾米现在已经解决了她害怕受到母亲拒绝和抛弃的问题。她与母亲的关系和与其沟通的能力都得到了提升，因为她不再害怕坦率地表达自己的感觉。因此，艾米能够通过与母亲的交谈，来解决与祖父母之间的关系问题。现在她表现出了适应性功能，我们发现她可以直接与母亲进行交谈，而不需要再通过心理咨询处理问题了。

使用螺旋式治疗改变模型

我们已经举例说明了螺旋式治疗改变模型的应用，其中包含了所有必需的阶段。我们要提醒读者，这里进行的描述可能显得治疗是一个简单的过程，没有复杂的相关问题。但在实际中，这样的案例很罕见。治疗通常是很复杂的，在治疗过程中会不断出现新的问题。

有时，只需进行一部分螺旋就能达到预期的目标，而有时儿童会不止一次地绕着螺旋兜圈子。然而，我们发现，在评估工作进程时，参考这个螺旋对我们来说也是有用的。这么做能帮我们判断是否已经达到了必要的治疗性改变，以让儿童达到解决问题的水平。

● **重点**

- 如图 7-1 所示的治疗过程常常是很有帮助的。
- 在期待儿童开始讲述他们的故事之前，咨询师需要花费时间来融入儿童。
- 当儿童讲述他们的故事，而对问题的意识得到提升时，他们可能会触及强烈的情绪体验。
- 当强烈的情绪开始出现时，儿童可能会偏离或退缩。
- 阻抗的解决将在第 14 章中进行讨论。

- 使用策略来帮助儿童改变他们的自我知觉。
- 为了完成整个治疗过程，通常情况下儿童需要处理损己信念，思考他们的选择以及做出行为的改变。

◎ **更多资源**

关于治疗改变的过程有许多不同的理论，这些理论不受第 5 章中概述的各种治疗方法的限制。对于感兴趣的读者，请在下面找到一些关于格式塔疗法和认知行为疗法对儿童治疗改变的观点。第 8 章还讨论了治疗变化的进一步理论。

格式塔国际研究中心在其《格式塔评论》杂志上发表了 Violet Oaklander 关于儿童和青少年治疗过程的一篇文章：http://www.gisc.org/gestaltreview/documents/thetherapeuticprocesswithchildrenandadolescents.pdf。

Robert D. Friedberg 的一篇文章将心理治疗过程与认知行为治疗联系了起来，可在以下网址上找到：http://pepsic.bvsalud.org/scielo.php?script=sci_arttext&pid=S1808-56872000200002。

访问 http://study.sagepub.com/geldardchildren 查看 Alistair MacDonald, *Solution Focused Therapy: What are the necessary and sufficient conditions required for therapeutic change?* 和 *Peter Pearce Discusses Person-Centred Counselling: The necessary and sufficient conditions required for therapeutic change*。

第 8 章

有序计划整合式儿童心理咨询模式

前一章所描述的螺旋式治疗改变模型（见图 7-1），让我们对儿童在治疗中可能出现的各种心理过程有了大致的了解。这个螺旋纳入了文伯格等人（Vemberg et al., 1992）确定的假设，即儿童心理治疗的核心目标就是帮助他们恢复或实现与其发展阶段相匹配的健康的适应性功能。因此，这个螺旋举例说明了儿童在受情绪困扰的状态下开始接受治疗，随着解决方法的出现，可以良好地适应周围并结束治疗的一种方法。

对我们来说，理解发生在儿童身上的这个过程很重要，此外，作为咨询师，有一个定义清楚的实践模型也是很重要的。对于那些用来促使儿童围绕这个螺旋前进的治疗方法的相关理论，我们必须有清晰明了的理解。

我们已经发展了一个实践模式，并利用它来帮助儿童围绕这个螺旋的变化过程继续前进。我们将这个模式称为有序计划整合式儿童心理咨询模式（Sequentially Planned Integrative Counselling for Children，简称 SPICC 模式）。这一综合模式将多种完善的理论方法囊括进一个精心设计的有序过程中。

作为一个整合模式，SPICC 模式利用并采纳了多种不同理论的观点、原则、概念和框架。另外，它也采用了来自多种不同治疗方法的策略和干预手段。为了能够实现这个目标，模式依赖于下列假设。

◇ 如果根据需要有意选择所使用的理论方法，并根据不同的治疗过程目的明确地进行方法变更，那么积极的治疗性变化就会出现得更快、更有效、更持久

◇ 当使用整合方法时，咨询师可以采用来自特定理论方法的观点、原则、概念、策略和干预手段，而无须全盘接受这个理论的所有观点、原则和概念

因此，我们在做儿童治疗的时候可能使用一些象征性的方法，但是没必要局限于荣格式的解释或其中所包含的象征性含义。我们可以使用叙事心理治疗的概念来发掘一个更好的"故事"并"丰富"这个故事。当这样做时，我们并不需要感觉有责任遵循叙事心理治疗的临床实践，例如通过设计独特的结果以及使用外部证据或写信来"丰富"儿童的故事。我们可以使用经验法来帮助儿童扩充他们的故事。同样，我们也承认防御机制的存在，它能帮助儿童处理精神分析治疗理论所描述的内部心理冲突所产生的焦虑。尽管我们可能在儿童身上观察到这些防御行为并使用我们的观察来指导下一步的互动和干预，但是我们不需要采用心理分析的临床实践，利用咨询关系中的移情来为孩子提供纠正性的情感体验。

儿童在咨询中发生改变的过程

为了理解 SPICC 模式的理论基础，我们必须对与儿童咨询相关的变化过程有一个清楚的了解。尽管大部分资料都是关注成人心理咨询的，但是如果儿童也可以逐步整合进这个整体的变化过程中，那么这些理论也适用于他们。

大部分咨询师认为，咨询的主要目的是帮助来访者做出改变（Lambert，1992）。迪恩（Dene，1980）则指出，关于构成改变的成分以及改变如何发生并没有公认的说法。因此，在相关的文献中，我们发现了很多有关改变如

何发生的观点。

与各治疗阶段相关的变化

普罗查斯卡（Prochaska，1999）指出，无论使用何种治疗方法，治疗期间的改变存在一般的路径。在研究儿童的改变时，他发现人的改变是经过一系列阶段逐步发生的。在不同的阶段，人们通过特定的过程来逐步过渡到下一个阶段，这个过程会随着时间的流逝而渐渐显露出来（Prochaska and DiClemente，1982，1983）。这个"阶段"效应表明，如果在人们做好准备之前就直接行动，那么大部分人都不会在治疗中取得进步，甚至无法完成整个治疗过程。另外，普罗查斯卡和狄克莱门特（Prochaska and DiClemente，1983）指出，特定的变化过程必须与独特的变化阶段相匹配。SPICC模式正是这么做的。

与创造性和探索性相关的变化

一些定性的实验研究支持改变与创造性地探索个人世界有关的观点（Corsini and Wedding，2004；Duncan et al.，1997；Gold，1994）。塔尔曼和博哈特（Tallman and Bohart，1999）认为在治疗内外，最终的改变过程是这样的：让来访者在思维和行为中积极探索其所生存的世界，尝试新的生存和行为方式，创造性地改造旧的学习模式，解决出现的问题。马丁（Martin，1994）和布奇（Bucci，1995）发现，来访者在连接事件加工过程的言语和非言语（经验性）方面的水平与改变过程相关。

SPICC模式与这些关于改变的理论是一致的，因为它融合了那些能主动协助儿童创造性与实验性地探索内部和外部世界的策略。这发生在SPICC模式的第二阶段，我们将在之后进行讨论。

与来访者观点改变相关的变化

奥塞尔（Osel，1998）指出，咨询过程中改变的发生与来访者对事件的

"看法"相关，它包含来访者在观点上的改变。我们把观点定义为心理看法，而来访者有能力改变的就是这种对事件的心理看法。通常事件是不能被改变的——要么它们已经过去，要么超出来访者的控制，然而，来访者对它们的看法是可以改变的。如果来访者改变对事件的解释，那么他们的观点就被改变，因此就拥有了更大的选择范围。奥尔德姆等人（Oldham et al.，1978）支持这种有关改变的理论，提出如果一个来访者能够对他们的观点做出一点小的改变，那么随后来访者内部世界的境况也会随之改变。

SPICC模式与这个改变理论是一致的，因为它通过洞悉摆在面前的问题以及建立更好的生活、思考和行为方式来帮助儿童改变对事件的解释。这发生在SPICC模式的第二和第三阶段，将在之后进行讨论。

小结

也许，那些被认为和促进来访者改变相关的最重要因素包括：来访者对改变的准备、来访者观点的改变、来访者的创造性，以及经验过程与言语过程方面的联系。可以看到，尽管不同作者的观点有异，但是他们的理论并非互相排斥，因为他们关注的都是改变过程的不同方面和对改变过程的不同影响。

整合治疗中系统性方法的优势

相关文献和临床实践知识让我们清楚地认识到，尽管有一些咨询师只使用一种特定的治疗理论，而其他许多咨询师使用某种吸取了大量不同来源观点的整合性方法，但在实践中，人们通常在使用不同方法的这些理论观点时，是以一种临时的、没有计划的方式进行的，而并没有考虑改变过程的整体需要。不幸的是，这种工作方式可能会产生问题，即理论概念可能会变得混淆，而总体的治疗程序可能缺少清晰的方向。与此相反的是，我们认为，使用有序计划的SPICC模式在达到治疗效果方面有相当大的优势。正如我们所解释的，SPICC 模式谨慎地使用了一种特别的、预定好的一系列治疗方法。

整合式的方法得到验证了吗

整合式心理治疗方法的使用得到了大量文献的支持（Alford，1995；Braverman，1995；Davison，1995；Goldfried and Castonguay，1992；Jcobson，1994；Pinsoff，1994；Powell，1995，Scaturo，1994；Steenbarger，1992）。同样，许多当代的心理治疗师也赞成折中主义或取消不同流派差异的方法（Watkins and Watts，1995）。特别是卡利（Culley，1991）提出了一种基于策略的有序使用的整合式方法，每个策略融合了特殊的治疗技巧。卡利的方法为治疗开创了实践方面的新视角，对确定发生在治疗中的每个过程都很有帮助。

SPICC 模式与卡利的整合式方法有概念上的差异，并且特别适用于儿童心理咨询。卡利为使用包含个体咨询技巧的特定策略提供了一个顺序，SPICC 模式则按顺序采用特定的心理治疗理论模型。

SPICC 模式

SPICC 模式吸收了来自多种较为完善的心理治疗方法的理论概念和实践策略。这些理论包括来访者中心疗法、心理动力疗法、格式塔心理治疗、叙事心理治疗、认知行为疗法和行为疗法。

正如之前所解释的，我们无须受限于任何一个特定理论模型的整个理论基础或实践方法。然而，我们必须认识到，每个完善的心理治疗方法都有自己独特的改变理论。SPICC 模式尊重并利用每个理论模型中关于改变的基础理论，以保证咨询过程的完整性。

关于改变的整合理论

我们意识到，那些更偏好使用一种治疗方法的咨询师认为，他们所使用的治疗方法本身已足够实现治疗所需的所有目标。然而我们注意到，当我们对儿童进行心理治疗时，有些治疗方法比其他方法更快、更有效地实现了治疗过程中的特定目标。例如，来访者中心疗法在帮助儿童融入并讲述他们的故事时尤其有用，格式塔心理治疗对于提升儿童的意识和帮助他们通达强烈的情感非常有帮助，叙事心理治疗对于帮助儿童改变他们对自身的看法极其适合，而认知行为疗法和行为疗法被公认为是促使儿童在思维和行为上产生改变的最恰当方法。

在SPICC模式中，我们按一个特定顺序使用多种不同的治疗方法。这里的每个治疗方法都有自己独特而明确的改变理论。因此，SPICC模式中关于改变的总体理论是由多种关于改变的不同理论所构成的，这些理论按一个特定顺序逐一被采用。这是很有意义的，因为通过使用一个按顺序整合了多种不同改变过程的模型，可以在治疗过程中的不同阶段完成不同的目标，而总体过程的有效性就可能被放大。因此，在SPICC模式中，儿童的进步经过了一系列的阶段，每个阶段都有自己的改变过程。通常情况下，当儿童完成上一个阶段后就进入下一个新阶段，但情况并非总是如此。

SPICC模式的总体改变过程类似于沃森和伦尼（Watson and Rennie，1994）描述的改变过程。他们描述了一个改变的循环过程，它开始于表露与特定心理问题相关的信息，根据经验关注个体的经历，尝试用言语表达出来，随后就会发生思维的变化和看法的转变。这可能继而引发行为实验并提供新的体验，之后在循环中会得到反馈。这个改变的循环过程在儿童心理咨询中，作为一个范例是很吸引人的，因为它包含了所有的成分，即儿童游戏的特性和他们学习人际关系的途径（Heidemann and Hewitt，1992）。正如之前所解释的，沃森和伦尼所描述的改变过程的阶段与螺旋式治疗改变所描述的儿童发生改变的内部过程的阶段是一致的（见图7-1）。

表8-1将螺旋中的阶段与沃森和伦尼（1994）提出的阶段进行了对比。

表 8-1　螺旋式治疗改变的过程

心理咨询过程的阶段（Watson and Rennie，1994）	螺旋式治疗改变模型描述的必备过程
表露与特定心理问题相关的信息	儿童与咨询师建立关系 儿童开始讲述自己的故事
依据经验来关注个人的经历	儿童继续讲述自己的故事
尝试用言语将这种体验表述出来	儿童对问题的意识提升 儿童触及强烈的情绪体验 儿童处理偏离和阻抗
思想改变和看法的转变	儿童发展出对自身的不同看法 儿童处理损己信念 儿童考虑对未来的选择
投入行为实验	儿童练习、尝试和评估新的行为
产生新的体验并在随后的循环中得到反馈	

SPICC 模式如何整合多种治疗方法

如表 8-2 的描述和图 8-1 的图解说明所示，SPICC 模式围绕着螺旋式治疗改变的五个阶段运行。每个阶段我们都使用一种不同的治疗方法来促使儿童沿着这个螺旋的阶段前进。

表 8-2　SPICC 模式的各个阶段

	有序计划整合式儿童心理咨询（SPICC）		
阶段	螺旋式治疗改变中必需的过程	SPICC 模式使用的治疗方法	产生变化的方法和预期的结果
1	儿童与咨询师建立关系 儿童开始讲述自己的故事	来访者中心疗法	分享故事帮助儿童开始感觉好一些
2	儿童继续讲述自己的故事 儿童对问题的意识提升 儿童触及强烈的情绪体验 儿童处理偏离和阻抗	格式塔治疗	提升的意识使儿童能够清楚地识别问题，触及并释放强烈的情绪
3	儿童发展出对自身的 不同看法或观点	叙事心理治疗	重建和充实儿童更喜欢的故事来提升他们的自我观点
4	儿童处理损己信念 儿童考虑对未来的选择	认知行为疗法	挑战无益的想法和思维过程来产生行为上的变化
5	儿童练习、尝试和评估新的行为	行为疗法	体验新的行为及其结果来强化适应性行为

第二部分 实践的理论框架

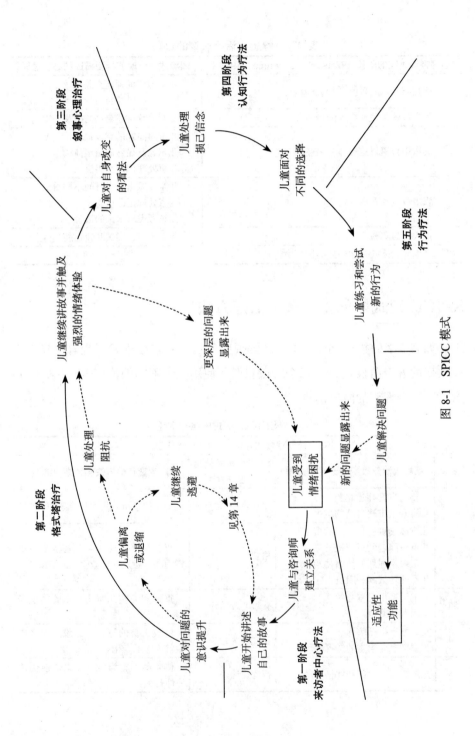

图 8-1 SPICC 模式

在治疗过程中，依赖于特定阶段的特定改变过程已经被确认为与促进改变是有关系的（Prochaska and DiClemente，1983）。因为每种治疗方法都有关于改变如何发生的特定理论基础，将这些理论应用到心理咨询过程的相关阶段看起来是合乎逻辑的，所以儿童的需要得到了充分的认定。

正如之前所解释的，在 SPICC 模式中，我们已经选择了下列治疗方法来支持和贯通特定阶段的心理治疗过程：来访者中心疗法、格式塔治疗、叙事心理治疗、认知行为疗法和行为疗法。

现在，我们将仔细分析 SPICC 模式的各阶段。我们将举例说明在螺旋式治疗改变的特定时间点，如何激活和使用来自特定治疗方法的策略和技巧，从而使儿童能够自如地沿着这个螺旋前进。

第一阶段　来访者中心疗法

在第一阶段，儿童身上发生的是与咨询师建立关系并开始讲述他们的故事的过程。因为这是关系建立阶段，所以我们认为，此时需要一种将改变理论的关注点集中指向使儿童能够自如地谈论他们的问题并感到舒适、安全、有价值感和受尊重上，选择有这种改变理论的理论方法的咨询和干预策略在此时十分明智。

这是一个让儿童发现咨询关系的本质以及与咨询师建立积极关系的阶段。在这个阶段，我们使用来访者中心疗法的概念和策略，因为它们非常适合这个过程。融入是通过创造一个温暖、富含同理心的关系来完成的。在这种关系中，治疗师表里如一，并且给予儿童非评判性的、无条件的积极关注（Rogers，1965）。

咨询师被看成一个推动者，他们并不把自己看成一个优秀的专家，而是看成一位不带批判的倾听者。虽然众多疗法普遍要求与儿童建立治疗关系，但来访者中心疗法在咨询关系方面的固有信条是通过使用针对这种疗法的小技巧来明确的。来访者中心疗法非常强调对那些独特小技巧的使用，尤其是投射、总结、给予反馈和使用开放性问题等技巧。投射和开放性问题在融入阶段尤其重要，由此，儿童才有把握相信有人在倾听并理解他们。

这个阶段的另一个基本组成成分是儿童能够"讲述故事"，讲述与他们如何知觉目前的处境相关的故事。通过借助道具的游戏和活动，我们邀请并鼓励儿童直接或间接地"讲述他们的故事"。我们通过使用罗杰斯式（1965）的咨询小技巧来邀请儿童自如地交谈。投射技巧使儿童能够感觉舒适和安全。另外，对情感投射的强调使儿童能够开始触碰那些与他们故事相关的情感。

心理动力学原理在这个阶段也能应用于咨询师的实践中。心理动力学让咨询师了解有关儿童与这个世界联系的方法，以及他们用来排除由内部心理矛盾引发的焦虑的机制。于是咨询师就可以知道儿童所烦恼的事，以及他们如何抵抗这些烦恼。另外，观察和形成对儿童的投射与自由联想的假设或预想能帮助咨询师理解儿童。

当使用来访者中心疗法或心理动力学方法时，借助微型模型动物、沙盘游戏、讲故事和艺术等活动，为儿童讲自己的故事提供了极好的机会。对儿童的观察使咨询师了解可能发生在儿童身上的内部过程，并为未来的探查提供指导。

在这个阶段，儿童遇到的重要问题将会浮现出来，为咨询师提供了治疗探查和干预的特定目标。

第二阶段　格式塔治疗

第一阶段使儿童能够感觉到安全并信任咨询师，因此他们现在已经准备好进入一个新阶段，在这个阶段我们可以使用更加动力学的方法。由于儿童已经在第一阶段表露了与特定心理问题相关的信息，这个改变过程需要儿童关注自己的感受并试图将这种感受用言语表达出来（Watson and Rennie，1994）。换句话说，当儿童在讲述故事时，他们对问题的意识必须提升，这样他们才可能去触碰那些情感并获得一定的心理宣泄。格式塔治疗是一种主要集中于经验性地探究儿童内部和外部世界，并认为改变的出现是基于意识提升的方法。因此，我们认为格式塔治疗可以为促进本阶段的改变提供最恰当的方法。使用格式塔治疗能够让儿童在经历不断的意识提升的同时继续讲述他们的故事。通过这种意识提升，他们有可能触碰并释放那些强烈的情感。在强调意识提升时，格式塔治疗使儿童能够通达他们现在的感受，包括肉体或身体上的感觉、情绪、情感和想法。

第一阶段出现的重要问题和主题可能会进一步发展，并可以为咨询师提供治疗探索和干预的确定目标。探索这些问题和主题，然后帮助儿童体验、理解和表述他们的感受，这些对于帮助他们改变和产生更好的感觉是很有帮助的。随着儿童意识的提升及强烈情感的释放，儿童将得到心理宣泄。

有时候在这个阶段，儿童可能会偏离或退缩。在这种情况下，我们需要处理阻抗。正如我们所知道的，大部分儿童来寻求心理咨询的帮助，是因为他们正经历某种程度的情感困扰。对一些儿童来说，他们可以通过言语或非言语的方式清楚地表达情感。但对另一些儿童来说，尽管他们表现出某种程度的焦虑或困惑，他们的情感表达却更为内敛。许多儿童不能清楚地识别出他们正在经历的情感。另外，大多数儿童将抗拒去触碰这些强烈的情感。格式塔疗法特别强调阻抗，使儿童能够察觉自身的阻抗，通过这种方式使儿童将这种情感表达出来（见第14章有关处理阻抗的内容）。当情感得到充分表达后，就会使来访者以一种全新的方式看待自己和世界（Pierce et al., 1983），这就为儿童进入第三阶段做好了准备。

格式塔治疗提出了自相矛盾的改变理论。它提出只有充分承认自己，改变才能发生，而不是试图变得不同或拒绝自己令人不能接受的部分。通过帮助儿童接受原来的自己，他们的体验就可能变得更清晰而不是困惑。

在这个阶段我们可以使用许多创造性的技巧，包括比喻、象征、艺术、黏土和利用玩偶与人偶的心理剧。

第三阶段　叙事心理治疗

在第三阶段，儿童必须形成对自身的不同观点或看法，这样他们的自我形象和自尊才能有所改进。我们认为这个阶段最有效的疗法是叙事心理治疗，它基于叙事治疗师称为"讲故事"的概念之上。叙述的故事是儿童的问题如何影响到他们的生活，然后再编另外一个儿童更喜欢的故事。因此，关于改变的叙事性理论的基础是解构旧的故事并重构关于儿童自身及其生活的更好的故事（Morgan，2000；Parry and Doan，1994；White and Epston，1990）。当一个新的且更好的故事开始出现时，帮助儿童继续按这个新故事生活是很重要的。

第四阶段　认知行为疗法

通过让儿童讲出他们的故事，帮助他们提升意识，这样他们就可以通达并释放强烈的情感，然后改善自我形象，这些都是治疗过程的重要组成部分，但这些还不够。在我们的经验中，许多即使经历过这些过程的儿童还会继续使用无益的思考和行为方式，除非他们接受那些直接帮助他们改变思维和行为的指导。思维和行为指导是不可避免的，因为所有人包括儿童，过去逐渐形成的思考和行为模式已经深深地扎根在他们心中。尤其当儿童正受到情绪困扰时，他们就会寻找那些对他们的困扰进行回应的思考和行为方式。通常，这些方式是机能不良和非适应性的。

尽管之前的阶段所描述的治疗过程可能会减少儿童的压力、焦虑、抑郁或其他情绪，但是无益的思考和行为方式有相当大的可能会持续存在。不幸的是，那些不能在思考方式和无益的行为方面做出改变的儿童在未来陷入令人烦恼的处境时，他们可能要重新经历现在这些难题。因此在第四阶段，帮助儿童处理损己信念并找到更好的行为选择是恰当的。

我们认为这个阶段最适合的治疗方法是认知行为疗法，因为这个疗法直接针对思维和行为。因此，儿童在这个阶段学习如何改变那些无益的信念、态度、思维和观点以及减轻那些由于创伤和情绪压力导致的认知不一致。

儿童需要学习新的思维方式，这样损己信念才不会继续引起情绪压力或适应不良的行为。另外，我们需要鼓励儿童探究那些能引领更具适应性功能的行为。一定要记住，没有这个认知重建阶段，儿童可能会继续重复过去那些导致新的或反复的情感创伤的行为。

埃利斯的理性情绪行为疗法（Dryden，1990，1995）和葛拉塞的现实疗法（Glasser，2000）对许多儿童问题来说，是特别有效的认知行为疗法。

第五阶段　行为疗法

相信那些下定决心采用新的行为方式的儿童，不需要更进一步的帮助就可以实现目标，是很天真的。在建立起这些新行为之前，他们需要排演、练习和试验这些行为。因此在第五阶段，儿童需要排演、试验和评估这些新行为。通过在咨询环境下排演新行为，儿童就会尝试将这些行为应用到日常的生活情境中。在这里，行为疗法可以被用来帮助儿童获得消退旧行为和投入新行为的必需技能。他们需要从其他人那里获取或给他们自身奖励或其他能够促进这个过程的结果。很明显，当使用和尝试不同的行为时，系统地记录积极和消极的结果对儿童获得更具适应性的行为很有帮助。通过采用动机和激励策略，儿童能够改变并概括出可应用于更广阔社会环境中的新技能。

总结

SPICC 模式提供了一个针对 6～12 岁儿童的简短高效的心理治疗方法。按顺序依次采用了来访者中心疗法、格式塔治疗、叙事心理治疗、认知行为疗法和行为疗法的原则，这个过程能够为许多儿童提供一种简短的、具有积极效果的治疗性干预方法。

我们注意到，许多时候，当认知行为疗法和行为疗法程序失败时，SPICC 模式却能够获得成功。它让儿童能够首先处理他们潜在的情感问题，表达情感并获得更良好的自我感觉。然后通过重新引进认知行为疗法和行为疗法来继续 SPICC 过程，这是有效的。同样，我们还注意到，那些通过治疗后问题已经被解决而情感也得到释放的儿童还经常会继续表现出适应不良的行为，这是因为他们的行为没有得到直接的处理。因此我们发现，整合的

SPICC 模式是更完整的，因为它不仅处理了情感问题，而且继续进行认知重构并帮助儿童完成行为的改变。

我们已经发现，通常情况下，当使用 SPICC 模式时，治疗干预为 6～10 次。然而我们也意识到，有一小部分儿童需要长期的帮助。在 SPICC 模式的整个过程中，如果儿童的家庭、父母或其他重要的人正如第 8 章所描述的那样参与到治疗过程中，将对治疗有所帮助。

● 重点

- 如果在治疗过程的特定阶段慎重而有目的地改换治疗方法，那么儿童将获得更快、更有效也更为持久的积极治疗改变。
- 在使用整合式方法时，咨询师可以使用来自特定治疗方法的某些观点、原则、概念、策略和干预手段，但无须全盘接受这个方法所有的观点、原则和概念。
- SPICC 模式依次包括融入，倾听儿童的故事，提升意识以帮助他们触及情感，以及促进自我知觉、思维和行为的改变。
- SPICC 模式采用了来自来访者中心疗法、格式塔治疗、叙事心理治疗、认知行为疗法和行为疗法的策略。

◎ 更多资源

英国心理咨询与治疗协会（BACP）提供了一些对咨询的理论方法的简要描述：http://www.bacpco.uk/student/modalities.php。也许您想查看这个列表，看看在使用 SPICC 模式处理儿童时，是否还有其他有用的方法。

访问 http://study.sagepub.com/geldardchildren 查看 *Mick Cooper Discusses Pluralistic Counselling and Psychotherapy: What is pluralistic counselling and how does it differ from integrative counselling? Integrative Counselling and Case Study: Special challenges*。

第9章
家庭治疗背景下的儿童心理治疗

许多前来接受心理咨询的儿童是被关心他们的父母或监护人带来的，因为他们发现这些儿童正遭受情绪上的困扰。然而，也有许多儿童不是因为这个理由被带来的，而是因为他们的父母、监护人、老师或其他成人认为儿童做出了不恰当的、分裂的、偏离正常发展的、破坏性的、反社会或其他令人无法接受的行为。我们认为，这些儿童正在遭受情绪困扰。对许多人来说，他们的不良行为是由虐待、创伤、危急关头或人际关系困难等外部压力源所导致的。对另一些儿童来说，不良行为则是由混乱的内部加工所导致的。在这两种情况下，都是儿童对压力源的反应导致了适应不良和令人不能接受的行为。这些行为反映了儿童努力处理焦虑并保持情感平衡的尝试。

儿童那些无法让人接受的行为不可避免地将影响到家庭的其他成员。另外，如果这些行为受到无法解决的情绪问题的驱动，那么这些问题可能与儿童的家庭环境有很大关系，因为儿童在其中度过的时间最长。我们已经发现，在许多情况下，关于家庭互动的信息和观察为我们提供了有关家庭系统如何管理、引发和维持儿童的情感和行为问题的线索。另外，关于家庭互动的这类信息和观察有时还指出，那些令人困扰的行为最初是如何形成的。显而易见，儿童的父母和家庭对儿童的生活产生了强有力的情感影响。因此，当对儿童进行个体咨询时，我们认为让整个家庭融入咨询过程是很有帮助的。另外，我们认为，如果想要主动地加快变化的产生，那么将对儿童的个体治疗与家庭治疗进行整合，成功的可能性会更高。

当你在阅读本书时，可能已经发现我们所呈现的模型和实践框架主要是短期方法，它聚焦于儿童发生改变以及能够利用其内部资源的能力。这个方法的原理已经在第8章中进行了清晰的概述。我们承认会有一些儿童需要长期和密集的心理治疗，因为折磨他们的问题是深层次的，不易改正。然而，对大部分前来寻求治疗帮助的儿童来说，密集的、长期的治疗并不是必要或恰当的。于是，我们采用那些方便且高效的方法，因为它们没有冗长的治疗程序。

个体治疗与家庭治疗的比较

目前存在两种不同的针对儿童和青少年的心理治疗传统：一种是个体心理治疗，另外一种就是家庭治疗。

许多尊崇个体治疗传统的心理咨询师认为，单独的个体治疗已经足够让他们帮助儿童处理和解决令他们困扰的问题。同样，许多立足于家庭治疗的咨询师也认为家庭治疗本身就足够了。

一些家庭治疗师主张不需要个体治疗的工作，因为儿童成了替罪羊，他们被污蔑和病态化了。另一些主张个体治疗的咨询师认为，家庭治疗不能给儿童提供机会去解决有强烈个人色彩和敏感的心理问题。我们当然同意后一种立场，因为我们注意到，在对儿童进行个体治疗时，儿童可能会表露出在家庭背景下很难表露出的信息。然而我们还发现，一旦儿童在个体治疗的过程中表露出这些令人困扰的信息，随后他们通常能够与家庭分享这些信息。如果单独使用家庭治疗，这些信息就不可能浮现出来，于是儿童的心理问题可能就会一直持续下去。因此我们认为如果想要主动加快变化的产生，那将针对儿童的个体咨询与家庭治疗进行整合，这样成功的可能性会更高。

个体治疗与家庭治疗的整合

我们认为通过使用本章提及的整合式方法，能将个体治疗与家庭治疗结合起来。这样做就为儿童及其家庭提供了一个更为综合的治疗过程，从中可以体验积极的结果。如果这种整合式方法被恰当灵活地使用，我们将发现儿童并不会变成替罪羊，或被污蔑和病态化。相反，我们发现当儿童已经开始发生改变时，其他家庭成员也认识到自己在思维、信念和行为方面需要做出改变。

在我们的经验中，整合个体治疗与家庭治疗的方法既可以应用于儿童，也可以应用于青少年。然而，我们应当指出，两者在使用策略上必然存在相当大的差异。这是因为儿童和青少年是两个有相当大差异的发展阶段。对青少年心理治疗感兴趣的读者可以阅读我们另外的相关书籍。

为了帮助读者了解在家庭治疗背景下儿童个体治疗的发生过程，我们将介绍一个将个体治疗和家庭治疗进行整合的模型。为了鉴定这个模型的价值，我们首先需要考虑以下问题。

◇ 家庭是什么？
◇ 儿童在家庭中作为个体如何发挥作用？
◇ 家庭治疗的价值是什么？

家庭是什么

在 21 世纪，传统的核心家庭是唯一一种抚养儿童的家庭类型，而其概念又正经历相当大的变化。在我们的经验中，许多儿童在单亲家庭、混合家庭或再婚家庭中被成功抚养长大。我们也注意到，同性伴侣家庭也能培养出快乐的孩子。在一些社会和文化体系中，扩展型家庭是尤其重要的，而且是发挥家庭体系功能的重要组成部分。但无论是何种家庭结构，我们认为下列说法都可以用来形容大多数有孩子的家庭。

◇ 家庭通常但并不总是多代同堂
◇ 家庭包含其中每个成人的过往史

◇ 家庭受到其中每个成人的过往史的影响

家庭通常但并不总是多代同堂

一个家庭可能通常由孩子、父母和祖父母组成，还可能包括叔叔、阿姨、堂表兄弟姐妹以及与这个家庭成员有亲密关系的其他人。家庭的富足可以通过来自不同年代的成员的贡献来实现。例如，在一些文化中，祖父母和家庭的老成员在家庭和社会中具有很高的地位，他们通常是智慧和稳定的重要源泉，并让家庭和社会知道他们是谁。不同年龄段的孩子则为家庭带来了活力、趣味、尝试，以及教养和关心的机会。通过为家庭中的年轻成员提供榜样的方式，父母和其他成人也贡献良多。记住，家庭是由拥有各自不同的发展任务和发展需要的个体组成的，实现或履行这些任务和需要可以使他们在成熟的过程中感到惬意并具有适应性。

家庭包含其中每个成人的过往史

当儿童成长时，他们将周围世界中让他们感兴趣和有用的那些价值观、信念和态度进行吸收整合。然而作为成人，他们可能发现自己同时也吸收了一些没那么吸引人的信念、态度和价值观，他们发现这些东西很难让人忽视并且在某些方面已经成为他们的一部分。另外，每个成人都会有更早期的经历影响他们恰当处理之后任务的能力。家庭中的每个成人都有一套不同的信念、态度和价值观，以及来自过去家庭中其他成人的不同经历。对许多出自同一个家庭的成人来说，来自过去的价值观、信念、态度和经历有时候是相同的，有时候可能具有相当大的差异。

家庭受到其中每个成人的过往史的影响

因为家庭是儿童生活中情感、智慧和物质环境的主要提供者，这个环境将影响儿童在日后生活中对世界的看法以及处理未来挑战的能力。显而易见，家庭机能的健全取决于家庭中的成人。家庭中的每个成人都有各自的过往史，而这将不可避免地影响他们抚养儿童的方式、家庭的发展和成熟，以及家庭作为一个整体发挥作用的方式。家庭内的相互联系和结构将对儿童日后的调节能力产生影响。

儿童在家庭中作为个体如何发挥作用

我们认为很重要的是，记住家庭并不是一个单一、统一的实体，而是由多个个体组成的。每一个个体，包括儿童的父母，都可能对儿童的生活产生强烈的情感影响，因为通常情况下，儿童在家庭环境中度过了他们的大部分时光。

图 9-1 展示了家庭中的每个个体（包括接受咨询帮助的儿童）在家庭内发挥功能的方式。每个家庭成员的想法、行为和对家庭的看法很明显地受到其他家庭成员的行为、家庭在发展中的变化和外部事件的影响。另外，家庭治疗可能会影响家庭中的每个个体成员对家庭的感知，以及他们的思维和行为。

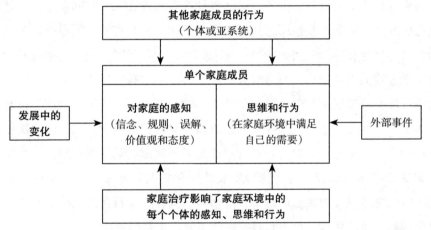

图 9-1　对单个家庭成员的感知、思维和行为的影响

家庭中的每个个体，包括儿童，将会产生帮助他们自己在这个家庭中生存的想法和行为。这些想法和行为帮助他们以一种减少个人焦虑的方式满足情感和生理的需要，并帮助他们对家庭这个系统感到舒适。我们已经提到，有时候儿童尽力满足自身需要的方式并不恰当或不具适应性，并且可能对自身和其他家庭成员来说是有问题的。尽管如此，儿童仍以他们所知的最好方

式进行思维和行动。

家庭文化如何影响儿童的思维、行为和感知

儿童会感知他们所生活的家庭。这些对家庭的感知基于家庭的信念、规则、误解、价值观、态度和潜移默化或明确传递给儿童的文化影响。例如，他们可能意识到，家庭中的一条重要规则就是保持家庭中的个人隐私，或者他们可能认为在他们的家庭中需要保持最低限度的亲密和身体接触。因此，他们的行为方式将保持这样的认知。

家庭的发展变化如何影响儿童的思维、行为和感知

作为生活中的一个自然组成，所有家庭都要经历变化。对许多家庭来说，这些改变大部分时间是在预期中的，如孩子的生日、青少年的独立、职业的变更和年老父母的去世等，这些事件都有可能在某个时间发生。尽管事先有所准备，但是这些经历仍然可能带来变化，而它将影响家庭中每个成员的思维、行为和感知。例如，当一对夫妇决定生孩子时，他们将很有可能期待生活方式的巨大变化。当这对夫妇决定再生一个孩子时，同胞兄弟姐妹的到来可能会对家庭中的第一个孩子产生影响。第一个孩子可能会产生被替代的想法，因此会表现出试图在家庭中维持原本地位的行为方式。这取决于父母的反应，儿童将建立起一种新的对改变后的家庭的认知或理解。当少年兄弟姐妹开始独立于家庭时，这种发展的变化将对留在家中的儿童的思维方式、行为方式以及对家庭的理解产生影响。同样，父母照顾家中年长老人的决定将对儿童的思维、行为和对家庭的感知产生强烈影响。

家庭必然要面对维持家庭正常发展所遇到的挑战。如何处理这些挑战必然会影响儿童的思维、行为和感知。

外部事件如何对家庭和儿童的思维、行为、感知产生影响

尽管有些事件是在家庭的预期和准备之中的，但是也有许多经历是没有被预期的。全球性事件，诸如战争、被驱逐出家乡或祖国、水灾、火灾和其

他类似的灾难无法被家庭操控。更多个人事件，如车祸、重病和住院，通常情况下也是意料之外的，不能被事先预期。对儿童来说，还有许多事件感觉不在自己的控制范围内，例如搬家、转学和父母离婚。上述任何事件的发生都会对儿童的思维、行为和对家庭的感知产生影响。

基于与其他家庭成员的互动、经历家庭长时间的发展性变化以及适应那些可能对家庭产生影响的非预期事件，儿童将创造一幅有关家庭的"图画"。这幅图画对他们来说是独一无二的，而且在某些方面不同于其他家庭成员的"图画"。

儿童与家庭的互动如何影响儿童的思维、行为和感知

家庭可能会在不经意中以各种方式强化儿童的无益行为。这里有一些例子是关于儿童与家庭的互动如何影响他们的。

- 父母可能想要保护儿童不去体验那些令人痛苦的情感，因此，这可能导致他们不谈论过去那些令人烦恼的经历。结果儿童可能会丧失这些情感，因为他们不会想起过往那些令人烦恼的事件
- 父母一方或双方可能会告诉儿童他们所表达的情感是什么，并为他们能够表达出父母很难表达的情感而高兴。因此，儿童可能被鼓励以无益的方式行动，而不是塑造有益的行为
- 有一种相当普遍的情况是，父母决定以一种与自己父母不同的方式来抚养孩子。结果，他们特别倾向于鼓励孩子表现出迎合他们抚养方式的行为。这通常会导致儿童发展出在家庭和更广阔的环境中被证明是无益的行为

家庭的互动模式（如上所述）可能鼓励和支持儿童的问题行为，甚至可能恶化这些问题。

很明显，儿童在家庭中思考和行为的方式与家庭中其他个体或亚群体成员对待他们的行为方式有很大关系。例如，哥哥或姐姐对儿童的欺负可能会影响儿童，使他们感到自卑并发展出自我防御行为。如果儿童在受到威逼的

时候，不能成功地获得来自家庭其他成人的支持，那么儿童可能会产生这种观念：在这个家庭中，人人都只保护自己，没有其他人的支持可以依靠。

家庭对儿童行为的影响

有时候，以一种普遍的系统观点来思考儿童的行为也是有益的。在这种情况下，我们可能会问，儿童在家庭中扮演着什么角色？我们也可能问出类似下列的问题。

◇ 儿童是否直率地表现出了那些在家庭中只能以一种更隐晦的方式表达的情感呢？
◇ 儿童的行为是否会使家庭分散注意力，而不关注那些影响家庭的更为严重或更具威胁性的问题呢？
◇ 儿童的极端苛求、愤怒和焦虑是否反映了其父母关系的紧张呢？
◇ 儿童是否表现出了家庭的神话或强烈的信仰体系呢？例如，儿童在家庭中目睹了家庭暴力，可能会出现一种强烈信念，那就是保持家庭事件的隐秘和不外露是很重要的。儿童日后的行为方式将表现出对这种信念的尊崇

有些儿童将验证家庭关于可接受和不可接受行为的设想，其代价是牺牲自由的自我表达。每个案例的结果都将使儿童难以健康地处理焦虑和自我管理。

家庭治疗的价值是什么

我们认为，如果起初就能发现儿童的问题是如何在家庭中产生的，那将很有帮助。接下来，对家庭来说最重要的是，意识并了解家庭中的行为和互动是如何引发与维持儿童行为的。最后，我们强烈支持这个观点，那就是家庭有办法发现自己的问题，于是每个个体和整个家庭都会变得更具适应性，也更惬意。

在本书中详细介绍我们有关家庭治疗的模式是不恰当的，因为这是一本有关儿童心理治疗的书。我们承认，存在多种不同的家庭治疗模式，而每

个模式都可以结合个体咨询来对儿童进行治疗。虽然我们并不试图详细介绍我们的家庭治疗模式，但是你可以知道我们的方法是一种整合式方法。这个模式的核心是格式塔心理治疗理论和实践以及对系统理论的理解（Resnick，1995；Yontef，1993），然而在治疗过程中的恰当时段，我们可能借鉴来自焦点解决咨询（De Shazer，1985）、叙事心理治疗（Morgan，2000；White and Epston，1990）和认知行为疗法（Jacobson，1994）的观点。另外，我们还广泛使用了米兰家庭系统治疗理论模型中的循环问话（Selvini-Palazzoli et al.，1980）。在我们的模型中，重点强调确认不同过程和家庭中的互动模式。

确认过程和家庭中的互动模式

不管使用何种家庭治疗模式，它都影响了每个家庭成员的思维、行为和感知。基于所使用的模式，家庭治疗直接或间接地鼓励每个家庭成员去观察和理解自己当前的思维、行为，并感知自己与家庭其他成员之间的关系，进而用更为健康的思维、行为和感知来取代它们。因此，他们对自身和家庭其他人的印象都将产生变化。这些变化可以出现在家庭治疗和个体家庭成员咨询的过程中，以及两个过程之间。在我们的家庭治疗模式中，确认家庭的互动模式包含以下三点。

⋄ 分享个体对家庭的看法
⋄ 给予反馈
⋄ 意识提升

分享个体对家庭的看法

家庭中的每个个体都可能以不同的方式看待自身和感受家庭。因此，就好像每个家庭成员都通过自己独特的镜头来看待家庭。如果这个家庭想要了解儿童的问题是如何在家庭环境下产生的，那么让每个家庭成员了解其他成员看待家庭的方式是很有用的。通过邀请家庭的每个成员分享他们对家庭的看法以及这些看法如何发挥作用,我们开始帮助家庭确认家庭内的差异。他们也开始意识到家庭的互动模式会引发或维持儿童的不当行为。

在家庭治疗中,我们邀请每个家庭成员说出他们对家庭里发生的事情的个人看法。我们鼓励他们分享个人观点,这样整个家庭都可以了解其他家庭成员是如何看待他们的家庭的。通过这种方法,家庭成员采用单一视角看待家庭的方式被取代,他们将满怀希望地通过多个镜头来看待他们的家庭。通常在这个过程中,家庭成员的意见彼此并不一致,或者他们将重新评估他们最初的描述。这种方式让所有成员都受到鼓舞,因为这表明每个成员都要倾听其他成员各种各样的描述。

我们已经发现有些儿童最初并不愿意在个体咨询时开诚布公,因为他们害怕泄露家庭的秘密或表现出对家庭成员的不忠。然而,如果他们参与到家庭治疗中,当其他家庭成员都坦率地讨论这个家时,儿童就更可能感到在之后的个体咨询中自由地谈论家庭是被允许的。有时候,一段家庭治疗过程将给儿童提供关于家庭关系的新信息。咨询师之后可以在个体咨询中与儿童公开讨论这些信息。

我们认为在家庭治疗部分,确认每个人的观点对于融入他们是很重要的。通过确认每个人心中对家庭的印象,家庭成员就可能把咨询师看成一个独立的个体。他们可能意识到咨询师能够从每个人的看法中有所发现。通过这种做法,咨询师避免了在之后对儿童的个体咨询中出现的背叛和不忠等问题。通过这个过程,儿童很少会产生自己是家庭替罪羊的想法,也能够投入到一个充满能量和有益的过程中,因为他们认为自己和其他家庭成员同等重要。

当个体成员正在分享他们对家庭的看法时,咨询师能够观察到他们的家庭互动模式并了解家庭内的关系。另外,咨询师通过反馈为他们提供了多视角的观念。

给予反馈

从咨询师那里获得家庭成员对家庭看法的反馈,这对家庭来说是很有帮助的。给予反馈保持了咨询过程的透明度，并且一般会得到家庭的积极回应。我们已经发现许多家庭对外人如何看待自己很好奇。

咨询师对家庭的看法是在倾听家庭成员的叙述和观察成员之间的关系模式和互动模式中获得的。咨询师给予的反馈可以是一种富有代表性、比喻性的描述。因此，咨询师从他的角度给家庭提供了另一幅图面。然后，家庭成员可以接受、拒绝或使用这幅图画去形成他们自己的新图画。家庭接受还是拒绝咨询师的反馈并不重要，因为即使他们拒绝，仍然会被驱使着回顾自己的图画。然而，此时应该鼓励这个家庭讨论他们对这个反馈的回应，并可以自由地更正或反驳咨询师的印象中不适合他们的地方。通过向其他家庭成员解释自己看待事情的方式，让他们表达各自的不同见解也十分重要。

反馈的作用就是提供一个来自家庭系统外部的额外镜头，它可以有效影响家庭成员自己描画的图画。在给予反馈时，很重要的是做到以下几个方面。

- ◇ 强调每个家庭成员都能尽力做到最好——他们的行为是对系统和环境的反应
- ◇ 肯定家庭的资源和能力
- ◇ 对每个家庭成员的优点进行评论

下列做法也是有帮助的。

- ◇ 对家庭回应发展性或身体变化的方式给予正面反馈
- ◇ 对家庭治疗的进程和互动模式进行评论

家庭对咨询师的反馈的反应和讨论能帮助他们提升对家庭所发生事件的意识。家庭的反应给家庭成员提供了一个靠得更近的机会，并能够分享观点。他们的反应也可能会引发重要的分歧，而这将给未来的心理咨询做进一步的探究和讨论提供材料。

意识提升

提升家庭对当前互动模式的意识并使他们能够尝试和体验新的互动模

式,这给家庭提供了一个改变的机会。为了提升意识,我们可以使用许多干预手段并结合一些创造性策略。当使用创造性策略时,儿童更可能变得投入并乐于参与其中。

在意识提升过程中,家庭成员有机会表达他们如何看待另外一个人、他们对当前家庭关系的感觉,以及他们期待这种关系产生什么样的变化。最重要的是,可以鼓励家庭寻找解决他们正面临的难题的办法。

有时候,由于意识提升,家庭中的一个或多个成员能够明显从个体咨询中获益,在个体咨询中他们有机会在一个私密的背景下解决个人问题、探索人际关系问题,并体验个人的成长和发展。

将个体和亚团体咨询整合到家庭治疗中

只要儿童接受建议前来咨询,我们都希望一开始就能与整个家庭见面,但前提是这个家庭已经做好参与和融入咨询过程的准备。因此,当一个儿童被推介给我们,我们通常会以整个家庭投入家庭治疗的阶段作为咨询起点。这是咨询的开始,它可能包含一些家庭治疗,也包含一些单独处理个人问题的个体咨询。另外,我们可能要对一些亚团体进行咨询。例如,我们的对象可能是父母双方、父母一方和儿童、两个或多个兄弟姐妹。图 9-2 将图解说明我们是如何将个体和亚团体咨询整合进家庭治疗中的。

从图 9-2 可以看到,在家庭治疗中,我们通常是以对整个家庭的咨询为起点开始治疗过程的。在这一阶段,我们将确定继续治疗的最合理方式。我们经常会给被认定为有问题的儿童提供个体咨询,可能也给一个或多个其他家庭成员提供个体或亚团体咨询。我们将公开告知家庭可以自由选择咨询方式,这样他们就能主动参与做决定的过程,决定是否继续家庭治疗或者对我们来说更为合适的针对儿童的个体咨询,或是投入到一个或多个其他家庭成员的亚团体咨询中。

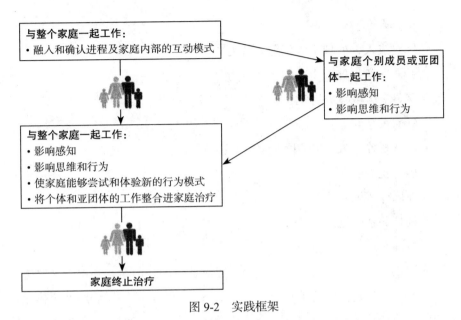

图 9-2 实践框架

注：🧑‍🧑‍🧒 表示阶段之间发生的变化。

对家庭成员的个体和亚团体咨询

随着整个家庭治疗中个体成员的意识不断提升，可能会出现与家庭中一个或多个成员有特定关系的问题。例如，家庭可能就某个儿童对兄弟姐妹的激进行为感到愤怒。在整个家庭治疗部分，家庭成员可能会就这种行为对每个人产生了怎样的影响进行讨论。然而，儿童可能无法理解自己的情感或行为，或以一种有意义的方式向其他家庭成员做出解释。在诸如此类的情境下，给儿童提供个体咨询明显是有利的。在个体咨询中，儿童可以更坦率地谈论他们在家庭生活中经历的故事。例如，我们发现儿童闷闷不乐，因为他们认为父母的关系很糟糕，这些是他们在整体的家庭治疗情境中无法启齿的。在个体咨询情境下，儿童可能再次感受到因父母可能分开而产生的害怕情绪，这将帮助他们决定如何以一种建设性的方式来处理焦虑。

个体和（或）亚团体咨询可能包括如下内容。

- 个体咨询：
    - 针对成人，处理个人问题和行为
    - 针对儿童，处理个人问题和行为
- 父母一方或双方咨询：
    - 针对关系问题
    - 确认抚养方式（包括原始家庭的影响）
    - 确认抚养问题
- 亚团体咨询：
    - 处理关系问题
    - 处理对过去创伤的情绪反应

采用亚团体或个体咨询而不是整个家庭咨询的理由是，在整个家庭咨询的情境下，因为我们需要保持整个家庭的参与，所以可能无法顾及个体成员或亚团体的特殊需要。有时候，个体成员在整个家庭前面可能无法说出敏感的个人问题。在整个家庭咨询的情境下，个体成员可能在表露信息时没有安全感。例如，比较典型的情况就是在家庭暴力案例中，儿童或父母一方太过恐惧以至于不能谈论家庭中发生的真实情况。

家庭治疗与个体或亚团体咨询的整合

在经过儿童咨询、其他家庭成员的个体或亚团体咨询后，我们想要将这些咨询工作整合进更广阔的家庭系统中。这为重新纠正儿童的个人问题提供了机会，同时也明确了影响儿童情绪和心理状态的家庭问题。在这种整合过程中，我们将整个家庭囊括在一个治疗阶段，在这里被关注的个人或亚团体可以分享那些在单独咨询中提出的、适于分享的信息。很自然地，在个体或亚团体咨询情境下表露的信息中，也经常有一些不适合在整个家庭中进行分享的信息。因此，我们要非常小心地保持这种私密性，不能将来自个体或亚团体咨询的信息传达给家庭中的其他成员。取而代之的是，我们要鼓励个体或亚团体分享他们想要与整个家庭共享的信息。

在一些案例中，我们将认识到，由于在个体或亚团体咨询中产生了保密性问题，因此不能将整个家庭纳入咨询中，我们需要额外只针对父母和某个特殊儿童或亚团体做一些工作。这包括：将儿童和其他家庭成员聚在一起分享在个体或团体工作中发展而来的信息、观念和想法。例如，儿童可能在个体咨询中使用微型模型动物来探索与家庭生活有关的不适之处。让父母知道潜伏在儿童不适之下的问题可能是很重要的，这样他们就可以帮助儿童在家里感到更为舒适，但是这对家庭中的其他人可能并无益处。因此，只需要将儿童和父母聚在一起即可。

当进行个体或团体咨询时，咨询师需要让个体和亚团体为整合工作做好准备。因此，需要鼓励他们讨论哪些信息可以拿到更广阔的家庭背景下分享，哪些信息仍需保密，还需要对分享的意义以及可能的结果进行探讨。有时候，在咨询师只作为促进者的情况下，家庭成员对展开整合工作很满意。在这种情境下，咨询师需要邀请家庭成员分享任何想要分享的信息，同时指明他们可以保有想要保密的信息。在其他时候，可能没有必要在治疗情境下进行整合工作。这是因为，作为个体或亚团体咨询的结果，家庭成员在咨询间隙自然解决了出现的问题。

当将个体咨询与整个家庭治疗进行整合时，目标通常聚焦于确定解决方案及识别改变。

聚焦于确定解决方案

当咨询师扮演促进者的角色时，通常整合工作就会发生。在这种情境下，咨询师邀请家庭成员分享他们想要分享的任何信息。通过分享，我们鼓励家庭及其内部成员着手确定解决方案。在这个过程中，咨询师必须创造一种氛围，让所有家庭成员的情感、需要和角色都得到尊重。

我们经常发现，导致家庭困境的许多潜在问题都是由家庭内部权力与隐私的冲突所引发的。许多解决方案都使家庭成员感到被赋权，同时还让他们有机会在家庭中安心地实现和满足情感需要。

识别改变和循环过程的影响

我们将整个家庭治疗与儿童个体咨询相结合的一个重要原因,涉及家庭系统内循环过程的影响。如果我们只单独进行儿童个体咨询,那么治疗成果可能是有限的。

图 9-3 显示了循环过程。在这个例子中,儿童最初感到被拒绝,并会为了获得关注而做出一些不良行为。因为这些不良行为,父母开始变得生气并减少对儿童的感情投入,而这又加深了儿童被拒绝的感觉。因此,儿童的不良行为和父母的退缩行为都在扩大。这个过程是循环的,每个行为都是对之前行为的回应。由于循环过程的出现不可避免,因此让兄弟姐妹和父母理解儿童正在做出的改变以及儿童在个体咨询中有时要面对的问题,通常是很有帮助的。显而易见,由于过程的循环性,家庭中个体的改变可能会受其他家庭成员的限制,尤其是那些一直使用熟悉却无益行为的成员。

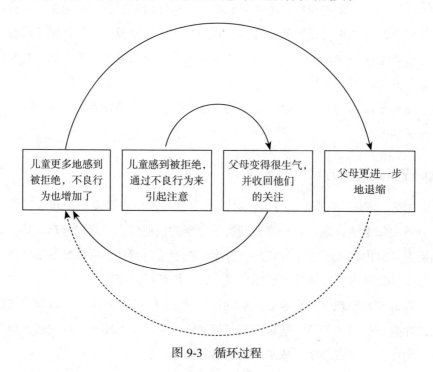

图 9-3 循环过程

当改变发生时，家庭成员往往会有意或无意地抵抗这种改变，即使他们相信这种改变就是他们想要的。让家庭理解他们可能会不经意地干扰或阻碍这个改变是有帮助的。另外，有必要告知家庭在出现积极而持久的改变之前，有时儿童可能会先经历挫折和衰退期。通过提前告知家庭，可以让他们做好准备，并让他们认识到这是改变过程的一部分。在治疗中囊括整个家庭，也为个体成员表达对改变过程的情绪、情感和积极主动参与这个过程提供了机会。

认识发生在治疗阶段之间的改变

接受咨询的家庭中多数的改变发生在治疗阶段之间。这是不可避免的，因为在治疗期间，意识的提升以及很可能使用了治疗中讨论过的新行为，都使个体对家庭成员的看法发生改变。充分利用这种治疗间隙发生的改变是很重要的，这样变化才能得到识别。只有认识到发生在治疗间隙的改变，才可能促进更进一步的变化。

通常家庭可能会将已经发生在治疗间隙的改变最小化，例如，说"哦，是的，但是杰森上周出去露营了几天"，从而最小化在其他日子发生的改变。为了确保这种改变被识别和重视并持续下去，我们必须让这个改变具有重大意义。

我们可以通过有意地寻找和识别变化来让改变意义重大。例如，在一个新疗程开始时，问："从我们上次见面后，情况有没有进一步好转？"这个问题假设正面改变已经发生，并鼓励家庭去寻找有所好转的事情，而不是集中在问题本身。另外还可以问："从我们上次见面后，事情是有所好转还是更糟糕呢？"这样问的好处是使那些聚焦问题本身的家庭成员有机会表达他们的观点，然后我们可以把它纳入一幅有积极改变发生的图画中。

特别是对年幼儿童来说，在白板上画图表来对标定的等级进行提问是有用的。例如，咨询师可以问："在从 1 到 10 的量尺上，1 表示非常不快乐，10 表示非常快乐，你们家的情况适合哪个数字呢？"这个量尺可以画在白板上，并要求家庭成员在上面做记号来表示咨询前后他们都是如何看待自己的家庭的。

寻找能够证实变化的证人可以有效帮助家庭巩固所发生的改变。例如，我们可以问："有没有其他人注意到这个改变呢？"要探讨这个改变是"如何"实现的，可以问"你做了什么不一样的事情？"或"有没有其他人做出不一样的事情？"这可以帮助家庭识别那些帮助他们改变的个人和家庭资源并对此产生良好的感觉。

对家庭中发生的改变表示祝贺是很重要的，因为积极改变经常会被忽视，尤其是在混乱的家庭里。

寻求拥护的需要

为了与其他家庭成员分享相关信息，有时候儿童可能需要一个支持者的帮助。当儿童无法在父母面前清楚地表达他们的情感或需要时，这一点尤其让人感到体贴。在上述事例中，例如在个体咨询后，如果咨询师能首先对个体咨询进行总结，那么儿童可能就更容易与他人分享信息，这样整个家庭就更能理解帮助儿童达到现在这种程度的过程。

如果咨询师作为儿童的支持者，那么很重要的是先花一些时间与儿童相处，这样才能理解他们的问题。接下来，要和儿童讨论在家庭治疗中给他们以支持暗号，并就说什么、怎么说以及何时说达成一致，这是很重要的。这样做让儿童能够对表露个人信息或敏感信息的过程有某种程度的控制力。有关儿童安全感的问题，我们遵循第2章所列出的指导原则。

对转介者的反馈

经过一段时间的治疗后，儿童已经解决他们的问题并通过某些方式获得了力量。这时，咨询师应该在父母的同意下，将治疗工作与更大范围的儿童生活环境进行整合，比如学校和社区组织的转介者会得益于我们对儿童治疗进展的反馈。但这种反馈必须是一般性的，绝不能泄露任何有私密性质的特殊信息而破坏保密性原则。如果重要他人理解儿童过去的行为并能够积极了解他们的行为改变,那么对儿童来说是有好处的。这样,儿童就能继续尝试自己的新行为,并练习新获得的适应性机能。

● **重点**

- 当其他家庭成员在场时,儿童可能无法自由地向咨询师表露令他们烦恼的问题。
- 如果儿童发生改变,家庭也需要做出改变来支持儿童的改变,而不是破坏它。
- 家庭治疗是让家庭处理恶性循环的最好方法。
- 将个体咨询与家庭治疗进行整合,使个体家庭成员特别是儿童可以处理那些对自己、家人都有影响的个人问题。
- 有时候儿童需要咨询师扮演支持者,来帮助他们与其他家庭成员分享重要信息。

◎ **更多资源**

关于家庭治疗的更多信息,英国的读者可以查询家庭治疗协会(AFT)的网站 www.aft.org.uk。澳大利亚的读者可以查询澳大利亚家庭治疗协会(AAFT)的网站 www.aaft.asn.au。以上两个协会都提供家庭治疗的相关信息,以及一些培训机会。

访问 http://study.sagepub.com/geldardchildren 查看 *Case Study: Analysing the counsellor's decisions, Family Therapy* 和 *In Conversation with Dr. Anne Geroski on School Counselling: School counsellors as advocate*。

第 10 章

儿童团体咨询

在阅读本书的过程中，我们确信读者将会认识到儿童个体咨询工作的价值。个体咨询为儿童营造了一个安全、私人和隐秘的环境，在这里儿童可以讲述他们的故事，处理他们的问题并在思想和行为上做出改变。对许多儿童来说，个体咨询是最好的选择。然而，对一些有特定问题的儿童来说，或是在特定情境下，让儿童与其他孩子一起加入团体咨询将有明显助益。

那些对团体中儿童咨询的可能性特别感兴趣的读者，可以阅读我们的书《在团体中和儿童一起工作》（Geldard and Geldard，2001）。书中我们充分讨论了与儿童团体有关的问题，包括专门为那些经历过家庭暴力、有自尊问题、社交困难或被诊断为多动症的儿童提供专门的咨询方案。

在决定是否采用团体工作时，必须考虑到接受咨询的儿童的人格特质、遇到的问题的本质以及他们自己和家庭的偏好。团体带领者必须认识到团体咨询的优势，并且必须确信团体咨询方式可以用来培养更为健康的行为和人格，成为成长的催化剂（Kymissis，1996）。因为团体可以反映出更广阔的社会环境，通过这样的方式，儿童常常会有更大的改变，而这通过个体咨询是很难完成的。

儿童团体咨询的优势

当咨询师发现许多儿童来访者有相似的困难或经历时，可以将他们集中在团体中进行治疗。通过团体情境的设置，儿童发现他们并不孤单，并且其他孩子也遭遇了相似的困难或经历。这种发现是非常振奋人心的，它使儿童能够敞开心扉与同伴自由谈论自己的问题。这对治疗是非常有帮助的。

通常建立一个拥有共同问题或相似经历的团体并不困难，因为在接受咨询的儿童中，必然有人拥有相似的经历。例如，他们可能经历过家庭不和、家庭破裂、家庭暴力、家庭矛盾、因为死亡或分离而失去重要他人，或者遭到忽视或身体和情感受到过虐待。将满足上述某一类别的儿童组成团体，可以使他们与其他人进行分享，互相学习，也可以从团体咨询师的治疗中有所收获。

儿童团体咨询的另一个显著优势是团体提供了帮助儿童从团体互动中学习的社会情境。这对那些有社会技能障碍的儿童来说尤为有益，因为他们可以从其他儿童和团体带领者那里获得有关自身人际行为效果的反馈，从而学会采用那些更有益的行为。尽管个体咨询也可以帮助儿童提高社会技能，但是通过在团体情境下练习新行为来提高社会技能有更大的优势。在我们的实验中，对那些缺乏社会技能的儿童来说，团体咨询比个体咨询更快、更有效。

就像对那些有社会技能缺陷的儿童进行咨询一样，团体咨询也可以用来促进有自我形象不良、低自尊或特定行为障碍的儿童的成长。在处理自尊问题上，团体方法尤其有用，因为低自尊通常是儿童无法与同伴积极互动的结果。致力于提高儿童自尊的团体咨询希望使儿童能够认同团体中的其他人，肯定并提高自己的个人能力、优点和技能，学习有效的交往。团体可以为儿童提供一个在支持性的安全环境中尝试新行为，并在与其他儿童的积极互动中体验到成功的机会。随着团体的发展，参与者可能会产生一种归属感，而这对儿童的自我价值感是有积极意义的。

团体咨询可以为生活在艰难环境中的儿童提供支持。例如那些酗酒儿童、留守儿童、寄养儿童以及父母患有心理障碍的儿童，他们都可能从归属于一个支持性团体中获益。

儿童团体咨询的局限

不幸的是，由于各种原因，团体咨询的方式可能并不适合一些特殊的儿童群体。很明显，对那些缺乏冲动控制能力和不能控制自己的旺盛精力与侵略性的儿童（Kraft，1996），以及很快表现出侵略行为和破坏行为的儿童来说，在团体情境中进行咨询将会出现问题。另外，在下列情境中团体咨询也不可能成功，即对那些受精神障碍折磨的儿童来说，团体所需的社会交流带来的压力将会使他们代谢失调，而对那些有表达性语言障碍或同时具有接受性和表达性语言障碍的儿童来说，他们可能难以表达自己所遭受的挫折，这不同于那些会爆发激进行为的儿童。

团体工作方式的另一个局限是，不适于花费大量时间来确定团体中某个儿童单独的、私人的需要。有严重情感障碍的儿童可能需要个体咨询。当然在某些案例中，在进行个体咨询的同时，将这个儿童纳入团体过程也会有所助益。

儿童团体咨询的类型

儿童团体咨询存在两种常见类型，它取决于特定成员的需要和团体目标。一类团体主要是一种治疗性团体，它的目标是通过团体带来改变。此类团体能够使参与者通过在团体情境下谈论自己，投入到允许他们表达自己情感的活动中，然后改变他们的思想和行为，这样就可以解决令他们困扰的问题。另外一种团体的类型旨在通过使用心理教育带来改变。另外，有些团体在咨询中结合了心理教育，随后又针对这种心理教育进行团体讨论。

治疗性团体

治疗性团体对那些被诊断为心理障碍，或遭受严重情绪或精神困扰的儿童尤其有用，例如，受创伤后应激障碍困扰的儿童（Shelby，1994）、患有精神分裂症的儿童（Speers and Lansing，1965），以及患有焦虑障碍、抑郁症、破坏性行为障碍、品行障碍、反社会行为障碍或特定发展障碍的儿童（Gupta et al.，1996）。

治疗性团体对那些虽然没有严重情绪困扰或精神疾病，但是难以处理日常生活中遇到的压力源的儿童也是有效的。这些团体的主要关注点一般都集中在对这些心理问题的探索和解决上。这些团体能使儿童触及并释放那些令人烦恼的情感，然后修正他们的信念、态度和行为。此类团体能够极好地防止严重问题的恶化，因为在爆发更严重的问题前，来访者有机会分享他们的个人经历、思想和情感。随着来访者对自身了解的深入，以及逐渐认识到在态度和行为改变方面自己有比想象中更多的选择，来访者可以在自己的问题、行为、信念以及态度上获得支持、鼓励和反馈。

与进行儿童个体咨询时一样，在儿童的团体咨询中，咨询师通常也要广泛地使用道具和活动，通过让儿童谈论所面临的难题来使儿童投入到心理咨询中。

心理教育团体

其他类型的儿童团体咨询可能更多地具有心理教育的性质。这些团体的目标是帮助儿童调整对生活情境的反应，以及使其行为表现更具适应性。因为心理教育团体强调信息和知识的获得，所以这些团体通常比治疗性团体更有组织性。它们的内容可能与结构性课程相似，即通常有特别制定的目标和对团体成员的明确期待。尽管团体咨询的焦点集中在学习上，但是这个过程通常包含团体互动，即团体成员分享并讨论个人的观点、感觉、经历、态度、信念和价值观，尤其是那些跟主题有关的话题。

与治疗性团体一样，为儿童开展团体心理教育时，咨询师通常也要广泛地使用道具和活动来使儿童投入到咨询中，并帮助他们讨论所呈现的心理教育材料。

实施团体咨询的准备

在准备实施某个特定的儿童团体咨询前，我们需要做出决定，即对每个儿童来说，进行团体咨询是否比个体咨询更合适。我们需要识别出哪些儿童最适宜获得个体咨询，哪些儿童更能从参加团体项目或同时参与个体咨询和团体项目中获益。

当进行儿童的个体咨询时，我们需要在儿童和咨询师之间有目的地发展出一种重要关系。尽管这种关系对那些可以与成人保持适度亲密关系的儿童来说是有帮助的，但是其他儿童可能表现出与在其他亲密关系中一样的行为。对这类儿童来说，团体咨询是最好的选择，因为它弱化了与咨询师关系的强度。团体确实可以发展出牢固的关系，但是对许多儿童来说，这些关系更多地指向同伴而非带领者（Swanson，1996）。

有些父母担心当孩子进入这种与成人的一对一关系时无法呈现真实的自己。在这种情况下，父母的焦虑可能会阻碍疗效的产生。在此类案例中，将儿童纳入团体可能是有好处的，因为在这种情境下，父母就不太容易出现同等程度的焦虑。

有时候当儿童接受个体咨询时，同时将他纳入团体咨询也有益处。这能使儿童在个体咨询部分处理由于团体互动所引发的情感问题。对儿童来说，通常在团体情境下提出这类问题太过困难。

准备实施儿童团体咨询的咨询师应当对儿童的需要和团体的目标有非常清楚的认识，并决定应该采用何种治疗程序。如果恰当，就可以设计一个包含相关主题和活动的特定程序来进行这一系列咨询。

评估：是否将儿童纳入团体

有人认为选择团体成员的过程很可能是一种"猜测"（Henry，1992）。

然而经验表明，通过考察组成团体的特定因素，有可能避免一场灾难、一个功能失调的团体，或至少能避免破坏团体的严重冲突（Fatout, 1996）。因此，使用正式的评估过程来决定是否将某个儿童纳入一个特定团体是合理的。

评估过程应当确定儿童的需要与目标团体确定的需要是否匹配，儿童是否能从设定的团体程序中获得帮助，以及某个儿童的加入是否能使团体形成各成分平衡或协调的队伍。团体组成应当考虑到年龄、性别、文化和团体的目标，以及设定活动的类型。

将具备不同个人资源、经历和行为的儿童纳入一个团体是有好处的，这可能对团体功能产生积极影响。另外，他们的加入可能会带来有益的素材，从而有利于团体咨询的进程。

评估过程应当确定儿童是否能够在团体中发挥功用，同时找到下列问题的答案。

◇ 儿童是否有足够强大的自我意识和技能以应对团体？
◇ 儿童是否能与团体中的其他成员融洽相处？

在评估过程中，与父母进行协商是很基本的。很明显，儿童只能被纳入那些父母清楚其本质、目标、可能采用的活动并对团体带领者放心的团体中。

评估一个儿童是否适合加入某个团体可以利用临床评估或心理测量评估，或者两者兼用，这取决于团体的性质。

临床评估可能包括儿童的行为、智力、言语和语言、动作技能和自我知觉等方面，尤其对那些有心理问题的儿童来说，对他们进行测量评估是很有必要的。

计划开展一个咨询团体

最初，在决定开展一个团体咨询时，决定团体的人数、地点、个体咨询的时长和团体咨询阶段总的持续时间是很重要的。

关于团体的容量并没有明确规定，因为这取决于团体的目标、儿童的年龄、不良行为的程度、障碍的表现以及设定的活动。罗斯和艾德莱森（Rose and Edleson, 1987）在谈到治疗团体时，提出团体通常包含 3～8 个儿童，因为更大的团体很难在团体情境下满足每个成员的个人需要。然而，当团体人数在 4 人以下时，也相当难以开展，因为当只有 3 个儿童的时候，可能会出现两个儿童联合排挤第三个儿童的情况。

显而易见，团体咨询的房间必须有足够的空间以及合适的布置，这样才能使事先设计的活动得以实施。这个房间如果能与外界在视觉和听觉方面隔离是适宜的，并且不能放置可能让儿童分心或对他们造成危险的物品。

每次团体活动的时长取决于团体目标的需要、将要实施的活动以及儿童的年龄范围。施尼策·德纽豪斯（Schnitzer de Neuhaus, 1985）提出，低龄儿童在团体中一般只能坚持 45 分钟，而大龄儿童可以承受 60～90 分钟。我们同意这种观点，对那些更多依赖言语互动而没有活动的团体咨询来说可能是这样的，但对大多数儿童来说，一个半小时甚至两个小时的团体咨询也是可以接受的。前提是这个团体的活动流程经过适当的设计，采用了一定的道具和活动，同时允许儿童的任务有适当变化，并适时改变团体咨询前进的速度。

对大多数儿童咨询团体来说，如果他们每周见面一两个小时，那么我们认为产生效果至少要 8～10 个星期。同时还要提升团体凝聚力，并使团体活动带来积极效果的可能性最大化。

设计团体活动

一旦确认某个特定团体的需要，那么对开展团体咨询的咨询师来说，精心设计特定的活动来满足团体的需要是事半功倍的。在这个过程中，我们建议开始先为一系列团体咨询阶段设计一个总体活动，然后再设计某次咨询的特定活动。

包括马拉科夫（Malekoff, 1997）和罗斯（1998）在内的许多作者都支持我们的想法，那就是和儿童的个体咨询一样，使用活动和道具在团体咨询中也很重要。所使用的道具可能包括艺术类材料、益智或竞技游戏、工作单、玩偶、小模型动物、录像带或DVD、手工艺品、黏土和建筑材料。活动可能包括自由游戏、规则游戏和角色扮演。对道具和活动的使用可以帮助儿童产生兴趣并提升能力感、归属感，以及自我发现力、发明和创造力。如果团体带领者使用恰当的咨询技巧，那么随着儿童投入活动时进行的互动，他们可以学到自己的行为是如何影响同伴关系的。

我们应当记住，在团体中，重要的不是特定活动或这个活动造成的结果，而是这个活动的进展对行为和情感的作用方式。驾驭活动的技巧将在第18章中进行讨论。

儿童团体咨询所需的辅导和促进技巧

儿童团体咨询很明显不同于个体咨询。咨询师不仅需要知道如何在团体情境下使用的特殊咨询技巧，而且必须知道如何推动团体咨询进程。与推动团体咨询进程和团体咨询技巧相关的信息，我们将在第18章中进行简要介绍。

● **重点**

- 当许多儿童有相似的问题或经历时，将这些儿童纳入团体进行治疗工作是有帮助的。
- 团体咨询对那些社交障碍儿童有很多好处，因为团体为儿童尝试、练习和学习新的沟通方式提供了一个安全的环境。
- 儿童心理咨询能对生活在艰难环境下的儿童起到支持作用。
- 对许多被诊断为心理健康障碍或遭受严重情感压迫的儿童来说，治疗性团体尤其有用。同时治疗性团体对那些没有这些严重问题但是很难面对生活压力的儿童也很有帮助。
- 心理教育团体在帮助儿童适应生活情境和表现出更具适应性的行为方面是有用的。

- 与儿童个体咨询一样，开展团体咨询的咨询师经常要使用道具和活动。
- 儿童是否适合被纳入一个特定团体必须通过临床观察或心理测量或两者兼具的评估。
- 准备开展一个团体咨询应当考虑到团体目标、程序设计、团体构成、团体容量、每次团体咨询的时长以及开展团体咨询的环境的适宜性。

◎ 更多资源

莉安娜·洛温斯坦（Liana Lowenstein，注册临床社工，注册游戏治疗师、督导，注册TF-CBT治疗师）在电子书 *Favorite Therapeutic Activities for Children, Adolescents, and Families: Practitioners Share Their Most Effective Interventions* 中收集了一系列治疗活动，包括对团体的一些观点。这本书可以通过访问她的网站获得：www.lianalowenstein.com/e-booklet.pdf。感兴趣的读者还可以在她的网站上获得一些其他资源。

访问 http://study.sagepub.com/geldardchildren 查看 *Group Therapy*。

· 第三部分 ·

儿童心理咨询技巧

前来接受治疗的儿童有各自的人格特质和不同的问题，并且身处不同的年龄段，所以对单独的个体来说，如果我们希望对他有所帮助，就必须选择我们认为最好的工作方法。对有些儿童来说，我们可能要选择主动和直接的方法，而对其他儿童来说，温和的自我发现的工作风格可能帮助更大。然而，不考虑儿童本身和工作方法的差异，仍然存在通用的、有效的儿童心理咨询的基本技巧。

咨询技巧必须与治疗过程的不同阶段联系起来。通常情况下，这个治疗过程包括一系列疗程。而在整个过程中，咨询师需要执行多个不同的咨询功能。

◆ 融入儿童（第 2 章）
◆ 观察儿童（第 11 章）
◆ 积极倾听（第 12 章）
◆ 通过提升意识和解决问题来促进改变（第 13 章至第 16 章）
◆ 处理儿童的自我概念和损己信念（第 15 章）
◆ 积极促进改变（第 16 章）
◆ 心理咨询的结束（第 17 章）

上述每个功能的实现都依赖一种或多种咨询技巧。在这个部分，我们将详述每个功能及相关技巧，我们首先从观察开始。（我们已经在儿童与咨询师的关系中讨论过"融入功能"。）

第 11 章

观　察

在融入阶段的早期，当咨询师注意到儿童与父母的关系、儿童与父母分离的难易度以及儿童的一般行为时，观察就已经开始了。这些通过观察得到的信息对帮助咨询师决定如何进行咨询是很有价值的。

实现有效观察的一种方法是避免与儿童进行积极的互动，而是站在一边默默观察。当以这种方式进行观察时，我们通常鼓励儿童去玩游戏治疗室里的玩具，并告诉他们，当他们玩时，我们会安静地坐在旁边。在观察儿童时，我们要监控自己的行为来确保我们不对儿童的表现做出评判和解释。

另一种有价值的观察方法是，观察当你作为一个咨询师进入这个孩子的领域或是坚持与他进行互动或直接行动时，将会发生什么事。

如果要求你去观察一个儿童，你会观察哪些方面？我们建议你在阅读下文之前，可以尝试草拟一份清单，看看哪些东西值得观察。

我们认为在对儿童进行咨询时，下列内容是最需要被观察的。

1. 整体外貌
2. 行为
3. 情绪或情感

4. 智力功能和思维过程
5. 言语和语言
6. 动作技能
7. 游戏
8. 与咨询师的关系

在观察儿童表现的各个方面时，重要的是心里牢记这些方面存在的文化差异。比如，行为上的差异可能源自跨文化教养方式的差异（Math and Johnston，2012），而不是反映孩子正在经历的潜在问题。同样，情感表达的差异可能反映了情感分享的文化规范的差异（Wilson et al.，2012）。事实上，外貌、思维过程、语言、运动技能、游戏和关系技能也都会有不同的文化差异。因此，在使用观察技巧时，在考虑文化影响之前，必须避免根据孩子的表现做出假设。

观察整体外貌

对整体外貌的观察，包括儿童的穿衣风格、警觉程度，以及任何明显与常人的不同之处，例如生理差异。儿童招人喜爱的程度可能也很重要，还有与生理发育和营养水平相关的信息，儿童奇特的怪癖可能也是需要注意的（例如，面部痉挛）。

观察行为

在观察儿童表现出的各种行为时，咨询师可能要思考下列问题。
1. 该行为是安静、谨慎的，还是吵闹、暴躁、具有攻击性和破坏性的呢？
2. 儿童是分心了，还是具有很好的注意广度？
3. 儿童有没有尝试投入危险的行为？

4. 儿童是否愿意冒险？

5. 儿童是否喜爱咨询师并依赖与咨询师的互动？

6. 儿童对身体接触有什么反应？

7. 儿童对这种接触是防御性的、应答性的，还是积极渴求的？

8. 儿童是否有恰当的人际交往界线？

9. 儿童是否显示出趋近－回避倾向，例如，表示出初始意愿后会等待进一步提示？

在观察儿童行为的过程中，咨询师可能要注意防御机制的出现，例如压抑、回避、拒绝和分离的暗示。

观察儿童的情绪或情感

在治疗过程中观察儿童的情绪或情感可以提示我们儿童潜在的情绪状态。通常情况下，我们观察到儿童是快乐的、伤心的、生气的、压抑的、兴奋的等。但对于某些儿童，我们几乎观察不到他们的情绪，因为他们完全没有情感的波澜，有些儿童则沉浸在自己的世界里。有时候，我们可以从观察到的行为中了解儿童的内在情绪或情感状态（例如，暴力游戏可能表明儿童正在生气）。

在治疗阶段，观察儿童情绪上的任何变化和他们对自己情绪的意识及情感反应水平，也是很有帮助的。

观察智力功能和思维过程

对 4～8 岁的儿童来说，可以通过鼓励他们参与特定任务，比如猜谜、命名身体部位以及辨认颜色来了解儿童智力的初步信息。对大龄儿童来说，一般性谈话就可以识别儿童解决问题和形成概念的能力，同时可以了解儿童的领悟力。我们可以通过询问儿童最近发生的事件来考察儿童是否具备了对时间、空间或人的认知能力。通过检查儿童的现实感和思维的组织能力，咨询师可以意识到任何异常的思维模式，包括错觉和妄想的出现。

观察言语

与儿童谈话可以让咨询师对儿童的言语能力做出初步评估。例如，咨询师可能注意到儿童遭遇挫折是因为不能进行适当的交流，或是儿童试图依赖非言语沟通。另外，还可能发现儿童言语不清晰，或者口齿不清、口吃或结巴。

观察动作技能

儿童在游戏治疗室活动时，我们可以观察到他们的大肌肉和小肌肉动作的协调性。观察儿童在大部分时间里是坐着还是走路，是跳跃、奔跑还是蹲着，观察儿童如何改变移动位置——是轻松还是困难。观察儿童的动作是受限于他们的身体能力还是行动自如。焦虑不安的儿童有时候难以控制他们的呼吸，所以要注意他们的呼吸间隔、叹息或喘气。

观察游戏

儿童的游戏根据年龄和发展程度而有所不同，所以在观察比较前，对正常儿童的游戏有所了解是最基本的。一般来说，我们应该观察儿童的游戏是有与年龄相当的创造性，还是刻板、重复和有局限。例如，在儿童玩沙盘游戏时，只会重复性地将沙子舀出容器再舀进去，而无其他动作。

如果儿童可以发起游戏，那么咨询师并不需要加入这个游戏，除非你想对这个游戏施加影响。然后，咨询师可以随时退出并观察这个游戏主题的发展。另外，咨询师可以观察游戏的质量，并注意到游戏是否为目标导向，并伴随可理解的顺序，游戏材料是否被恰当使用。

观察游戏是具有创造性还是刻板老套，能使我们了解到儿童发展成熟度的信息。例如，咨询师可能注意到儿童可以在游戏中进行物体代替，例如把盒子当购物篮。咨询师还应注意儿童的游戏是不是倒退、幼稚的，也可能是假成熟。

一般地，3～5岁儿童的游戏是具有高度想象力和创造性的。在观察这个年龄段儿童的游戏时，咨询师应当认识到幻想和主题的表达可能是正常行为发展的象征。儿童在游戏中的情绪类型和紧张度也是重要的观察内容。

观察儿童与咨询师的关系

观察儿童与咨询师关系的一个重要方面与移情问题相关（见第14章）。

儿童的热情友好、眼神交流、社会技能水平和突出的互动方式，都可以为咨询师提供治疗过程所需的信息。咨询师应当注意儿童是否总是退缩、孤立、友好、信任、不信任、竞争、抗拒和合作等。这些信息大多可以通过观察儿童与咨询师的关系获得。

在咨询师观察儿童时，儿童可能正在讲述他们的故事。这时一定要让儿童充分意识到咨询师对这个故事的兴趣。为了达到这个目的，咨询师需要使用主动倾听的技巧。

● **重点**

- 在决定采用何种工作方式时，观察可以给咨询师提供有价值且有用的信息。
- 在观察整体外貌时，注意儿童与正常人的差别。
- 在观察行为时，要注意防御机制的出现。
- 观察情绪或情感可以提供与儿童潜在情绪状态相关的信息。
- 观察智力功能，可以让我们了解儿童是否具备正常的智力和思维模式。

- 观察儿童的言语和语言，提供了儿童与人交流能力的信息。
- 观察动作技能，可以了解儿童是受限于身体表达还是行动自如。
- 观察游戏让咨询师了解儿童发展的程度。
- 儿童与咨询师建立关系的能力说明了儿童的一般情感状态和社会技能。

◎ **更多资源**

观察是跨多个设置的一项重要技能。从观察在幼儿生活环境中的价值的角度来看，读者可能对以下文章感兴趣。

观察是跨多种环境的一项重要技能。关于在幼儿生活环境中观察的价值的观点，读者可能会对 www.earlychildhoodaustralia.org.au/nqsplp/wp-content/uploads/2012/07/NQS_PLP_E-Newsletter_No39.pdf 上的文章感兴趣。

访问 http://study.sagepub.com/geldardchildren 查看线上资源。

第 12 章

积极倾听

积极倾听所包含的技能来自来访者中心疗法，正如我们在第 8 章中所解释的，它在 SPICC 模式的第一阶段尤其重要。

作为咨询师，我们通过观察和倾听从儿童那里获取相关信息。通过执行咨询师的职能，我们能帮助儿童讲述他们的故事并找到令人烦恼的问题。与此同时，儿童必须知道我们正在留意并评估所接收到的信息。

儿童如何知道我们正在注意他们呢？儿童如何知道我们正在接收并评估他们所传达的信息呢？

很遗憾，有些儿童习惯一个人消磨时间，也习惯无人关心和被人忽视。我们又如何让这些儿童知道我们想要进入他们的世界并尊重他们对这个世界的看法呢？积极倾听就可以帮我们达到这个目的。

积极倾听分为以下四个主要的部分。

◇ 配合身体语言
◇ 利用最小应答
◇ 利用反应技巧
◇ 使用总结

配合身体语言

对心理咨询师来说，一种增强儿童与咨询师关系的有效途径是咨询师配合儿童的非言语行为。这种配合能够给儿童一种信号，让他们明白咨询师正在认真倾听自己。例如，如果儿童坐在放沙盘的地板上，那么咨询师就可以坐在儿童身边并模仿他们的姿势。咨询师的姿势必须显得自然且舒服，如果看上去是刻意做出来的，那么儿童就会因为咨询师的不一致行为而感到不安。

咨询师配合儿童说话时的语速和语调也对增进与儿童的关系有帮助。当儿童快速说话时，如果咨询师使用儿童的这种谈话方式并做出相似的反应，可能是有用的。如果儿童说话速度放缓，咨询师也可以通过更从容的方式来适应这种改变。

咨询师在恰当的时机配合儿童的非言语行为和姿势还有另一个好处。那就是不仅能让儿童感觉到咨询师融入并注意倾听自己，而且随后情况还会颠倒过来：在咨询师配合儿童一段时间后，儿童可能在任何一个重要改变的时间点去配合咨询师。想象一下，开始时咨询师一直在与激动的儿童匹配语速、语调和呼吸速率。那么当咨询师想要让儿童配合自己时，他们可以让呼吸和语速放缓，然后舒服地坐好。这时，儿童就很可能跟着咨询师做，开始放松。

匹配行为还包括匹配眼神交流的水平。眼神交流在建立与儿童的友好关系中是很重要的，但是令每个儿童感觉舒服的眼神交流量不尽相同。因此，咨询师需要观察儿童在这方面的行为并做出恰当的反应。有些儿童在交谈时愿意投入到某个活动中以回避眼神交流，这样他们会感觉更舒服，能够更自由地交谈。当你在不同文化背景下工作时，观察孩子的眼神交流是非常重要的。

利用最小应答

当我们主要是倾听而非谈话的时候，最小应答是谈话中很自然发生的事情。最小应答让谈话者感觉倾听者正在注意听自己说话。这些应答有时候是非言语性的，比如只是点头。言语的最小应答包含"啊哈""嗯""是的""好的""对"这类词语的表达。

一些稍长的应答也有相似的功能。例如咨询师可以说"我理解你所说的"或"我了解"。

最小应答和这类稍长的应答对于鼓励儿童继续讲述他们的故事都是有帮助的。当做出言语和非言语的最小应答时，很重要的一点是确保它们都不会被理解为肯定或否定性的评判。如果想要儿童准确地讲述他们的故事，那么这个故事一定不能被儿童对咨询师认可或不认可的感知所影响。例如，像"哇"这样强烈的感叹可能会使儿童对咨询师的信念和态度做出推断。这些推断可能会抑制儿童的表达，或者可能使儿童为了得到咨询师的认可或避免咨询师的不认可而扭曲自己的故事。同样地，有些非言语的最小应答也可能被知觉成对儿童所说内容的评判。

作为心理咨询师，应该适时地使用最小应答。如果你的回应太过频繁，那么应答将变得冒犯且令人分心。记住最小应答不仅是让儿童知道自己正在被倾听，也可以是传递其他信息的一种微妙方式。最小应答须谨慎，否则可能会在不经意间传递不利治疗的信息。

利用反应技巧

配合身体语言和做最小应答为心理咨询设定了氛围，让儿童感觉到咨询师融入并关注他们。儿童也需要确定咨询师在关注正在展开的故事内容和细节。一般来说，让儿童能够确定这一点的最有效方法是采用所谓的"反应"技巧。

有两种类型的反应：内容反应（有时候也称作解释）和情感反应。我们可以把这两类反应结合，并同时对内容和情感做出反应。

内容反应（解释）

内容反应技巧是指，咨询师将儿童所说的内容按字面意义反馈给儿童。但是咨询师并不只是鹦鹉学舌或逐字重复，而是对其进行解释。这意味着咨询师要挑选出儿童所述内容中最重要的细节，并以一种更清晰的方式用自己的语言重新表达，而不是采用儿童的语言。

我们应当注意到，在与儿童谈话的过程中并不一定要做出反应，但治疗师在观察游戏中的儿童时通常需要做出反应。

下面是一些关于解释的例子。

例1 儿童陈述："妈妈和爸爸总是在工作。爸爸总是离家工作，他到处走。妈妈是老板，有时候不回家，她指挥其他人做事。"

咨询师反应："听起来好像你妈妈和爸爸经常不能陪你。"

例2 （儿童在玩沙盘游戏中的微型模型动物）

儿童陈述："来啊，恐龙，跳过篱笆，这边更好。来啊，看我，看啊，快来，刺头儿，快来这里，我会帮你的，我会回去帮你过来，看。"

咨询师反应："看起来你的动物想让刺头儿过来，和他一起玩耍。"

例3 （儿童正在娃娃屋中与娃娃一家玩耍）

儿童陈述："我告诉你不要把地上弄得脏兮兮。你最好赶紧打扫。你把东西放得满地都是，你这个淘气的小子。"

咨询师反应："看来，这个母亲想让小男孩把这堆杂乱的东西打扫干净。"

例4 儿童陈述："我在小测验中拼对了所有单词，但蒂凡尼不会。她也不会跟人交谈。如果你淘气，你就得去休息室。我永远不会去休息室的。"

咨询师反应："不知什么原因，你似乎没有遇到什么麻烦，蒂凡尼却碰到了问题。"

在内容反应中，咨询师所做的是按字面意义以清晰且简短的方式告知儿童他们刚才向咨询师叙述的事件中最重要的信息。当咨询师这样做时，儿童会觉得自己正在被倾听。使用内容反应还可以使儿童更充分地意识到自己刚才所陈述的内容，从而增强儿童的觉察力。然后他们能够更充分地体会到所陈述内容的重要性，并使得某些困惑得到梳理。因此，内容反应能够有效帮助儿童更进一步探索。

情感反应

除了内容反应以外，咨询师还要进行情感反应，包括将儿童所表现出来的情绪、情感反馈给他们。在儿童游戏时，咨询师也可以使用情感反应，将儿童的情绪、情感与他们投射到想象中的人物、沙具或玩具动物上的情感联系起来。

情感反应是重要的咨询技巧之一，因为它引发了儿童对情感的意识，鼓励儿童处理那些重要的情绪情感而不是逃避。

咨询师一定要明白想法和情感之间的差异，不能将两者混淆。如果让你回答这两者之间的差异，你会如何回答呢？如果我们说"我们觉得富有同情心的人能成为一名更好的心理咨询师"，这是我们表达了一种想法。但如果我们说"我们认为富有同情心的人能成为一个更好的咨询师"，那将更好。

想法通常需要用一个句子来进行描述，而情感通常只需要一个词语。诸如下列情感类词语描述了不同的情绪状态。

高兴	悲伤	生气
困惑	失望	惊奇
绝望	震惊	恐惧
担忧	满足	忐忑
抵制	背叛	无助
可靠	有力	

当你看到这些词语时，可能注意到这些情感词语中的大部分都有反义词。作为咨询师，我们应当帮助儿童以适应他们的方式处理那些负面和不舒

服的情感。我们必须面对现实，并认识到我们不可能将儿童的消极情绪"拿走"。然而，我们可以帮助儿童处理这些情感，使他们做出改变或学会恰当地处理消极情绪。

情感反应包括做出含有"情感"词语的陈述，诸如"你很悲伤""你看起来在生气"或"你看起来很失望"。下面是一些儿童的陈述及咨询师做出适当情感反应的例子。

例1 **儿童陈述：**"每次我问妈妈我可不可以去凯伦阿姨那里，她都说'不行'。凯利这周末要去，而其实这次是轮到我了。"

咨询师反应："你很失望"或"听起来你很生气"。（更准确的反应取决于背景和非言语线索）

例2 （儿童的哥哥在一场车祸中死亡）

儿童陈述："当哥哥的车子被撞时，哥哥甚至没有带着他最喜欢的那条狗。"

咨询师反应："你很伤心"或"听起来你很伤心"。

例3 （儿童投入到假装游戏中）

儿童陈述："在他们发现我们之前，我们要离开这里。快，他们来了。"

咨询师反应："听起来你很害怕。"

例4 （儿童在娃娃屋中与娃娃的一家玩耍）

儿童陈述："我告诉你不要把地上弄得脏兮兮的。你最好赶紧把这里打扫干净。你把东西放得满地都是，你这个淘气的小子。"

咨询师反应："那个妈妈看起来很生气。"

通常儿童会试图避免深入他们的情感，因为他们想回避与伤心、绝望、生气和焦虑这些强烈情感有关的痛苦。然而，触及这些情感通常意味着向感觉更好的情绪前进，之后才能做出明智的决定。

有时候儿童会直接告诉我们他们的情绪。例如，儿童可能说"我很生哥哥的气"。但是，儿童通常不会直接告诉我们，而是给我们一些非言语线索并间接地谈论他们的处境。

如果你作为咨询师真的密切关注某个儿童，那么你自身的情感将开始与儿童的情感匹配，从而确认儿童的情绪、情感也将变得更为容易。经过练习，我们有可能从儿童的姿势、面部表情、动作和游戏行为中发现诸如痛苦、悲伤或生气等情绪。

我们要意识到如果你对儿童的情感做出了正确的反应，那么儿童有可能更充分地触及这些情感。如果这种情感是令人痛苦的，儿童可能会开始哭泣。作为咨询师，你会怎么样呢？对我们来说有时候这很困难。当然，咨询师必须处理自己因为儿童眼泪所产生的情绪。

将儿童的愤怒反馈给他们有时候可能会产生戏剧性效果。如果咨询师像一般情况那样直接指出"你很生气"或"听起来你很生气"，那么儿童可能会气愤地反驳"我没有生气"，紧接着在游戏室中做一系列的出格行为。如果发生这种情况，咨询师不应感到惊慌，而应欣慰地了解到儿童能够公开表达他们并不想拥有的生气情绪。然后，咨询师可以鼓励儿童通过道具来更为恰当地表达他们的生气情绪。

总之，情感反应允许儿童更充分地体验他们的情感，以及释放这些情感后所产生的良好感觉。一旦情感得到释放，儿童就能更加清晰地思考，并看到有关未来的更具建设性的选择。因此，情感反应是最重要的咨询技巧之一。

内容反应和情感反应的使用

在实际操作中，你会发现我们经常将内容反应和情感反应结合起来。例如，你可能会把"你感到很伤心"和"你是说你爸爸周末都不陪你"合并到反应中，变成"你很伤心，因为爸爸周末都不陪你"。下面是一些结合了内容反应和情感反应的例子。

例1 儿童陈述:"史蒂文和我经常在花园里玩王子和公主的游戏。他总是想做国王,并坐在代表王座的石头上。他现在不能这么做了,现在他在天堂。"

咨询师反应:"你很伤心,因为你不能再和史蒂文一起玩了。"

例2 儿童陈述:"甚至当你走开的时候,那些大孩子也会跟着你。如果你告诉老师,他们在放学后就会拦着你,没有什么办法可以阻止他们。"

咨询师反应:"你感到无助,因为你不能对付这些坏孩子。"

例3 (年纪较大的儿童)

儿童陈述:"我把所有喜欢的东西都写下来了。我把它寄给妈妈,这样它就能及时到达这里,结果她现在还没把它拿到学校来。"

咨询师反应:"你很生气,因为妈妈让你失望了。"

在进行内容反应和情感反应时,为了不过度侵入儿童的内部思维过程,咨询师必须使自己的反馈简短。太长的陈述会使儿童脱离他们现在的感受,并把他们从自己的世界带入咨询师的世界。

咨询师需要自己判断并决定进行内容反应或情感反应或二者兼具的最佳时机。有时候考虑到简短的要求,使用内容反应或情感反应比二者都使用更为恰当。

如果单独使用情感反应,将有助于儿童获得自己正在试图控制的情感。儿童随后可能会聚焦于这种情感并能够更好地处理它们。例如,如果一个咨询师对儿童说"你真的很伤心",这个陈述聚焦于儿童的痛苦而非鼓励儿童通过处理之前述说的内容来逃避痛苦的感受。当儿童进入一个认知模式而非情感模式时,这种痛苦是不能避免的;反之,我们在这种治疗情境下可以恰当地解决这种痛苦。

在任何可能的时候,都要帮助儿童感受自己的情绪、情感,而不是通过费尽"头脑"或认知层面的努力来压制它们。充分体验情感可能让人痛苦,却可以让人尽情宣泄，因此在治疗上是可取的。

最小应答、反应和总结的咨询技巧在营造良好的咨询关系方面是最有益的。通过这些技巧，儿童被鼓励敞开心扉并与咨询师分享那些引起情感困扰的问题。

有时候，咨询师应当为儿童那些已被掩盖的信息进行总体性回顾。这种回顾是通过总结技巧来完成的。

使用总结

咨询师通过反馈他们在儿童大约几分钟的陈述中所获得的信息来进行总结。总结集中了陈述内容的主要观点，也融合了儿童所描述的情感。总结不是"倒带重放"所有被掩盖的信息，而是挑选出儿童所谈及的最突出之处或最重要的事情。儿童经常会对自己讲到的故事细节感到困惑。总结可以厘清儿童所叙述过的内容，并把信息放进一个组织好的框架中，这样儿童就有清晰的画面，也能更集中于某些问题。

想象一下在几分钟内，儿童给了你许多信息。例如，儿童有几次想要父母其中一方在自己身边的时候他们却不在。进一步，儿童又给出了父亲再次违背承诺的一个例子，同时儿童的语调和面部表情也提示他非常伤心。那么，你将如何总结你从儿童身上得到的信息呢？

可以这样来总结："你已经告诉我，你这么伤心是因为妈妈爸爸在你需要他们的时候经常不在你身边，而且爸爸承诺的事情总不兑现。"

这样的总结使儿童能够将许多令他们困惑的信息放在一起拼出一幅清晰的图画。儿童将更为专注，因此有机会更进一步发现解决问题的方法。

当咨询师想要终止个体咨询时，总结也是很有帮助的。它使儿童在离开前整合在治疗过程中所分享的信息和体验。

本章所描述的积极倾听技巧鼓励和促使儿童能够讲述他们的故事。在下一章中，我们将要关注那些用来提高儿童意识的技巧，这样情感和行为产生改变的可能性就能得以增加。

● **重点**

- 通过配合身体语言、最小应答、反应和总结等进行积极倾听，让儿童知道咨询师正在注意、理解和评估他们所分享的信息。
- 配合身体语言包含配合儿童的非言语行为、姿势、语速、语调和目光交流的水平。
- 采用最小应答使儿童明白咨询师正在倾听并鼓励儿童继续讲述他们的故事。
- 内容反应包含使用咨询师的语言向儿童反馈他们所陈述的内容。
- 情感反应包含向儿童反馈他们所表达的情感。
- 有时候同时反应内容和情感也是有益的。
- 总结包括从儿童的故事中挑选出最重要的信息，并将这些信息和儿童表达出的情感一起反馈给儿童。

◎ **更多资源**

在缺乏非语言线索的情况下，积极倾听是特别重要的技巧。这里有一篇探讨在电话中或网上进行儿童咨询时积极倾听的文章：search.proquest.com/openview/64ad98a178fc835251d0814502f8645/1?pq-origsite=gscholar&cbl=105787。在进行儿童咨询时使用这种技巧的更多信息详见第 31 章。

访问 http://study.sagepub.com/geldardchildren 查看 *Active Listening*。

第13章

帮助儿童讲述他们的故事并触及强烈的情感

上一章所描述的积极倾听技巧在 SPICC 模式的第一阶段是很有帮助的，正如第 8 章所解释的，它有利于营造良好的咨询关系并使儿童能够讲述他们的故事。的确，如果咨询师使用这些积极倾听技巧，那么他们必须了解有关儿童的信息大部分会自然而然地出现。在使用这些技巧建立与儿童的关系并倾听他们的故事后，咨询师可以进入 SPICC 模式的第二阶段。在第二阶段中，咨询师在继续使用观察和积极倾听技巧的同时，引进其他技术，尤其是那些来自格式塔治疗的技术，对帮助提升儿童的意识和使他们触及并释放那些强烈的情感是很有利的。第二阶段所需的新技巧包括提问和陈述。和第一阶段一样，这些咨询技巧的使用要结合道具和活动。

不幸的是，许多前来接受咨询的儿童遇到的问题太痛苦，以致在没有帮助的情况下他们无法面对。有时候儿童知道问题的存在，但是通常情况下它们被无意识地隐藏起来或者部分隐藏起来。由于信息被压制或者因为太过痛苦而从儿童的意识中消失，有些儿童会对过去的创伤性事件产生误解。要想让儿童对这些被部分或全部掩埋在无意识中的问题开始有所意识，咨询师必须提升儿童对这些问题的觉察力。这是需要技巧和耐心的，这样才能让儿童以他们能接受的速度面对那些痛苦而不会引发进一步的创伤。我们需要认识到，有些前来接受咨询的儿童可能并没有准备好解决他们的问题，我们需要通过不强迫他们来表示对他们的尊重。除此之外，我们还要意识到儿童在避免情感痛苦和回避与痛苦有关的问题方面是天生的专家。因此，咨询师必须使用恰当的技巧来使儿童能够认识并解决这些难题。我们相信，要使治疗产生效果，儿童必须随着觉察力的提升集中关注那些问题，并体验、释放相应的情感。

因为儿童经常发现，难以与成人自由地谈论令人烦恼的问题，咨询师不仅需要融入儿童并邀请他们讲述故事，还要创造一个能使他们继续讲述故事的环境，即使这么做对儿童来说很难或让人痛苦。这样的环境可以通过使用下列技巧来创造。

- ◇ 观察和积极倾听
- ◇ 提问
- ◇ 陈述
- ◇ 道具

利用观察和积极倾听技巧

关于观察和积极倾听技巧我们在第 11 章和第 12 章中进行过讨论，这对邀请儿童并促使他们讲述故事是很有帮助的。然而，仅仅使用这些技巧通常并不足以提升儿童对潜在问题的意识，并使他们充分触及相关的情绪、情感。

利用提问

儿童一般都生活在一个成人期待他们能够回答许多问题的世界中。然而，如果你观察游戏中的儿童，你将注意到他们极少会互相发问。相反的是，他们会陈述自己或同伴正在做的事情。

当儿童面对成人时，他们通常要回答许多问题。好奇的叔叔阿姨、学校老师、母亲和亲友，他们都极力试图向儿童发问。许多儿童在面对回答这类问题的压力时，会熟练地给出他们认为"正确"的答案。这些答案是儿童认为会让发问者满意的答案。它们并不需要是儿童认为真实的答案，也不需要符合儿童的经验或想法。因此，如果咨询师仅依赖于提问，那么他们可能永远不会发现儿童的真正想法或体验；相反，他们可能会得到对治疗过程全无帮助的误导性答案。

提问带来的另一个问题是，咨询过程的方向完全受咨询师提出的问题的影响和控制，而非跟随儿童的内心。更糟的是，如果咨询师提出过多的问题，儿童将很快学会期待问题并等待回答更多问题，而非思考自身或谈论对他们来说重要的事物。然后，咨询过程将退化成一个审问过程，儿童就更不可能敞开心扉进行交流，并且更可能逃避那些令他们痛苦的问题。

作为一个新手咨询师，如果你发现自己重复提问，那么很重要的一点就是找到你提这些问题的目的。如果你的目的是激发儿童说话，那么几乎可以肯定地说，你用错了方法。通常，反应技术将能够鼓励儿童继续讲述他们的故事，而不需要提问。

在给出上述告诫后，我们必须说如果提问得到恰当和谨慎的使用，那么它将是一个强有力的工具。一般主要有两种问题类型：封闭式问题和开放式问题。

封闭式问题

封闭式问题是指那些有特定答案的问题。通常情况下，答案很短，因为封闭式问题会得到"是"或"不是"这类的答案，或给出一小段特定信息的回答，例如"23"。下面我们来看一些封闭式问题的例子。

1. 你今天是坐车过来的吗？
2. 你几岁了？
3. 你想不想要一支记号笔？

4. 你是不是怕你哥哥?

5. 你在生气吗?

6. 你喜欢学校吗?

上述问题的答案可能如下。

1. 是

2. 6 岁

3. 不想

4. 不是

5. 是的

6. 喜欢

很明显,有些儿童可能选择详细回答这些问题,但大多数儿童不会。封闭式问题的缺点是。

◇ 儿童可能会给出一个简短的事实性回答,但不会扩充这个答案

◇ 儿童可能感觉受限,感觉无法自由地以一种有意义的方式来回答问题

◇ 儿童可能会等待另一个问题而不是畅所欲言

有时候,为了获得一些事实性信息,运用封闭式问题是恰当的。然而通常情况下,咨询师的主要意图是鼓励儿童畅谈那些重要的问题,而不会感觉受限于咨询设置。这正是开放式问题的优势。

开放式问题

开放式问题的效果与封闭式问题不同。它们给儿童许多自由来探索相关的问题和情感,而不会带来只有一个字的答案。让我们思考下列开放式问题。

1. 和你哥哥一起生活感觉如何?

2. 你能告诉我一些你家里的事吗?

3. 你感觉怎么样?

4. 你能讲讲你的学校吗？

上述每个开放式问题都允许儿童自由思考并鼓励他们给出一个完整且丰富的答案，而无须受到咨询师治疗时间的限制。例如，"你能讲讲你的学校吗？"这个问题的答案可能如下所示。

- 我的学校很大、很拥挤
- 我的学校里有些男孩很没用
- 我的学校离家很远
- 我的学校是个好玩的地方
- 我的学校夏天很热

我们注意到，在采用开放式问题时，可能会得到许多大同小异的回答。将这些回答与封闭式问题"你是不是去过一所大的学校"的回答进行比较，采用封闭式问题，答案可能是简单的"是"或"不是"，就算儿童扩充了答案，答案的范围也可能受到这个问题的限制。

开放式问题的答案可能不仅在信息上是丰富的，而且其中所包含的信息还经常允许咨询师使用内容或情感反应来鼓励儿童继续陈述。开放式问题允许儿童谈论那些令他们最感兴趣且最重要的事情，而不是咨询师最感兴趣的事情。例如，对"告诉我关于你哥哥和姐姐的事"这个开放式问题的回答，儿童可能集中于某个特定的兄弟姐妹。这样的回答可能会给出关于儿童生活中这个同胞的重要性的丰富信息，而不需要咨询师直接寻找。

如果我们问你一个封闭式问题，"你有没有发现这本书很有帮助"，我们所能得到的回答可能远不及问一个开放式问题——"关于这本书你能告诉我们什么"所得到的回答有帮助。然而，开放式问题和封闭式问题都同样可以激发出开放且信息丰富的回答。但是我们必须记住你是一个成人，我们没有邀请你与我们讨论个人私密的事情，而治疗中的儿童却处在一个完全不一样的情境下。通常他们并不情愿谈论非常私人的事情，所以对我们来说，明智的做法就是使用那些有最大可能鼓励开放性交流的咨询技巧。

但是，有时候封闭式问题要比开放式问题更合适。封闭式问题能得到一个特定答案，它将儿童限制在一个有限的反应中，帮助儿童得出更精确的答案，有利于提取特定信息。

我们发现，一般来说避免提以"为什么"开头的问题是很明智的。问"为什么"很可能会让儿童给出一个虚假的经过头脑加工的答案，而不是儿童内心想到的答案。"为什么"问题趋向于产生与儿童的外部事件相关的答案，而无法触碰到儿童的内心体验，缺少情感内容，并且经常是琐碎或不能让人信服的。对"为什么"的回答经常会陷入借口或合理化的范畴。

在进行儿童心理咨询时，如果我们坚持下列规则，通常情况下我们能在使儿童讲述故事方面获得最大的成功。

1. 只问那些必要的问题。
2. 在任何恰当的时候，使用开放式问题要优于封闭式问题。
3. 避免问"为什么"，除非有个好的理由。
4. 绝对不要问那些只是满足自己好奇心的问题。

关于第四个规则，作为一名心理咨询师，在寻找信息之前，检查一下你是否真的需要这些信息。在你提出一个问题之前，问一下自己："如果我没有这个信息，我是否能有效地帮助这个孩子呢？"如果答案是"能"，那么问这个问题就是没必要的。提出这个问题可能是因为你自己的需要或好奇心。

当我们谨慎并恰当地利用提问时，它们能有效地帮助儿童提升对重要问题的觉察力，这样他们可以围绕螺旋式治疗改变向着解决问题的方向前进。

利用提问来提升意识

格式塔治疗师认为人是一个整体。他们认为身体、情感和思想是相互联系且相互依赖的。根据这个思想，我们认为肉体或身体的感觉是直接依赖情绪、情感和思想的。因此，当咨询师利用那些能够让儿童将内部身体感觉和情绪、情感及想法联系起来的提问或反馈性陈述时，有利于帮助儿童逐步地充分认识那些令人烦恼的想法和情感。

下面是一些适宜问题的例子，它们有助于提升儿童的觉察力，这样儿童能更充分地意识到心理问题以及相关的情绪感觉。

1. 你能告诉我现在你的身体感觉如何吗？
2. 你身体的哪个部分让你感觉最不舒服？
3. 当你想到发生的事情，你的身体有什么感觉？
4. 你觉得身体的哪个部位在紧张（或有其他感觉）？
5. 既然你注意到你的身体不舒服，那你在情绪方面有什么感觉呢？
6. 如果你身上不舒服的部位（胸口有窒息感）能说话，你觉得它会向你说什么呢？
7. 如果你的眼泪会说话，它们会说什么呢？
8. 你能告诉我你现在在想什么吗？

这些来自格式塔治疗的问题经常被用来帮助儿童触及并释放那些与令人痛苦的问题相联系的强烈情感。

利用陈述

咨询师所做的陈述在帮助儿童不断讲述自己的故事，以及提升儿童关于重要事件和相关情感的觉察力等方面是很有价值的。我们可以采用多种不同的方式来利用陈述。

- ◇ 陈述可以让儿童感受和表达一种特定的情感。例如，咨询师可能对一个压抑自己怒火并小声说话的儿童说："我生气的时候，会非常大声地说出来。"这就允许儿童触及自己的愤怒并将它表达出来
- ◇ 陈述将帮助咨询师让儿童在某一时刻可能正体验到的想法浮现出来。例如，咨询师可能怀疑儿童正在尴尬，于是说："如果我是你，我会觉得很尴尬。"
- ◇ 陈述给咨询师提供了确认儿童优点的工具。例如，咨询师可能说："你一定真的很勇敢才敢那么做。"
- ◇ 陈述可以用来突出在活动中出现的重要事件。例如，如果儿童难以选

择沙盘游戏中的沙具，咨询师可以说"你在选择沙具上遇到了困难"或者"对你来说找出你想要的沙具真的很困难"。通过这种陈述，咨询师向儿童反馈了他在做选择方面的困难，并为他们创造了探索这方面行为的机会。
- 陈述可以用来对儿童正在进行的行为做出不带评判的反馈。例如，咨询师可以说："我看到你已经用泥土造了一个山洞。"与使用内容反应一样，这种反馈可以鼓励儿童谈论他们所做的事情。
- 陈述可以用来提升儿童对活动某部分的认识或提出咨询师对儿童问题的某种想法。例如，如果儿童正在玩玩偶，并把一个米老鼠玩偶藏了起来，咨询师这时猜测儿童可能觉得自己会受到伤害，于是说："那个米老鼠被藏起来了。我猜它是不是很害怕被抓住。"

用陈述提升儿童对重要问题的认识

在本章前面，我们曾经解释了格式塔治疗中存在一种身体、情感和思想是如何互相联系和互相依赖的观点。由于这些相互关系，咨询师才可以使用我们之前建议过的提问方式来提升儿童对重要问题和相关情感的觉察力。通常，咨询师在提出这类问题之前，利用下列陈述进行反馈是很有利的。

- 我注意到你正紧紧攥着你的拳头（或是正在做其他身体方面的动作）
- 你现在呼吸很急促
- 你看起来很伤心（或任何其他的相应情绪）
- 你匆忙地放下了那只动物

这些陈述可以单独使用，但是通常情况下，接着问一个与身体感受、情感状态或想法相关的问题是很有帮助的。假如我们正在使用上述的反馈性陈述，那么可以紧跟着问下列问题。

- 我注意到你正紧紧攥着你的拳头，我很想知道你这样做的时候有什么感觉？（这个问题使儿童意识到自己的身体行为，并进一步探究相关的情感。）

⋄ 你现在呼吸很急促。你能告诉我，你现在有什么感觉吗？
⋄ 你看起来很伤心。你能告诉我你正在想什么吗？（这个问题从提升对某种情感的认识深入到探究相关的思维活动。）
⋄ 你匆忙放下了那只动物。你想对那只动物说什么呢？后一个问题"你想对那只动物说什么呢"可能鼓励儿童更多地谈论那只动物。例如，儿童可能用气愤的语气说出一些事情，在这种情况下，咨询师可以紧跟着进行另一个反馈性陈述，比如"你的语气听起来很生气"

你注意到了吗？通过使用反馈性陈述或合适的问题，我们可以帮助儿童更充分地触及他们的情感并让他们充满希望地释放这些情感。

利用道具

在第四部分，我们将较为详细地讨论道具的使用。同时，我们要思考如何将心理咨询技巧和道具结合使用来帮助儿童讲述他们的故事，然后提升儿童对现在和过去未解决问题的觉察。

道具为儿童提供了活动来维持他们的兴趣和帮助他们集中注意力。通过道具，儿童可以间接或直接地讲述他们的故事。他们可能直接地说出那些困扰他们的问题，或间接地将自己故事中的元素投射到道具上。道具也允许儿童联结他们的情感，并把道具作为一种表达这些情感的承载工具。这是一个两阶段过程：儿童必须先触及自己的情绪、情感，然后将这些情绪、情感表达出来。

在治疗过程中，心理咨询师最初可能请儿童谈谈使用道具的感觉，同时也直接集中于儿童利用道具所做的行为。在随后的治疗中，焦点将从讨论道具在内的活动内容转移到儿童的生活状况和未完成的事情上。有时候，在儿童使用道具并通过它们讲述故事时，咨询师可以直接问"这与你的生活相符吗"或"这听起来是不是像发生在你身上的事情呢"。

有时候，儿童自己可以自然地意识到他们通过道具所讲述的故事与他们自己的生活存在关联。而在其他时候，儿童可能会突然变得很沉默。发生这种情况时，我们可能要问他们："发生什么事了吗？"然后，儿童可能才开始谈论在他们记忆中与现在生活有某种联系的事件。

在某些情境下，关注与儿童谈论的事情相反的方面或被省略的部分是很有帮助的。例如，如果儿童正在讨论某个令人兴奋和愉快的事情，那么问他"也许你在生活中并没有那么快乐，对不对"是很有用的。

通常情况下，让儿童分享他们生活中的快乐体验是较为容易的。一旦他们告诉你快乐的体验，那么他们通常也可以告诉你那些伤心的体验。

随着儿童继续讲述，他们可能会发现自己表达了与其记忆相反的情感。他们可能会因为所表达出来的大量不一样的情感而变得困惑、烦恼或糊涂。帮助儿童认识到产生不同的、差异的和明显矛盾的情绪是正常的，这可以帮助他们更为清晰和准确地表达自己。

在儿童讲述另一个故事、画另一幅画或投入其他任何一个活动之前，也可以邀请儿童参与到对话中。

咨询师可以从儿童的语调、身体姿势、面部和身体的表达、呼吸以及沉默中寻找线索。例如，儿童可能会审查、回忆、思考和压抑焦虑或恐惧，或者开始认识到一些新的东西。作为一个咨询师，如果你观察到上述非言语行为，那么就可以利用这些线索去推动进一步的表达。例如，如果儿童在讲述故事的时候叹气，你可以对他说："我注意到你刚刚深深地叹了一口气。当你一下子吐出所有空气时，你有什么感觉？"

许多经历情感困扰的儿童似乎在感知能力上有所损伤。感知的工具是看、说、触摸、倾听、移动、闻和品尝。有时候通过关注一种感知功能，我们可以鼓励儿童将他们的情绪、情感用词语表达出来，帮助儿童体验躯体上的感觉，从而促使其触及内心正体验到的情绪、情感。例如，我们可以对儿童说："看到你那么快速地走来走去，那么忙碌，我感到很疲倦。我能想象你那么忙碌，一定也感觉非常疲惫。"

总之，我们可以帮助儿童讲述他们的故事，并通过道具和适当的咨询技巧使他们触及那些严重的问题和情感。在这个过程中，我们可以做出下列反应。

1. 鼓励儿童谈论他们在治疗过程中正在做的事情。
2. 帮助儿童将在当前治疗中面对的问题与过去生活中遇到的问题联系起来。
3. 鼓励儿童探究那些重要但尚未解决的问题。
4. 鼓励儿童充分感受和表达他们的情绪、情感。
5. 探究儿童的故事中反面和缺失的信息。
6. 允许矛盾的情绪存在。
7. 聚焦感知功能来帮助儿童趋近被压制的情感。
8. 肯定儿童。

通过这个过程，儿童可能触及内心强烈的情感（见图 7-1）。然后我们将帮助儿童围绕螺旋式治疗改变前进，继续按第 15 章和第 16 章所述，处理损己信念、选择、决定并排练之后的行为。

● **重点**

- 如果咨询师使用观察、积极倾听、恰当的提问和反馈陈述，并结合道具，就能帮助儿童继续讲述他们的故事，并触及和释放情感。
- 封闭式问题通常会得到只有一个词的答案。
- 开放式问题通常会使儿童自由地叙述并扩展他们所谈论的事件。
- 陈述允许儿童自由地感觉和表达一种情感，帮助咨询师提出看法，肯定儿童的力量，聚焦活动中发生的重要事件，给予反馈并提升儿童的觉察力。
- 当儿童以间接或直接的方式讲述他们的故事时，道具和活动能激发儿童的兴趣并始终保持注意力集中。

◎ **更多资源**

在某些咨询环境下，提问会带来伦理方面的考虑，即提什么类型的问题以及如何提问。例如，当与经历过家庭暴力的儿童一起工作时，咨询师必须非常清楚他们提出的问题类型，尤其是那些可能引导孩子以某种方式回答的问题。关于与经历过家庭暴力的儿童一起工作的更多信息，包括什么时候提问，欢迎读者浏览维多利亚政府公共服务部出版的有关家庭暴力的刊物 www.dhs.vic.gov.au/_data/assets/pdf_file/0006/761379/Assessing_children_and_young_people_family_violence_0413.pdf。

访问 http://study.sagepub.com/geldardchildren 查看 *Asking Open Ended Questions, Mindfulness in Counselling & Psychotherapy: How can you use mindfulness to help a child deal with strong emotions and raise awareness?* 和 *School Counselling*。

第 14 章

处理阻抗和移情

在上一章中，我们提到了儿童试图回避情感痛苦的方式，以及有时将令其痛苦的事情部分或全部压抑到无意识中的方式。随着儿童觉察力的提升，他们可能逐渐认识到那些被压抑了的信息或其他与痛苦情感有关的信息。这时，儿童将会很自然地停止进一步的探究。这就是众所周知的阻抗，对此我们在图 8-1 的 SPICC 模式中，用虚线箭头指向"儿童偏离或退缩"进行了说明。

移情是另一个会影响咨询师帮助儿童顺利围绕 SPICC 模式的五个阶段一直到问题解决的难题。因此，咨询师必须知道如何处理阻抗和移情。

处理阻抗

在治疗期间，当儿童遇到障碍时，咨询师可能会发现，儿童正在回避讨论那些会带来痛苦或令人烦恼的事情。这种回避可能包括儿童变得沉默和退缩，或者通过吵闹不休和暴躁的方式来回避这些问题。儿童也可能使用我们将在下面介绍的应对行为。当儿童被这些方式阻碍时，心理动力流派的咨询师和格式塔治疗师就称其为儿童在治疗过程中的阻抗。我们认为阻抗既可以发生在意识水平，也可以发生在儿童意识不到的潜意识水平。

几乎每个接受心理咨询的儿童在某些时间段都会出现阻抗。当儿童发生阻抗时，我们知道这是他们保护自己和应对让他们感到压力的情境的方式。有时候这种应对行为能发挥作用，儿童可以避免处理这些令人不舒服的情绪。然而，他们所采用的应对行为经常被周围的成人认为是不恰当的，而且有时候可能会让情况恶化。另外，重复使用这些相同的行为会让人疲惫不堪，并且通常只会掩盖更严重的潜在问题。

阻抗通常是需要进一步探究和解决的重要信息，或是值得注意的问题的征兆。

儿童用来处理焦虑和压力的一些行为

作为咨询师，很重要的是了解哪些问题对儿童来说是重要且必须解决的，同时清楚儿童如何保护自己远离这些问题引起的焦虑。当你注意到儿童发生阻抗时，你通常要问自己一个问题："儿童难以启齿的问题是什么，他们正在保护自己远离什么事情？"我们列出了下述行为，也就是我们通常所说的防御机制，即儿童用以保护自己免受那些令人痛苦或烦恼的问题的滋扰。

退行

较之大龄儿童，低龄儿童会使用更原始的方式来应对他们的焦虑，例如，退行到更早的发展阶段。当一个新生儿降临在家中，低龄儿童可能会因此有生气和嫉妒等强烈情绪，感觉受到威胁并开始担忧。但他们知道表达一种高度敌意是父母不接受的行为，自己也可能因此被疏远，所以他们可能采用"婴儿式"的行为来处理压力，这种压力源于克制无法让他人接受的怒气。通过这种行为，儿童认为尽管有新生命到来，但是他们仍然能够获得持续的重视和关心。

否认

当真实情境令人烦扰时,低龄儿童可能会通过扭曲事实和幻想一种让自己更能接受的情节来拒绝这种现实。例如,当父母离婚时,父亲离家可能会被儿童想象成是父亲的工作需要所致。对事实的扭曲保护儿童远离那些令其不舒服的情绪。随着儿童长大,这种处理方式以及在幻想中掩饰现实就没那么有效了。大龄儿童在处理烦恼情绪时通常会寻找不需要扭曲事实的其他方式。

回避

当儿童开始感受到不安的情绪时,他们可能会回避谈论令他们感到痛苦或烦恼的话题。例如,当儿童被问到他与虐待他的母亲的关系时,他可能会走向娃娃屋并表示要整理屋里的摆设。

压抑

对大龄儿童来说,处理由人际关系的不确定性和冲突所引发的焦虑的方式更复杂。当压抑来自早年的痛苦经历时,对这些经历的回忆可能会被完全转移出儿童的意识。因此儿童不会有任何关于这些经历的印象,并且当要回忆这些最初的痛苦经历时,他们会采取拒绝和回避的方式。例如,作为咨询师的你可能知道接受咨询的儿童都经历过某种特殊的创伤,然而在辅导过程中,导致我们无法谈论的原因可能不简单地只是儿童没记住这次创伤。当我们鼓励儿童回忆时,他们可能会编造解释这些事件的其他理由。

投射

有时候,儿童会把不良情绪投射到另一个人或物体上。通过这种方式,儿童能从这些不安和不能接受的情感中脱离。然而,儿童这么做是要付出巨大代价的。例如,在游戏时,儿童可能会承担一个想象中的朋友角色。在游戏中假扮这个想象中的朋友时,儿童可能会谈论他们由于想象中的父母要离婚而去做毁坏性的和令人生气的事情。

后面许多章节中提到的活动都利用投射来帮助儿童表达那些不安和无法接受的情绪。投射更像是台阶，它使儿童能够从拒绝这些情绪前进到承认它们。通过这种做法，他们可能在情感上变得更为强大，他们的发展也更具适应性。

理智化和合理化

这两种行为均能帮助儿童在讨论这些经历时，不掺杂与这些经历相伴随的情感。例如，为了回避由于未被同伴接受而引发的痛苦情感，儿童可能会谈论他们对亲如朋友的动物的喜好。这些儿童可能会强烈地相信与其和人做朋友，不如把动物当成朋友。

反向形成

有时候，儿童会对那些非常强大且常常是负面的情感产生担忧。他们可能会考虑到如果他们表达出这些情绪，就会丧失控制力或出现令其他人和自己都无法接受的行为。于是在没有认识到他们的行为的情况下，儿童将把这些情绪变为直接对立的情绪。反向形成出现在大龄儿童和成人身上，对低龄儿童来说也是一种正常和有用的方式。不幸的是，频繁使用这种处理方式可能会导致儿童情感的不一致性。

采用防御机制

在心理咨询过程中，很重要的是要注意防御行为并尝试确定这些行为是否反映了由目前情境或过去相关问题引发的内部冲突所致的焦虑。

在低龄儿童中，使用防御机制是很正常的。对大龄儿童来说，只要不过度使用防御机制，它们就可以帮助儿童感受某种程度上的情感平衡，这样他们就可以更容易地学习并与其他人进行互动。然而，对大龄儿童来说，将防御机制作为主要的处理方式是适应不良的表现。

当儿童持续使用防御机制来处理焦虑时，就有可能危及他们获得正常的与年龄相匹配的技能，不易建立令人满意的人际关系和感受快乐。

其他防御行为

有时候，与过度使用上述防御机制的儿童相比，有些儿童反而会养成不良行为来处理他们的问题。通常这些儿童会表现出令他们觉得难以控制的强烈情绪。在排队等待和延迟满足中，这类儿童常常难以控制情感爆发，这时我们就可以看见这些强烈的情绪。另外，当讨论某些问题，或在学习新游戏和单独游戏中无法集中精力时，儿童可能会表现出极度的忧伤。当任务变得困难时，他们就缺少了自我控制力及保持冷静和自信的方式。

处理的需要

我们再次建议你回顾螺旋式治疗改变模型（见图 7-1）。请注意儿童如何沿着这个螺旋继续讲述他们的故事，并且毫无阻碍地碰触到那些强烈的情感，正如螺旋顶端加粗的黑色箭头所示。而另外一些儿童可能会回避或退缩，正如虚线箭头所示。如果这些儿童想获得治疗进展，他们就必须处理自身的阻抗。咨询师的工作就是帮助他们实现这个目标。

我们来考虑这样一个例子，儿童在治疗中产生阻抗，并因此妨碍了对令人痛苦的问题的进一步探索。在治疗中，儿童对父母抛弃他们并将他们寄养在别处这一问题的意识得到了提升。对儿童来说，这个问题令人太过恐慌以致不敢面对，这时候他们可能就会通过回避、退缩或付诸行动来反映他们的阻抗。咨询师禁不住想要强迫儿童继续讲述这些他们正在回避的痛苦事件，但是这种做法通常会造成治疗上的灾难。

作为咨询师，试图强迫儿童讨论令他们痛苦的问题会提升儿童的焦虑水平，结果必然将使儿童更为退缩，并且会中断有意义的交流。更糟糕的是，儿童可能不会再在咨询情境中感到安全，这将使他们进一步投入到有效治疗中的可能性最小化。

如果儿童遭遇阻抗，那么我们必须帮助他们处理这种阻抗，而不是试图忽视这种阻抗并向前推进。为了帮助儿童处理阻抗，我们必须提升儿童对阻抗的意识，必须确认这种阻抗，并给予儿童关于阻抗的反馈。例如，在我们上面所提到的案例中，咨询师可能确认了儿童害怕谈论被抛弃这一主题。在确认了阻抗的本质后，咨询师要给予儿童反馈。例如，咨询师可以对儿童说"当我们说到不回家见爸爸妈妈时，你可能会有些惊慌"以及"当我害怕时，我可能会逃跑，就像你一样"。咨询师确认了儿童的恐惧，并做出澄清，也就是说，承认儿童产生那样的感觉是合理的，并且退缩反应也是能够让人接受的。

有些矛盾的是，一旦允许儿童退缩，他们可能会更愿意继续前进。这是因为儿童了解到即使情况恶化或复发，他们想要退缩的想法也将会得到尊重，因此他们对继续前进就会感觉更安全。

如果儿童能够继续，那么咨询师可以提出一个问题来帮助儿童了解和解决他们的阻抗。使用我们之前的案例，咨询师可以问："当你想到爸爸妈妈时，你能想到的最令你感到害怕的事是什么？"我们设计这个问题来帮助儿童充分面对与阻抗和处理阻抗相关的恐惧。

儿童可能回答："我害怕爸爸妈妈不再爱我了。"现在，咨询师已经使儿童能够面对潜藏在阻抗下的最痛苦的问题，并帮助他们触碰与这个问题相关的悲伤。儿童已经沿着螺旋前进到"儿童继续讲故事并触及强烈的情绪体验"这个阶段。

直接确认阻抗

上述过程，即儿童通过阻抗并继续讲述他们的故事，很有可能并不会出现；反之，当咨询师通过给予反馈将儿童的注意力指向阻抗时，儿童可能会继续退缩。在螺旋式治疗改变模型里，通过一条指向"儿童继续回避"的虚线来表示这种情况。上述例子中的儿童可能说"我不害怕"（拒绝）并继续回避讨论有用的事件。如果儿童一直以这种方式持续表现出抗拒，治疗师就必须允许儿童退回到自由游戏中并将注意力集中在与他们维持积极的关系上，从而卸下儿童的包袱。然后，在一个恰当的时间点，咨询师可以给儿童提供新的机会，以不同的方式来讲述他们的故事。通常，这可以通过引入新道具来完成。因此，儿童被牵引着回到螺旋更早的阶段——"儿童开始讲述自己的故事"。因为我们已经给儿童足够的时间来处理已经发生的事件，所以在环绕螺旋前进的过程中，他们可以面对和处理阻抗。

上述处理阻抗的过程必须结合上述反应和总结技巧使用。通过结合使用这些技巧来处理阻抗，之后促使儿童化解阻抗并继续讲述他们的故事。

当儿童无法面对阻抗时

作为咨询师，我们必须认识到我们并非总能成功实现目标，尤其是当采用一个简短的治疗模式时，存在小部分儿童无法面对和处理阻抗。在这种情况下我们有两种选择。一种选择是识别儿童的困境，承认它的存在，然后告诉儿童和父母或监护人。我们可能告诉儿童："似乎让你谈论……（不管这个问题与什么相关）太过困难（或恐慌、担忧等），如果你感觉无法谈论这些事情，那也没关系。"然后，咨询师帮助儿童发现处理日常问题的实用性策略。很明显，这种方法偏离了我们更喜欢的螺旋式治疗改变方法，因为重要的情感问题都没有得到解决。但是，在短期治疗中这可能也确实无法实现。另外，咨询师可能告诉父母或监护人，儿童还没准备好谈论这些让他们烦恼的敏感问题，所以父母被告知治疗结果的局限，并认识到在未来的某个时段，当他们能够谈论当前受阻的难题时，儿童可能需要再次开始心理咨询。

另一种选择是，让儿童投入到长程心理治疗中，这种治疗涉及自由游戏，并且咨询师专注于与儿童维持积极的关系。通过这种方式，问题可以得到间接解决，并使儿童能够沿着这个螺旋前进到"继续讲故事并触及强烈的情绪体验"阶段。

处理移情

我们已经在第 2 章中讨论过移情的本质。尽管我们并不把它单独纳入螺旋式治疗改变模型中，但是儿童讲述故事的过程不只会受到阻抗的影响，还受到移情的影响。

正如之前所讨论的，移情和反移情不可避免地会时常出现在咨询过程中。不幸的是，如果移情和反移情在出现的时候被忽视掉，那么儿童与咨询师的关系的性质将会改变。然后，这种改变又会干扰并破坏治疗过程。

作为咨询师，当我们怀疑移情或反移情出现时，就必须从咨询关系的主观性中退出并保持尽可能的客观。这最好通过与督导谈论移情来解决，这样我们才可以有效地处理驱使我们转向反移情位置的问题。在这种治疗情境下，我们必须保持警醒，这样才可以有效地保持独立和客观，避免表现出父母的行为。同时，我们必须提升儿童对移情的意识。

我们已经注意到在移情过程中，投射到咨询师身上的事物通常有两个元素。这些元素包括儿童的经历，以及与"好"妈妈和"坏"妈妈有关的幻想。很自然的是，与母亲形象有关的移情一般伴随女性咨询师出现，对男性咨询师来说，移情通常与父亲形象相关。另外，对男性咨询师来说存在许多不同的情况，其中有一些确实与移情有联系，而另一些与更广泛的投射问题有关。

请思考一下与儿童的经历和对"好"妈妈的幻想相关的移情。在这种情境下，儿童可能会期待咨询师满足他们所有的需求。很明显，咨询师不能这么做。然而，反移情可能包含咨询师想要通过保护、拥抱或抚养儿童等来满足他们的需要。如果咨询师想要以这种方式做出回应，那么儿童将会长期面临失望且不能面对那个令他们痛苦的问题——无法从真正的母亲那里获得需要的满足。

现在，思考一下与儿童的经历和对"坏"妈妈的幻想相关的移情。在这种情境下，儿童可能把他们对母亲的负面知觉投射在咨询师身上。因此，儿童对咨询师的态度可能是激进或狂躁的，并且反移情可能会导致咨询师开始对儿童生气或惩罚。移情的另一个结果是，儿童可能变得退缩、顺从或妥协，而反移情可能导致咨询师变得没有耐心或发怒。

恰当处理上述两种移情，咨询师应该做到以下四点。

1. 当回应儿童的行为时，能认识到并处理在这种情境下自身产生的情绪和问题。

2. 抵制以父母的方式做出回应的念头，并尝试保持客观性（没有所谓的折中安全感，见第 2 章提到的规则）。

3. 提升儿童对自身行为的认识。例如，咨询师可以说"看起来似乎你想让我表现得像你的好妈妈"，或者处理一个负面例子，"我猜如果你正在生我的气（或害怕我），是因为你认为我像你的妈妈"。

4. 探究儿童在一般情况下对母子关系的知觉，然后关注儿童在家庭中真实经历的母子关系。

第一步和第二步处理了反移情和与之相关的行为。第三步提升了儿童对移情行为的认识，并使儿童明白自己与咨询师的关系是不同于母子关系的。因此，儿童就不太可能对咨询关系产生不现实的期待。第四步鼓励儿童聚焦于自己与母亲的真实关系，而非躲进与咨询师的不当关系中。

我们必须指出，有时候在第三步，儿童会拒绝承认迁移投射的事实。在这种情况下，我们探究与儿童的情绪相关的事物，并前进到第四步。

移情行为在咨询过程中会不可避免地重复出现，我们需要保持警惕来确保问题持续得到有效解决。

● **重点**

- 当儿童回避讨论令他烦恼的问题时，阻抗就出现了。
- 阻抗可能发生在意识水平，也可能发生在潜意识水平。
- 阻抗是儿童保护自己远离体验情感痛苦的一种方法。
- 阻抗通常是一种标志，它可能有利于探索和解决重要事件或突出的问题。

- 儿童用来解决焦虑和压力所采用的防御行为包括退行、否认、回避、压抑、投射、理智化和合理化以及反向形成。
- 一些儿童形成了不良行为来解决压力，而非采用防御性行为。
- 强迫儿童讨论令他们痛苦的问题将加剧儿童的焦虑，结果就是令他们继续讲述问题变得极度不可能。
- 公开告诉儿童任何已确定的阻抗并允许他们退缩，这是很有利的。
- 移情和反移情干扰了儿童与咨询师的关系的质量，而且如果没得到解决，它将破坏治疗过程。
- 在处理移情时，咨询师必须抵制以父母的方式做出回应的念头，并提升儿童对移情行为的意识。
- 当咨询师认识到他们难以处理反移情时，他们应当与督导一起解决这个问题。

◎ 更多资源

另一种通过儿童的阻抗来支持他们的方法，包括案例研究，读者可以在 http://eric.ed.gov/?id=Ej901139 网站上阅读这篇文章：《与有阻抗的儿童建立融洽关系》。

访问 http://study.sagepub.com/geldardchildren 查看 *Defining the Six Forms of Resistance in Existential Psychotherapy, Herschel Knapp Defines Transference* 和 *Counter-Transference*。

第15章

处理自我概念和损己信念

在上述章节中，我们已经介绍了在使儿童讲述他们的故事并触碰和释放强烈情感时必须使用的技巧。本章我们将讨论SPICC模式的第三阶段中用来帮助儿童改变自我知觉的必要技巧。这些技巧来自叙事心理治疗。另外，我们将讨论第四阶段的第一部分用来帮助儿童处理自我贬低信念的必要技巧，这些技巧来自认知行为疗法。

随着儿童的成长，他们很自然地适应和吸收了来自周围成人和同龄人的想法和信念。儿童所接受的这些想法和信念受到儿童生存其中的文化的强大影响。在家庭和更广阔的社会背景下，儿童开始形成对自身的看法。这是儿童发展出自我概念和学习那些个人与社会行为能被接受的正常途径。不幸的是，儿童吸收的某些信念可能不是恰当或有用的，反而可能会导致情感问题。因为儿童对自身的看法或意象是不利的，它不能使儿童有满意的生活，他们对自身的意象和行为方式引发了自身的问题。例如，父母可能教导儿童对所有陌生人要有礼貌，结果儿童可能认为自己是一个有礼貌和顺从的小孩。然后，儿童可能发现因为应当始终保持礼貌，所以自己很难或不可能拒绝陌生人的不当接近。同样，儿童无法完成布置的任务，就可能反复收到周围其他人认为他们没用的信息。因此，儿童可能认为自己是不值得人爱的，同时也认为自己没有能力完成新的活动或任务。我们可以看到，儿童看待或想象自己的方式与他们关于自身的想法和信念有很强的关联。儿童看待自身的方式及其信念、想法和态度将影响他们的自我概念。儿童重视自己的程度是一种自尊的标志。我们将在第 32 章中讨论如何提升儿童的自尊。

正如我们所说的，儿童的自我概念是由他们如何看待自身及其想法和信念组成的。在一开始就确认儿童对自身的看法（自我信念），然后探究对其自我概念的形成产生影响的信念、想法和态度，这对治疗是很有利的。

自我概念

由于儿童在咨询过程中体验了强烈的情感，他们心里通常就会冒出问题——他们如何引发了这些令他们烦恼的事件。我们发现，儿童认为他们应该为情况恶化负责。例如，当儿童生活在暴力家庭中时，他们通常认为自己应该为发生在成人之间的暴力负责。同样，在发生性虐待的情境中，儿童可能纠结于他们在事件中所表现出的配合，并为出现的负面结果埋怨自己。

为了帮助儿童更积极地看待自己，我们使用来自叙事心理治疗的概念。我们发现，儿童自然而温和地进展到顺其自然地发问是一种有效帮助儿童形成积极自我概念的方法。

当儿童将过去和后来的经验解释成卑鄙、不完整、无能、不忠诚、偷偷摸摸、淘气、下流或愚蠢时，负面自我概念就形成了。同样，如果我们帮助儿童记住过去的事件或经历那些不同于现在所关注的并能达成更多正面结果的部分，就可以帮助儿童提升正面自我概念。寻找这些负面事件和经历中的"例外"能够帮助儿童建立另外一种关于自身的意象。这样，他们可能开始正面地看待自己，并使用褒义词来描述自己，如勇敢、诚实、熟练、体贴等。对咨询师来说，帮助儿童改变他们对自身的看法和找出"例外"的一种强有力的方法就是利用比喻并结合富有创造性的道具，如美术或黏土。

比喻是一种修辞手法，隐含着对两个事物相似性的比较，通过一个事物来表达另一个事物。比喻不是对儿童的某些特殊方面进行直接描述，而是采用另外一种描述方法。它利用另外一种意象及其内涵来对真实生活的意象进行符号性表征。在使用比喻时，存在一个潜在的假设，即如果这个比喻的某些方面与现实一致，那么其他方面也是一致的。这个假设有利于咨询师对儿童使用比喻，从而更充分地探究他们对自身的觉知。例如，咨询师可以鼓励儿童想象他们是一棵果树，并画出这棵树。一旦儿童完成这幅画，咨询师就可以通过提问来分析儿童的画。咨询师可以问："这棵树生长在哪里？是自己独自生长在原野上，与其他树一起生长在花园中，还是与同类的果树一起生长在农场中？"这个问题的答案能为咨询师提供信息，也就是我们可以将儿童生活中的社会和人际关系与相应的情境进行比较。你还可以问"这棵树如何在猛烈的暴风雨中生存"来探究儿童对控制自身恐惧的自我觉知，或者问"这棵树在冬天怎么了"来探究儿童对自身内在优势和资源的觉知。咨询师可以通过扩展比喻来寻求"例外"。这种方式可以提示儿童寻找在生活中表现出积极有益的适应性行为的时刻。咨询师可以鼓励儿童想想什么时候"树上的枝丫并没有掉落"以及发生什么事可以让"果树年年都生长"。我们发现，那些觉得直接地谈论自己很有挑战性的孩子，可以更好地利用这棵果树的比喻来探索自我概念（Geldard et al., 2009）。

损己信念

通过帮助儿童以不同的方式看待自己，咨询师能够帮助他们探究支持自身负面观点的任何不当信念。如果儿童坚持不当信念，那么他们可能变得无能、焦虑和顺从，并且难以处理人际关系。当儿童沿着螺旋式治疗改变模式前进到体验强烈情感的阶段（见图 7-1）时，这些不当信念通常会被咨询师识别出来。很明显，发生在儿童身上有效的治疗改变一定能够抛弃那些适应不良的信念。咨询师运用的策略必须能让儿童用更为有益的信念置换不当或损己信念。

　　对咨询师来说，在帮助儿童抛弃和置换不当信念时，有时候有必要纳入父母或监护人。这是因为通常情况下，父母有责任帮助他们的孩子学习对其有用和恰当的信念。更进一步来说，如果咨询师执意挑战那些目前围绕着儿童的重要信念，就可能让儿童面临失败，而这可能具有相当大的破坏性。

　　下面是一系列儿童拥有的、在所有或个别情境下的不当或损己信念。

1. 我要为爸爸打妈妈的事情负责。
2. 我没有任何控制力，因为我太渺小了。
3. 男孩比女孩好。
4. 我受到与哥哥不一样的对待，这是不公平的。
5. 我很淘气，这是妈妈不爱我的原因。
6. 我必须要长得强壮才能受人欢迎。
7. 当我表现不好时，爸爸妈妈就会离婚。
8. 爸爸妈妈不应该惩罚我。
9. 如果说出事实，就会惹麻烦。
10. 妈妈和爸爸将会永远照顾我。
11. 我应该永远保持礼貌。
12. 我应该永远对成年人表示友好。
13. 表示出怒气是不好的。
14. 永远不应该对成年人说"不"。
15. 我应该从不犯错。
16. 我必须总是赢。
17. 我不应该哭。

　　除了以上几种外，还存在一种普遍的、与创伤相关的损己信念。在经历创伤后，儿童有时会认为那些阻止生活回到正常状态的不可逆的负面改变已经发生了。因此，发生新的、不同事件的可能性被排除了，并且儿童认为没有办法再过上舒适美好的生活。这是一种极具毁坏性的信念，因为它阻挡儿童克服创伤并再次享受生活。

挑战损己信念

挑战损己信念的观点衍生于理性情绪行为疗法。这种疗法要求来访者用"合理信念"来置换所谓的"不合理信念"（Dryden，1995）。我们的方法是鼓励儿童挑战不合理信念或损己信念，并采用更有益或更合适的信念来置换它们。一旦儿童做到这点，就能沿着螺旋式治疗改变模式进展到下一个阶段，即考虑他们的选择。

挑战不合理信念的第一步是向儿童传达咨询师知觉到的儿童的信念。例如，儿童认为他应该为爸爸打妈妈的事情受到指责。在这种情况下，咨询师可以对儿童说："你认为自己应该为爸爸打妈妈的事情负责。"

下一步是帮助儿童检验信念的正确性。为了完成这个目的，我们必须确认这种信念有多少来自儿童的自身经验，又有多少来自他人的教导。例如，咨询师可以问："你怎么知道爸爸打妈妈是你的错？"

儿童的回答可能表明他们的这种信念来自父母，父母告诉孩子这是他的错。在这种情况下，儿童的父母必须被纳入治疗过程，如此这种信念才可以得到改变。还有一种可能，儿童的回答表明他们的信念来自其对自身行为和父亲行为之间关系的认知。然后，咨询师必须探究儿童思维背后的逻辑，并鼓励他们思考其他可选的信念。这可以通过询问"如果你打了某人，这是你的错还是他人的错"来完成。于是，咨询师提升了儿童对其他可选信念的意识，这些信念以某种方式被儿童忽略或无法承认。咨询师也可以帮助儿童将自身经历与其他儿童进行比较。

挑战损己信念或不合理信念可以以一种可接受的方式将那些令儿童不愉快、被他们回避或刻意忽视的信息引入意识。儿童可能需要接受他们并不想面对的信息。例如，儿童可能不想接受他们的爸爸有虐待和暴力行为这一信息。咨询师必须耐心谨慎地帮助儿童接受事实。

在这个过程中，儿童可能必须承认和接受他们要对这些折磨他们的事件的某些部分负责。这里很重要的是，帮助儿童分清楚哪些部分需要他们负责，而哪些部分不需要他们负责。

总之，对不合理信念或损己信念的挑战包含如下几点。

1. 向儿童传达他们现在所持有的信念。
2. 通过确认信念的来源帮助儿童审查这个信念的正确性。
3. 探究儿童思考背后的逻辑。
4. 帮助儿童探究其他可选的信念。
5. 提升儿童对令人不悦的信息的意识。
6. 帮助儿童区分谁应该为什么行为负责——是自己还是他人。
7. 使儿童能够用更合适的信念来置换适应不良的信念。

现在，我们要看看挑战不合理信念或损己信念的两个例子。

例1 假设一个男孩生活在暴力的家庭中，这种家庭背景传达着女性地位低下并且不应与男性拥有同等权利的信息。咨询师可以说"你认为男孩要比女孩好"，来向儿童澄清他的这个信念。

为了帮助儿童检验这个信念的正确性，咨询师可以问："你怎么知道这是真的？"儿童可能会给出男性在家中受到更好对待的答案。

现在，咨询师必须提出另一种观点。例如，咨询师可以问："什么事情是妈妈能做而爸爸不能做的？"或者说："男孩和女孩是不同的。"然后，咨询师可以帮助儿童认识到这种差异并不表示谁更好或更糟，而是因为每个性别都有不同的特性。最初呈现这些信息时，儿童可能会觉得不愉快，但是在对问题进行一些探究后，这些信息就有希望被接受。一旦儿童接受这个信念，就可以检测出他的行为如何导致了他在人际关系中出现麻烦。

例2 假设一个孩子认为她的父母不应该惩罚她。在这个案例中，咨询师向儿童澄清其信念，然后通过找出这个信念的来源来检验它的正确性。儿童可能会说："我妈妈也做一些她不该做的事，她却不会有麻烦。"然后，咨询师可以探讨儿童的逻辑，这个逻辑背后潜在的假设就是儿童和父母是平等的。为了实现这个目的，咨询师可以问："你最好的朋友特鲁迪有没有被她妈妈惩罚过？"或"在家庭里谁是制定规矩的人，是爸爸妈妈还是孩子？"于是，儿童提升了对令他们不快的信息的意识，并且我们可以期待儿童认识到在真实生活中是由父母来控制孩子的。然后，咨询师可以帮助儿童明白为什么自己的行为不可避免地要受到惩罚。

有两种有效技巧可以用在上述过程中来挑战不合理信念或损己信念，那就是重塑和正常化。

重塑

重塑背后的中心思想是改变儿童知觉周围情境的方式。做法是接受儿童关于他们世界的认识，并加入其他信息来扩充这些认识，这样儿童就可以用不同且更具建设性的方式来知觉他们周围的环境。例如，一个小女孩可能一直在抱怨她的哥哥不停地要求她保持房间的整洁。一种重塑方法是："你觉得会不会是你哥哥非常关心你，所以他不想让你因为房间不整洁而被妈妈责骂？"

正常化

有时候对儿童来说，知道自己的想法、情绪或行为与其他儿童相似是很有帮助的。为儿童提供此类信息被称作将儿童的经历正常化。例如，咨询师可以说："许多父母离异的儿童认为，父母离婚是他们的错。"

在进行正常化时，很重要的是不要更正儿童的情绪及相伴的不安感。

● **重点**

儿童的信念、想法和态度构成了他们的自我概念。
- 儿童经常不正确地认为他们要为他人的错误负责。
- 叙事心理治疗和比喻在帮助儿童形成积极自我概念方面是很有利的。

- 损己信念会对儿童的自我概念和行为产生负面影响。
- 挑战损己信念必须在这样一个过程中完成，即敏锐地探究目前所拥有的信念背后的逻辑并帮助儿童探索其他可能的选择。
- 重塑需要用其他信息扩充儿童的认识，这样儿童将以不同且更具建设性的方式来知觉他们周围的环境。
- 让儿童知道他们的想法、情绪和行为与其他儿童相似，这对他们来说是很有帮助的。

◎ 更多资源

读者可以直接在 www.narrativetherapylibrary.com 网站上获得更多关于叙事心理治疗的资源，包括很多可自由下载的文章。那些有兴趣支持孩子改变自我毁灭的信念的读者，可能会对阿尔伯特·埃利斯（Albert Eills）的研究感兴趣，在 alberteills.org/rebt-cbt-therapy/ 网站上可获得更多信息与资源。

访问 http://study.sagepub.com/geldardchildren 查看 *David Dunning Defines Self-Concept, Straddling Cultures: Letting go of inner judgment* 和 *Self-Concept*。

第 16 章

积极促进改变

在之前的章节中,我们描述了融入和帮助儿童讲述他们的故事、触碰和释放情感以及改变自我概念等方面所需的技巧。然而,我们并不认为一旦完成这些过程,治疗工作就必定见效。通常,那些令人烦恼的经历或情感将令儿童形成不良的思考和行为方式,除非它们能得到直接解决,否则这些不良的思考和行为方式将无法得到彻底改变。

正如上一章所阐释的,我们可以鼓励儿童思考挑战不合理信念和损己信念的方式,并用更有益的方式取代不良的思考方式。接下来,SPICC 模式第四阶段的下一步是咨询师继续使用认知行为疗法来帮助儿童思考他们的取舍和选择。之后在第五阶段,通过使用行为疗法,我们鼓励儿童练习和尝试新的行为。

思考取舍和选择

如前所述,儿童基于过去的经历,可能已经习得了那些对他们不利也不能让别人接受的行为。例如,儿童可能学会了过度服从、激进、欺骗或攻击等行为方式。因此，他们现在必须学习不同的行为方式，并且需要思考他们所面临的选择。

帮助儿童思考取舍和选择的一种方法是采用葛莱塞的现实疗法，帮助儿童认识到他们可以选择使用他们所希望的任何行为，但是一定要为他们选择的行为后果负责。因为我们正在对儿童进行心理辅导，所以可以利用漫画开展现实疗法。

三格漫画法

我们在报纸上见到过许多三格漫画，就像图 16-1A 那样讲一个小故事。

图 16-1　三格漫画

在三格漫画练习中，我们采用图 16-1B 所显示的方式来使用这三个方格。在第一个方格中，即最左边的方格，我们让儿童画一幅画来表征引起问题的特定行为，即不良行为。

在第三个方格中，即最右边的方格，我们让儿童画一幅画来表征其他可供选择的行为，即有益行为。这些行为可能产生更多正面效果，并可以用来取代第一个方格中所展现的不良行为。

在中间的方格中，我们让儿童绘出一幅自画像。

案例研究

现在，凯瑟琳（本书第一作者）要通过一个虚构的案例来说明三格漫画的用途。

想象一下，我（凯瑟琳）一直对一个叫亚当的孩子进行咨询，他因为打他的姐姐以及在生气的时候故意扔东西和破坏物品而不停地惹麻烦。很明显，在使用三格漫画之前，我首先要帮助亚当讲述他的故事，触碰和释放他的怒气。然而，尽管亚当已经接受了咨询，但有时还会打他的姐姐，并在生气的时候扔东西和破坏物品，因为这是他长期以来学会的应对挫折的方式。显然，他必须学习更为有益的行为来取代这些不良行为。

对我来说，要做的第一步就是与亚当谈论我所知道的给他带来麻烦的行为。同时，我也要与他一起检验他是否能想到其他给他带来麻烦的行为。然后，我将要求他在漫画左边的方格中画一幅画来表示这些问题行为。我将向他解释我很想帮助他避免陷入麻烦，而且我也认识到这些行为对他来说已经构成了问题。

亚当在三格漫画左边的方格里画了类似图16-1C左边的图画。

我们注意到，亚当在此图方格左下角画了他打姐姐的图画。在亚当画出这个行为的时候，我会问他在他生气并打姐姐之前发生了什么事。他可能说："她拿了我的东西，而且总是嘲笑我。"我会向亚当解释，虽然我了解他的姐姐可能很烦人并且爱挑衅，但这并不能证明施暴就是正当的，而且打姐姐就是一种施暴行为。另外，我知道打姐姐会让他陷入巨大的麻烦中，而我正想要帮助他摆脱这些麻烦。

然后，我要让亚当在左边方格中再画出两幅画。一幅表示姐姐抢走他的东西，另一幅是姐姐嘲笑他，如图 16-1C 左边方格上方所示。

我提醒亚当，他的父母已经告诉我，他经常在生气的时候扔东西并毁坏物品，尤其是当父母不让他做想做的事情或不给他想要的东西时。我会要求他在左边方格加入一幅他扔东西和毁坏物品的画，如图 16-1C 左边方格右下角所示。

接下来，我会依次查看每一幅画，并与亚当一起探讨他能做到并能有较好结果的事情，以及除了打姐姐、扔东西和毁坏物品之外他能做的事情。

我要求亚当在右边方格"有益行为"中画图，来说明他可以做出的其他行为。起初我会鼓励亚当自己思考有益行为，之后我将有目的地提议其他我认为有用的行为，并与亚当讨论这些行为，看他是否同意。

亚当可能会画出如图 16-1C 右边方格所示的图画。左下角表示当姐姐嘲笑亚当时，他不理她并走开了。右下角表示他正在与母亲交谈，向她解释姐姐没有经过他的允许就拿走他的东西。在左上角，当亚当真的很生气时，他走回房间并关上房门，躺在床上对着床垫发泄他的怒气。他击打着床垫并反复说："我讨厌生气，我讨厌生气。"这是让他发泄怒气而又不伤害其他人或毁坏东西的一种方式。

关于最后一种方式，咨询师确实需要谨慎使用。有时候，新手咨询师会问我们，鼓励生气的儿童或青少年通过击打沙袋来发泄他们的怒气是不是一种好的做法。我们认为，鼓励儿童或青少年这么做来发泄怒气是很危险的。打沙袋与打人太相似了。通过打沙袋，他们可能只学会了如何打得更重，而在未来的某个阶段，当他真正生气时，他可能就会用打人来代替打沙袋。在我们对易怒儿童的工作经验中，我们必须强调打人是不行的，通过扔东西、砸东西、摔门、吼叫和敲打东西来恐吓别人也是暴力行为。

最后，在图 16-1C 右边方格的右上角有两幅画，一幅是亚当去找他的朋友，另一幅是他去骑自行车，这样他就可以摆脱他的姐姐。

当以这种方式使用三格漫画法时，非常重要的是让儿童把三格漫画给父母看，或者至少要让父母知道他们会采用新的行为方式。如果不这么做，父母可能会不经意间破坏他们对新行为的尝试。父母可能也必须为儿童和其他家庭成员制定规则。在亚当的案例中，父母必须向亚当的姐姐说明，在没有征得亚当同意的情况下拿走他的东西是不对的，并且如果她这么做的话，他们就让亚当来告诉他们。

另外，父母可能必须设定界限，这样当亚当想要自己独处或独自发泄怒气时，姐姐就不会在他关上房门后闯入他的房间。父母也必须跟他澄清，当他想要去找朋友或骑自行车来逃离这种令他厌烦的情绪时，应该如何征求父母的同意。

一旦儿童完成在"不良行为"和"有益行为"方格中作画，对咨询师来说，下一个阶段就是要求儿童在中间方格中画出自己。因此，亚当的三格漫画就如图 16-1C 所示。

三格漫画的最后一个阶段是帮助儿童认识到，他们可以选择行为，但要为行为可能的后果负责。首先，我（凯瑟琳）要帮助儿童探究在所有图画中出现的行为可能导致的不同结果。我有意避免强迫儿童相信他们应当总是表现出"有益行为"方格中所描画的行为方式。事实上，我会这样说。

> 有时候，你可能会有意做出"不良行为"方格中的行为，尽管你知道这么做可能会惹麻烦。在其他时候，当你认识到自己将要做出"不良行为"方格中的某个行为时，会意识到你可以进行选择，如果你愿意，可以做，但是并非必须替代做一些"有益行为"方格中的行为。这是你自己的选择！然而，你必须接受你所选行为带来的后果。

我将与儿童充分地探讨做出不良行为可能会产生的后果，然后精心选择一种有益行为。在让儿童放弃不良行为并用有益行为取代时，我会很谨慎地不去弱化儿童可能要面对的困难。

有时候，我会鼓励儿童在一大张纸上画一幅大型三格漫画，然后展开放在地上。起初，我可能要求儿童站在中间的自画像旁，然后在儿童思考哪个选择最适合他们时，要求他们按照我们讨论的特定行为移动到左边方格或右边方格。这种移动增加了练习的维度并强调儿童要对自己的选择承担责任。无论他们何时选择何种特定的行为，我都要求他们提醒自己实施这种行为可能产生的结果。

一旦完成这个三格漫画，我将问儿童："你想要把这幅画给爸爸或妈妈看吗？还是你想让这幅画成为秘密呢？"我将向儿童解释，把这幅画给父母看可能带来的好处是父母能给儿童提供帮助。例如，如果爸爸注意到亚当正要做出不良行为时，他可以打断亚当并提议一种有益行为。我可能会问亚当："你想不想要爸爸用这种方法来帮助你呢？"从而再次强调儿童需要自己做决定。

你可能猜测为什么我要将重点放在鼓励儿童做选择上。这么做的原因是，我认为如果儿童认为自己拥有选择权，并能够为选择的结果承担责任，那么行为改变的成功率会更大。基于这样的考量，我通常会鼓励儿童："我想有时候对你来说选择一种有益行为有些困难，但是我想你多试几次就一定可以做到，你认为呢？"在接下来的咨询过程中，我可能要看看儿童是否成功做到了其选择的有益行为，并且一旦有所成就，就祝贺儿童说："做得好，我就说你肯定能做到！"

三格漫画在许多儿童身上都能产生很好的效果。然而，我们必须意识到，有些儿童会极端冲动以至于需要我们帮助他们对冲动行为进行控制，或者他们无法成功地用有益行为取代不良行为。在帮助儿童学习自我管理技能时，我们可以使用两种策略。对低龄儿童来说，"心中有怪兽法"可以达到较好的效果，而对大龄儿童来说，"停止-思考-行动法"很有效。后面将对这两种方法进行讨论。

探索改变的决定

如果儿童学会更具适应性的行为，我们期待父母、家庭成员和其他人会感到高兴。但是，人类不怎么喜欢改变，如果儿童的行为改变，那么与儿童互动的人也必须相应地改变他们的行为。例如，如果儿童一直表现出服从行为，那么父母和其他人很难接受儿童在自我需要方面变得更有决断。儿童生活中的其他人也必须学习不同的回应方式，并且最初都不会喜欢做出这样的改变。因此，随着儿童行为的改变，他们可能必须要处理一些来自他人的不愉快的回应。他们可能发现自己无法处理这些回应，而且在没有帮助的情况下，他们缺乏实施这些新行为的技能。处理此类问题的一种方法是将个体咨询与家庭治疗进行整合，如第9章所述，然而这并不是总能实现的。

如果儿童确实决定要做出不同以往的行为，那么他们就要冒险，因为他们不能够预测将会发生什么事情。对他们来说，继续过去的行为会更容易。当然，如果他们不做出改变，那么必将继续咀嚼他们所知道的苦果，可是如果他们尝试做出新行为，那么他们将面对新的、未知的辛酸。很明显，做出改变的决定是艰难的，儿童不仅要处理他们的情绪问题，还要应对他人的回应。

另一个困难与改变所带来的损失和代价有关。我们经常发现，人们更难接受改变带来的损失，即使改变同时也能带来好处。假如有一个狂躁易怒、固执且不听大人话的孩子，由于这些特点，这个孩子可能获得同伴的敬畏并成了小头目。经过心理咨询，孩子了解到自己的行为并意识到这些行为对自己和周围其他人的伤害。然而，放弃适应不良的行为会带来损失：他可能会失去头领的地位、权力、同伴的敬畏以及对同伴的操控力。儿童在看待这个行为改变的决定时，可能更关注这期间的损失，而非从中得到的好处。如果咨询师不验证儿童损失的重要性，那么儿童在改变行为的过程中可能会受阻。

有些儿童很难做出决定，因为他们被教导总是只存在一个正确的选择和一个错误的选择。然而，在真实生活中，决定通常是复杂的，不同的选择有其优势或正面特性，但同时也有代价和不利的一面。咨询师必须帮助儿童了解决定并不总是在正确和错误或白和黑中进行。大部分决定要在灰色的中间地带做出一个选择。

再来思考一下刚刚讨论的这个孩子。儿童在进行抉择时，可能最初决定压制怒火，变得更为合作和顺从，并且变成追随者而非带领者。然而，咨询师有义务提出新想法，这样儿童才能有更多选择。咨询师可以教儿童以不同方式处理怒气和变得更有决断，从而替代压制怒气。咨询师也可以提出要积极主动，而非一味服从和顺从。这样可以让儿童选择继续获得其他人的尊重，却是以不同的方式并采用不同的行为。因此，他们可以在一些情境中继续发挥领导的作用并拥有适当的操控力。然而我们一定要记住，咨询师只可以提出可供选择的建议，一定不能试图说服儿童。儿童只可能实施他们自己做出的并且适合他们的选择。

总之，探索取舍和选择包含下列过程。

◇ 衡量选择的利弊
◇ 关注做出行为改变所带来的风险
◇ 清楚可能的损失和代价
◇ 了解他人对行为改变可能产生的回应

咨询师的工作就是帮助儿童解决与上述过程相关的问题。

经过上面的讨论，我们一定要明白，对有些儿童来说，他们很难改变自己的行为。尤其是我们在辅导实践中发现，许多儿童试着控制不经大脑的冲动是很困难的。通常这种冲动在儿童刚开始生气的时候尤其强烈。因此，我们经常会听说有孩子突然生起气来并做出不恰当的出格行为。有两种有效的方法可以帮助儿童解决这个难题。一种方法是特别适合低龄儿童的"心中有怪兽法"，另一种方法是对大龄儿童来说很有用的"停止－思考－行动法"。

"心中有怪兽法"

凯瑟琳将向我们解释她如何使用"心中有怪兽法"，这个过程借助了认知行为疗法的原理来帮助儿童认识到他们有能力控制自己的行为，而非让行为控制他们。这是结合使用"问题外部化"的叙事心理治疗来完成的。

当使用"心中有怪兽法"时，我（凯瑟琳）所做的就是向儿童说明，父母已经告诉我他们惹了很多麻烦，这也是他们所知道的。我会告诉他们，我不认为陷入这些麻烦是他们的错。我认为这是活在他们内心的怪兽给他们带来了麻烦，这是怪兽的错！

现在你听到我的说法，可能会感到疑惑，因为我似乎在免除儿童对自身行为所要承担的责任。当然从儿童的角度看来我是在这么做，但事实上并没有……我随后将阐明控制这个怪兽的行为是儿童的责任。

我会对儿童说下面的话。

> 我认为你惹上麻烦是因为有个怪兽活在你心中。通常怪兽都在沉睡，当它睡着的时候，就会慢慢收缩，变得越来越小，小到比针尖还小。但是当你开始生气时，怪兽就会苏醒，开始变大，变得越来越大！然后，它取代了你，并做出了最可怕的事情，它扔东西、踢人、打人、咆哮、尖叫。结果你陷入了巨大的麻烦中，这是不公平的！
>
> 然后这个怪兽会回去睡觉，它一点都不会有麻烦。你却惨了！
>
> 现在，我想让你用这些彩笔画出一幅活在你心中的大怪兽画像。

当儿童画完这幅画后，我便要求他们在另一张纸上画出自画像。然后，我要求他们在自画像上把怪物在他们心中的位置用一个点表示出来。

我问他们："这个怪兽是生活在你的肚子里、脑袋里，还是其他什么地方呢？"我通常都会告诉儿童："你看起来是一个很坚强的小孩。""可是，我觉得这个怪兽也非常强大。""是这个怪兽比你强大，还是你比它强大呢？""你是指挥官，还是怪兽是指挥官？"很明显，我鼓励儿童相信他们才是主宰者，通常他们也会这么回答我。

接下来，我向儿童说明这个怪兽是很卑鄙的。我提醒儿童，怪兽让他们陷入麻烦，这是不公平的。我指出怪兽会突然偷偷地逃掉，而在他们意识到的时候已经太晚。

当儿童开始变得愤怒时，我会提醒他们怪兽在醒来、变大并且跑了出来。

我会问儿童："当你开始生气时，发生的第一件事情是什么？你的脸红了吗？拳头攥紧了吗？你的头发会不会竖起来？你身上都发生了什么事情？"我的目的是帮助儿童意识到那些能预示怒气爆发的各种身体线索。

在这个阶段，我发现使用行为疗法是有效的。此时，检验新行为并给予或撤销强化物需要得到一方父母的配合。我向儿童提议，因为怪兽很卑鄙，所以为了确保儿童仍能当上指挥官，我们必须得到爸爸或妈妈的帮助！然后，我邀请父母进入治疗室并告诉他们我所提出的理论，也就是应受斥责的是怪兽，但是我认为儿童有能力成为指挥官并控制这个怪兽！我请求父母在他们认为怪兽将要跑出来时给儿童一些建议。通常这会以一种秘密的方式进行，因为儿童不想让其他家庭成员知道，父母正在提醒他们怪兽就要出来了。

然后，我建议使用星星图章，这样儿童在生气时如果成功控制怪兽，就能在早上、中午或傍晚得到一颗星星。

我会讲清楚，只要怪兽正要出来而他们能够成功控制怪兽，他们就能得到一颗星星。因为尽管怪兽就要出来了，但他们成功控制了它。

然后，我请父母和儿童商议一种奖励方式，当儿童在一个星期内成功得到一定数量的星星时，就能获得奖励。我还要保证星星数量在第一个星期内不必太多，这样儿童就有可能获得成功。

通常在第二个星期内也要使用星星图章，但不会太久，因为在我的经验中，星星图章的有效性在两个星期后就会很快消退。

"心中有怪兽法"对低龄儿童非常有效，但是对大龄儿童来说就显得幼稚。为了解决大龄儿童的冲动行为，"停止－思考－行动法"会更有效。

"停止－思考－行动法"

大卫（本书第二作者）将向我们解释这种源于威廉·葛拉塞的现实疗法中的认知行为疗法，它改自卡塞尔曼（Caselman，2005）、米勒（Miller，2004）、彼得森和艾德利（Peterson and Adderly，2002）所介绍的方法。

我（大卫）认为最好鼓励儿童写出两列行为来开始"停止－思考－行动法"。其中一列是那些导致负面结果的行为，另外一列是那些能产生正面结果的行为。

正如介绍三格漫画法时凯瑟琳所讲的，我会向儿童解释他们可以选择做那些导致负面结果的行为，也可以选择做那些能产生正面结果的行为。我要强调，他们有能力独自为自身行为做出选择。然而，他们的选择不可避免地会产生正面或负面的结果。我会告诉儿童，我知道他们有时候会做出产生负面结果的冲动行为，但我并不希望他们这么做。

然后，我会在白板上写下这些词。

停止

思考

行动

我解释说，如果能够在行动之前停止或暂停一小段时间，他们将有时间思考其他选择，并在考虑可能结果后选出他们想要的行为方式。

我会说明，我知道有时候很难停止冲动行为，但是为了帮助他们停止，他们必须能够意识到，当自己的情感累积到何种程度时就会在没有暂停和进行思考前做出不当行为。

正如使用"心中有怪兽法"一样，我将与儿童一起检测可以用来警示不当行为的身体指示器。

我会问儿童当他们的情绪开始高涨时，有没有注意到身体发生了什么变化？是否攥紧拳头、脸红、心跳加快，或有其他变化？我会把他们所描述的内容记在白板上。

我会反复强调在做出不良行为前如果他们能停止，他们将有时间思考，在考虑可能的结果后再进行选择，并做出能产生正面而非负面结果的行为。

与"心中有怪兽法"一样，在某些情境中，父母介入可能是有效的，这样父母就能意识到儿童正想尝试使用"停止－思考－行动法"。这样父母就能够帮助儿童发现那些出格行为的征兆。

练习和尝试新行为

在儿童做出关于未来行为的决定后，咨询师必须帮助儿童排练和练习所期望的行为。

有些儿童发现当决定如何尝试或实现新的行为时，使用行为计划是很有用的。通过安排行为计划，咨询师可以帮助儿童确认他们所希望达到的目标，并思考如何实现这些目标。通过这种做法，儿童最初可能认为他们缺乏实施这些行为的技能，但是他们可以得到咨询师的帮助来获得这些技能。

继续我们之前的例子，由于接受了心理咨询，儿童可能了解到过去的狂躁行为是如何具有破坏性的。然后，他们可能决定不再那样（目标1），但是也希望保留一些操控力，这样他们的需要就能够持续得到满足（目标2）。既然他们已经确认了目标，就必须制订一个计划，这样目标才能得以实现。这个计划可能包含下列步骤。

1. 认清"怒气提升"的信号。
2. 学习如何处理怒气（挑战损己信念和使用其他控制愤怒的技巧）。
3. 培养决断力。
4. 通过角色扮演练习上述步骤。
5. 在家庭、学校或社会环境中尝试新行为。
6. 根据其他人的回应，调整他们的行为。

在做完计划后，咨询师可以帮助儿童实施这个计划。在上述计划中，咨询师要在咨询过程中处理步骤1至步骤4。然后，他们必须帮助儿童决定实施步骤 5 的时机。

你是否有时候也会像我们这样呢？当我们不得不实施一个新的或不同的任务时，经常会使用时机不对的借口来推迟我们决定要做的事情。结果，推迟行动有时候会导致没有行动。当进行儿童咨询时，我们必须意识到他们可能也想推迟这些新的并且可能有些困难的行动。与儿童一起探讨选择合适的时机和练习新行为的场合是很有帮助的。这种探讨满足了双重需要：帮助儿童避免了延迟，同时提醒儿童在不恰当的时间使用新行为可能带来的风险。

对儿童来说，在早上使用新学到的决断行为可能是不恰当的。这个时候整个家庭都正准备去工作和学习，父母和其他家庭成员可能不会对此有所期待，并且可能习惯保持日常的做法，所以新行为可能会不成功。因此，在开始新行为的时候，咨询师应当与儿童一起寻找实施新行为的恰当时机。

在儿童尝试过新行为后，咨询师能够看到结果，并帮助儿童做出行为方面的适当调整。咨询师必须帮助儿童培养良好的自我感觉，并帮助他们认识到，尝试新行为已经展示了他们的勇气。尝试使用新行为却没有取得正面效果的儿童，如果因为尝试新行为的勇气而受到赞扬，那么他们更可能继续试着做出进一步的改变。经常与儿童、父母讨论也有助于确保儿童在做出更适宜的新行为时能受到肯定和奖励。

有时候，心理咨询的结果是儿童发展出了之前不曾有过的、不受期待的行为。这些行为可能适应得很好，但也可能并不那么受父母和全家人欢迎，因此咨询师应当提醒父母意识到在咨询过程中儿童正在成熟和发展。因为儿童生来就会持续地发展和改变，所以儿童的行为在咨询过程中发生重大改变几乎是不可避免的。当不受期待的行为改变发生时，有必要将咨询聚焦于帮助父母来管理这些行为。有时候为了适应这些改变，可能需要调整咨询策略。

● 重点

- 基于那些引发问题的经历，儿童通常会形成不利的思考和行为方式。

- 在儿童讲完他们的故事，触碰并释放强烈情感后，咨询师需要通过使用认知行为疗法和行为疗法来解决适应不良的想法和行为。
- 三格漫画法在帮助儿童做出取舍和选择时是很有用的。
- "心中有怪兽法"在帮助低龄儿童抑制那些不受欢迎的行为时是有效的。
- "停止－思考－行动法"在帮助大龄儿童控制冲动行为时是有效的。

◎ 更多资源

在与儿童进行咨询工作时，关于使用行为疗法和认知行为疗法的一系列观点，读者可以检索考克兰图书馆 www.cochranelibrary.com。

访问 http://study.sagepub.com/geldardchildren 查看线上资源。

第 17 章

心理咨询的结束

对咨询师来说，决定何时结束咨询过程有时候是很难的。如果我们查看螺旋式治疗改变模式（见图 7-1），可能会认为终止时间是很明显的。一旦儿童达到螺旋上的"决定"阶段，就不再需要接受心理咨询，儿童也将保持适应性功能前进。然而，在实践中下这个决定通常并不容易。有些情况会使咨询师在终止问题上很难抉择。下列任何一种情形都可能引发问题。

1. 退行，儿童因为结束咨询关系而感到焦虑，有时候会故态复萌，又出现之前的行为。

2. 随着咨询结束的临近，儿童可能会出现新的、不同的问题。

3. 咨询师可能在无意中变得对咨询关系有所依赖。

4. 儿童在治疗过程中似乎已进入平台期，而咨询师认为还需要更多改变。

关于第一个问题（退行），咨询师必须与儿童探讨分离、抛弃和拒绝问题。这将使儿童认清他们对即将到来的咨询结束的反应，并探讨现在和未来掌控这种反应的新方式。

关于第二个问题，咨询师必须决定是否允许儿童再次从头进入螺旋式治疗改变模型。这个决定依赖于对新出现问题之重要性的评估，以及儿童在没有心理咨询的帮助下独立处理这些问题之能力的评估。

第三个问题对任何咨询师来说，其重要性都在日益增大。当咨询师确实变得依赖时，他们通常难以认识到这一点。对咨询师来说，确认这种依赖性的最好方法是寻求定期督导，将他们的案例与经验丰富的咨询师进行探讨。

关于第四个问题，进入平台期可能是一个信号，表明儿童需要一个机会来整合并同化心理咨询所带来的改变。这通常是结束咨询的一个好时机。

虽然少数儿童可能需要长期的心理咨询，但我们认为，通常情况下儿童不应长期处于心理咨询状态。成人则不一样，他们可能已经累积了多年无法解决的问题，而这些问题趋向于相互融合，所以咨询师必须帮助成人来访者解决许多层次的未尽事宜。但是，儿童的生活经历非常有限，所以他们通常并未累积同样复杂的神经性的或适应不良的行为。

负责的心理咨询需要咨询师不断回顾治疗过程以检查是否达到目标，如果目标达到了，就结束咨询。当然，除了一些不常见的案例外，如果儿童持续接受长达几个月的心理咨询，那么咨询师就应当重新审视这个案例并考虑修正目标，然后朝着结束咨询的方向前进。一般情况下，我们对儿童的咨询基本上是每周一次，持续两三个月。然而，有些儿童只需要两三次会面就可以结束咨询。

作为咨询师，我们确实能找到一些线索来评估结束的时机。下面是一些可能的线索。

1. 儿童可能已进入平台期（见之前的讨论）。

2. 有时候，儿童持续遭遇阻抗，并无法适当地处理阻抗。我们应该重视这种情况，如果他们知道自己不会被逼迫去做那些太过痛苦的事情，就不会感到压力，也不用再回到咨询中。

3. 有时候，儿童似乎有一种内部感觉，即继续接受咨询所需的能量比他们能够提供的还要多。

4. 儿童可能开始快乐地投入到与朋友的运动或社团活动中，而且他们可能开始把心理咨询看成是对他们生活的一种不必要的入侵，不想再继续。

5．心理咨询的焦点可能发生了转移，儿童开始"玩乐"，而非做一些有效的治疗工作，咨询师意识到咨询过程似乎不再能实现咨询目标。

6．儿童在咨询中走得太远，以至于他们自身不能有所进展，尤其是当父母加入和参与改变时。

7．父母或学校报告说，儿童的行为可能已经改变。

关于最后一点，我们应当指出改善的行为本身可能并不能成为结束心理咨询的充分理由。行为的改变也可能是因为儿童向咨询师敞开心扉，透露了深藏已久的秘密。所以，重要的是关注这个时候在咨询过程中都发生了什么事。

尽管如此，作为咨询师的我们仍要尝试帮助儿童获得足够的独立性，但许多儿童对咨询师的依恋关系还是不可避免。咨询关系结束对儿童来说意味着一种损失，所以他们一定要为咨询的终止做好准备。在这种准备下，我们必须公开与儿童讨论日益临近的分别，以及与此有关的情绪。让儿童聚焦于咨询关系终止可能会带来的结果是有益的。有时候，儿童可能对分离感到矛盾，这时候允许儿童分享这种混杂的情感是很重要的。最后，为了说"再见"，我们可能要使用一种特殊的结束程序，这样儿童就能够象征性地让咨询关系终止。

有时候，咨询师可能决定通过追踪一小段时间，与儿童保持联系来缓和这种情境。这可以通过更进一步的评估、信件或电话等形式来进行。

在结束过程中，咨询师必须关注自身的情绪和反应，这样就不会扰乱结束咨询的适当时机。当咨询师认识到自身存在一些依赖性时，他们需要与督导进行探讨。

● **重点**

- 通常情况下，让儿童接受长期的心理咨询是不利的。
- 咨询师必须持续地回顾咨询过程来检查目标是否达到，这样才能在恰当的时间结束咨询。
- 当儿童确实需要长期的心理咨询时，这个案例必须得到定期的关注，咨询师要有修正目标的想法，并朝着终止前进。
- 因为儿童在结束后失去了咨询关系，所以我们必须预先提醒儿童，这样他们才能做好充分的准备。
- 咨询师必须关注自身的情绪和反应，这样他们才不会扰乱咨询结束的适当时机。

◎ 更多资源

对于一些支持咨询终止过程的创意，读者可能会对网站www.socialworkhelper.com/2014/04/02/ending-therapeutic-relationship-creative-termination-activities/ 上的文章感兴趣。

访问 http://study.sagepub.com/geldardchildren 查看 *Ending Sessions*。

第 18 章

儿童团体咨询技巧

正如第 10 章讲的，有时候对儿童实施团体治疗是有利的。儿童团体咨询除了需要个体咨询所需的技巧之外，还需要额外的技巧，因为咨询师在满足个别儿童需要的同时，也要促进团体的进展。因此，咨询师在团体运作时必须同时做几件事情。当推动团体活动时，他们必须观察、注意和处理作为整体的团体所出现的问题，同时还要不断满足团体成员的个体需求。无疑，团体咨询是很受欢迎的，并且我们认为，在每个咨询团体中，都需要两个团体带领者一起合作。

带领机制

两个带领者提供两套观察体系、两种视角和更宽泛的专家意见。他们可以互相取长补短，而他们之间的关系能够为儿童提供一个成功的人际关系模式（Siepker and Kandaras，1985）。两个带领者对那些心理问题较严重的团体来说是更为明智的选择。当团体中存在破坏或暴力行为时，团体是需要两个带领者的。一般情况下，对儿童团体来说，拥有两个带领者具有很大的优势，因为其中一个人可以照顾到整个团体，另外一个人可以照顾到成员的个体需求。

带领者和清道夫

当存在两个带领者时，很基本的一点是在团体咨询开始前，他们都认同各自的角色和责任。我们更偏好的模式是一个人承担主要带领者角色，而另一个人承担清道夫角色。在团体成员与带领者每次见面的时候，他们的角色都要进行对换，这样团体成员就不会把主要带领者与其中某个人联系起来。我们认为，当合作的带领者是不同性别时，这一点尤其重要。

带领者的作用是直接组织和推进团体活动。带领者决定后续活动，并且通常情况下，带领者要对整个活动负全责。清道夫的作用虽然不一样，但同样重要。清道夫必须支持带领者，处理在整个团体背景下无法解决的个人问题，收取和发放材料，并关注团体运作中可能产生的问题。例如，清道夫要解决个体的困难行为，因为在团体整体中处理问题可能会对相关儿童产生负面影响，或者可能会对重要的团体过程造成严重的侵入。

带领风格

每个带领者都有自己的风格，但是这种个人风格一定会不可避免地受到所采用的咨询模式的影响。例如，在组织一个认知行为治疗团体时，带领风格倾向于说教和直接的方式；当团体以人本主义或存在主义为咨询方法时，带领者更可能倾向于对观察提出反思和反馈。

带领风格应当适合特定儿童团体成员的需求。例如，在一个注意力缺陷多动障碍（ADHD）团体中，带领者可能必须抑制儿童的行为并表现出绝对的权威性；而在一个由焦虑儿童组成的团体中，温柔的方法可能更为适用。

无论使用何种风格，带领者必须准备好采取行动来确保团体成员在情感和身体上的安全，并将实现改变的可能性最大化。

带领者必须考虑他们自身的人格特质，这样他们所使用的带领风格就会切实地同他们个人的人格相匹配。他们可以选择使用民主型风格，也可以选择使用独裁型或放任型风格。然而，我们更倾向于使用将这些风格结合起来的一种积极方法。在这种积极方法中，带领者是灵活的，一种风格到另一种风格的转变会自然发生。因此，在一次治疗过程中，甚至在整个团体活动中，在任何特定时候我们都不要忘记变换风格来放大团体中出现的机会，配合团体的氛围和动态。

通常，我们这种积极的带领方法将以民主型风格为主导，这样可以使团体中的个体在限定的背景下自如地做出选择，同时给予他们安全感。不过，为了确保成员对团体规则的服从以及目标的实现，这种积极方法需要带领者在恰当的时候转变为独裁型风格。而在有的时候，带领者也可以有意使用放任型风格来给予团体成员更多自由。在这个自由时段里，他们可以观察团体成员的互动、行为和社会技能，并且在之后对它们进行讨论或"处理"。

总结和督导

在团体拥有两个带领者时，彼此良好的工作关系自然是很重要的。为此，出现任何负面情绪都要通过沟通来解决。总结也使带领者能够为彼此提供反馈和支持，并处理与团体进展有关的问题。在总结的过程中，带领者可以讨论个体儿童流露出来的需求以及在推动团体去满足这些需求时所需进行的改变。

一般对带领者来说，对他人进行工作时，持续得到资深咨询师的督导是很重要的。

团体促进

在关注整个团体问题的同时，带领者也必须关注个体儿童的问题。有些儿童可能对团体程序做出了预期之外的过度回应。例如，由于程序的内容或其他儿童的回应，他们可能会表现出高度的焦虑，变得游离、充满攻击性或退缩。对这些儿童而言，有的可以在团体背景下通过恰当的干预策略和咨询技巧来关注他们的需求，但这对有的儿童来说不可行。在这种情况下，当带领者继续确认团体需求时，协同带领者（清道夫）可能必须单独关注这些有问题的儿童，探索儿童的个人情绪和团体程序来解决儿童的问题。这种干预的结果是，儿童可能会沿着团体程序进行调整，不然我们就必须对团体中儿童的成员资格进行重新评估。

在运作一个团体时，比较明智的选择是提前设计团体程序。这样就可以精心选择活动来促成团体互动，以达到特定目标。

在团体活动中，带领者需要观察和影响团体的进程，这样个体和团体的目标才能得以实现。带领者的核心功能表现在协调团体进程，这让儿童在参加有意义的活动和讨论时，能体验到自然和舒适。有效促进并创造出安全和包容的氛围，这样儿童就可以自由探索和表达他们自己，并从他们的经历中获益。团体带领者必须给予团体方向和指导，引进和组织活动，推动讨论，在需要的时候给予个体儿童以支持、教导和建议，并示范恰当的行为。另外，带领者还需要处理团体中出现的问题。例如，当某个儿童退出团体或新的儿童加入团体时，带领者必须帮助团体进行调整。

识别和处理保密性问题

在对儿童进行团体咨询时，必须使参与者相信在某种程度上，团体信息是保密的。否则，他们可能并不愿意自由地融入团体并表露出与他们的问题相关的信息。

保密性问题是复杂的，因为父母或监护人有权知道孩子的信息。因此对咨询师来说，在对儿童是否适合加入团体进行评估时，与父母讨论保密性问题是一个明智的选择，正如第 10 章所述。另外，必须承认的是，团体带领者并不能确保团体成员会尊重他人的隐私权。

在进行儿童团体咨询时存在一种可能，即团体成员可能会透露父母或他人对他们施加的虐待行为。如果这样的话，我们可能必须把信息报告给父母、监护人或相关的权威人士，从而确保儿童日后的安全及对他们实施保护。特别要注意的是，我们必须遵守任何与公布隐私有关的法律规范。

当与团体成员讨论保密性问题时，咨询师应坦诚地说明这种保密是有局限性的，并且在团体程序的早期就要澄清任何与保密有关的适用条件和例外。

介绍和组织活动

当组织或引入活动时，团体带领者必须清楚提出预期目标。通常，团体中的一些儿童可能对某种活动很熟悉，但有些儿童不熟悉。在介绍活动时，向儿童说明这个活动与团体目标的相关性一般来说是很有必要的。

推动讨论

为了推动讨论，带领者必须引导团体内的儿童进行双方和多方之间的言语交流。在讨论时，稍后即将谈到的咨询技巧可以为儿童提供机会，以分享他们对某些相关话题的想法、情绪和观点。带领者可能必须处理某些儿童对发言的垄断和干扰，并鼓励那些没有参与讨论的儿童。带领者可能也需要处理儿童对话题的偏移和不当做法。

儿童团体咨询的技巧

当运作一个团体时，选择要使用的咨询技巧将取决于小组的类型和带领者的理论流派。在团体咨询中针对儿童通常使用的小技巧包括以下几种。

1. 观察
2. 积极倾听
3. 总结
4. 反馈
5. 提问
6. 面质
7. 指示
8. 深加工

观察

在使用第 11 章介绍的观察技巧时，带领者可能不只是对目前的行为和社交技能进行有效观察，同时必须观察团体进程中发生的变化。如果有必要的话，可能要重新调整团体程序来满足所觉察到的需求的变化。

积极倾听

积极倾听技巧包括非言语回应、最小回应、对内容和情绪的反应及总结。这些技巧已经在第 12 章介绍过，它们在鼓励儿童自我表露和在团体中分享信息时尤其有效。

总结

总结技巧在团体咨询时特别有效，因为它使带领者向团体反馈出所讨论内容的要点，这样儿童就能紧扣中心主题进行讨论。有时候，当儿童的沟通技巧相当欠缺或者做出冗长的陈述时，总结儿童已经说过的内容是有效的，这可以使团体内的其他成员头脑更清楚。

反馈

反馈帮助个别成员和整个团体对团体中出现的行为更明了。给整个团体反馈可以这样来评述，"我注意到小组中出现很多次中断"，或是对某个儿童说"安妮，你非常积极"。

有时候，反馈还用于将注意力转向可能受到团体影响的两三个人。例如，带领者可能说："安妮，我注意到无论杰克说什么，你都会大叹一口气。"这可能促使安妮谈论她对杰克的感觉，并鼓励杰克关注自身行为，或给团体内的其他成员提供机会来评论与团体过程相关的知觉和情感。

罗斯和艾德莱森（Rose and Edleson，1987）提供了一套合理的指导方案，以对那些通过角色扮演排练新行为的儿童进行反馈。他们建议，首先给予正面反馈，这样儿童在角色扮演中就能获得鼓励的强化，然后他们就更容易接受批评。反馈必须是有针对性的，批评可以针对行为也可以针对话语。例如，带领者可以说："玛丽，你在角色扮演中做得很好。这很难，你却做到了。"接下来可以说，"你委婉地暗示了你想要的东西。你也可以直接向吉米要求你想要的。这可能更为有效。"

提问

虽然在对儿童进行个体咨询时，最好谨慎地使用提问技术，但这种方法在团体咨询中是很有效的，来自各种不同理论取向的一系列适当的问题类型都可以使用。下面是一些例子。

用来提升儿童意识的问题。这些问题帮助儿童认识并承认他们的情绪和想法。例如"你现在是什么心情呢？""现在你的内心发生了什么？""你为什么流泪？"

引出更多信息的追问。例如"你能告诉我更多吗？""有没有其他关于……的事情，你能告诉我吗？"这对于鼓励儿童继续透露信息是很有用的。

循环问题。循环问题是指向单个儿童提问，询问的是这个儿童对另一个儿童的想法或情绪。因此，带领者请个别团体成员思考其他儿童以及他们的行为、想法和情绪。通常，循环问题的使用将促进儿童之间进行有效讨论，同时又可以提升团体凝聚力。例如"格兰达，当汤姆和普尔说话时，普尔没理他，你认为汤姆会怎么想呢？""吉斯，你猜，如果比利将他的领导权交给凯特，那么他现在可能在想什么呢？"

过渡问题。过渡问题帮助儿童回到中断之前讨论的内容。当儿童很自然地偏离那些让他们难以启齿的话题时，就要采用过渡问题。例如"布兰达，你之前说到你妈妈和爸爸离婚了。我想知道你现在对这件事有什么感受？""刚才埃里克告诉我们，那时候他哥哥拿刀袭击他爸爸，请问我们团体中还有其他人有类似的可怕经历吗？"

选择问题。在处理团体过程中出现的突发事件时，这些问题是很有效的。例如"当汉娜抢走你的铅笔时，对你来说更好的选择应该怎么做呢？""如果相同的情况再次发生，你认为你会怎么做呢？"

喝彩、强调和放大问题。这类问题用于确认和肯定已出现的带领者所期待的行为改变。儿童做出了有重大意义的转变，因此它们获得了强化。这些问题在以期待为导向的问题之后提出尤为有效。例如"你是怎么做到的？""你是如何成功做出那个决定的？""太棒了！""那一定很难，你是怎么做到的？"

量表问题。这些问题能有效帮助儿童制定目标，并意识到自身在团体中或离开团体时可能发生的改变。当使用量表问题时，我们可以让整个团体支持某个个体成员的目标。例如"在从 1 到 10 的量尺上，1 表示像兔子那样安静，10 表示像残暴的恐龙那样吵闹，你认为你现在处在哪个位置上？""你今天想让自己处在量尺的哪个位置？""为了到达量尺上的这个点，你能做些什么？""团体要做些什么才能帮助你到达量尺上的这个点呢？"

面质

有时，对带领者来说很必要的就是面质。他们可能想把某个儿童或团体的注意力集中到说的话与行动或非言语动作不一致的地方。他们可能也要面质某个儿童或团体不受欢迎的行为。

面质的首要规则是，在面质前，带领者应当确定这种面质是有意图的、精心设计过的，而不是对无意识冒犯的一种本能反应（Spitz，1987）。面质应当用来达成某个特定结果，通常是在"此时此刻"。它同时也应当是既强硬又温和的，并在充满真诚关注和担忧的共情氛围中进行（Rachman and Raubolt，1985）。

指示

很自然的是，当儿童加入一个团体时，他们并不确定带领者对他们的期待。为了感到安全，他们必须确信有人在负责这个团体，而负责人在必要的时候，会控制团体并给予说明和指示。他们也必须清楚团体的规则、义务以及与保密性相关的问题。

深加工

我们认为，对互动和活动进行深加工是团体咨询的一个基本组成部分。你可能对深加工的含义不甚理解，所以我们将做出说明。对团体成员之间的活动、互动或讨论进行深加工，是指通过言语方式探讨每个儿童及整个团体在投入活动、互动或讨论时的感受。深加工是一种干预，是由带领者主控，把焦点集中在团体中发生的事情，并提升儿童对已发生的事件中自身情绪、情感、想法、选择和信念的意识。

为了对活动和互动进行深加工，带领者可以重复但非过度地打断团体的正常进行，这样做是有好处的。深加工可以在活动或互动完成后进行，或者有时候也可以中断正在进行的活动或互动，立即进行深加工。

深加工通常需要咨询技巧的运用。为了对活动或互动进行深加工，带领者的做法是提出问题，并通过对观察的反馈来发现每个儿童在活动或互动中所经历的情绪、情感、知觉、想法、选择和信念。

另外，深加工可能会揭开行为或团（个）体过程的真面目。通过深加工，儿童学习注意他们的情绪和想法，并认识到这些情绪和想法对他们的信念、态度、认知过程和行为的影响。随着这种意识的提高，信念、态度、认知过程和行为的改变可能就会出现。更重要的是，儿童可能认识到行为、想法和情绪对自身和他人的影响；反之，这也可能影响他们与他人建立联系和沟通的方式。深加工为团体成员了解自己在身为个体的同时也是团体成员的角色铺平了道路（Ehly and Dustin，1989）。

● 重点

- 在儿童团体咨询中设置两个带领者是有帮助的，一个是主要带领者，另一个是"清道夫"。
- 清道夫的主要作用是支持带领者，并关注无法在团体环境中得到解决的个别儿童的问题。
- 为了促进特定目标的实现，应当预先计划好每次团体活动的程序。
- 团体促进需要使用咨询技巧，例如做出指示和说明、介绍和组织活动、推动讨论、给予支持、教导、示范恰当的行为、处理出现的任何问题，以及对互动和活动进行深加工。
- 深加工涉及咨询技巧的使用，它包括提出问题，并对观察做出反馈，从而发现每个儿童在活动或互动中所经历的情绪、情感、知觉、想法、选择和信念。

◎ 更多资源

澳大利亚家庭研究协会制作了一份团体方案清单，旨在支持面临一系列挑战的儿童及其父母。这份清单可以在 apps.aifs.gov.au/cfca/guidebook/ 网站上获得。

访问 http://study.sagepub.com/geldardchildren 查看线上资源。

第四部分

游戏治疗——道具和活动的使用

第19章

游戏治疗室

我们已经发现在专门用于道具和游戏治疗的房间中，儿童心理咨询会更容易进行而且更有效。儿童心理咨询师应当尽可能地安排专门的房间来满足这一目的。这并不那么容易实现。但是，在不太专业的场合中或者设施不完备的条件下，也可以开展有效的治疗工作。例如，在学校、医院和机关办公室里也可以很好地进行儿童心理咨询，这些地方通常并没有专门针对心理咨询的特定设施。不过，在本章中，我们还是要介绍一下好的游戏治疗室该如何设计和布置。

在理想的条件下，游戏治疗室应当是隔音的，这样外来的噪声就不会使儿童分心，也有助于儿童相信他们所吐露的信息并不会被他人偷听。不过，治疗室的房间应当有窗户，封闭的房间会对那些感觉受困和患有幽闭恐惧症的儿童造成困扰。

这个房间与大多数诊疗室的氛围不同，应该给人以温暖和舒服的感觉，并应当有足够的空间来开展活跃、积极、生动的游戏。图19-1给我们展示了一个典型的游戏治疗室。

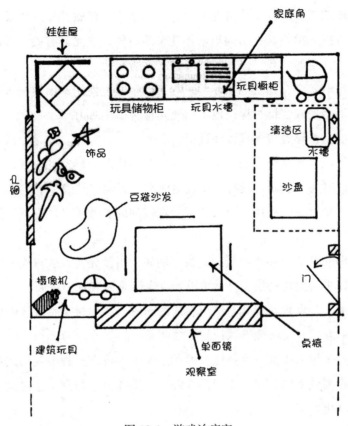

图 19-1 游戏治疗室

理想的游戏治疗室应当在清洁区安装一个水槽来配合脏乱的游戏。这使儿童能够玩水,并且在玩完黏土和涂鸦后可以进行清理。这个清洁区需要铺上防水地板,而房间的其他地方最好是铺地毯,这样坐在地上就会很舒服。

在图 19-1 中,你会发现这个房间有一面单面镜和一台摄像机。这面镜子可以让观察者在观察室里看到游戏治疗室的情景,而不会侵入咨询过程或引起分心。在安装单面镜的时候,这里也需要一个收音系统,这样观察者就能在观察的时候进行监听。在某些情境下,收音系统是与摄像系统连接在一起的。

单面镜可以用于下列目的。

- 它能使咨询师在不分散儿童注意力的情况下观察儿童的游戏。当父母一方或兄弟姐妹在房间里陪伴儿童的时候，这尤其有效。咨询师可以观察儿童的游戏，以及与父母或家庭的互动
- 在观察室中，与协同治疗师一起工作。通过使用单面镜，协同治疗师并不会侵入咨询过程，也不会使儿童转移注意力
- 它能使督导直接观察咨询过程

我们提议单面镜应当安装窗帘，这样当不使用观察室的时候，窗帘就可以拉上。此时儿童能确定没有人在观察他们，而他们的隐私也能得到保证。

摄像机是另外一种用来协助儿童心理咨询的有效工具。它可以用于下列目的。

- 帮助儿童学习和练习新的行为。例如，当教导儿童表现决断时，儿童可以进行角色扮演，并且可以看见自己是否表现出决断
- 帮助父母发现抚养儿童的更有效的新方式。通过观察录像中他们与儿童的互动，父母能够认识到有效和无用的抚养行为
- 通过督导来提高咨询技能。通过录像中的咨询过程，我们经常能认识到提高效率的方法。当同伴或督导咨询师也参与到录像讨论中时，效果就更好了

在使用单面镜和摄像机之前，必须告知儿童和父母，也一定要征求他们的同意。通常，父母能认识到这么做的好处，也乐于接受。我们的惯例是要求有书面同意书，父母可以对三种水平的同意进行选择。

- 第一种水平的同意：录像只是用来满足心理咨询的需要，之后将被洗掉
- 第二种水平的同意：录像用来满足心理咨询和督导咨询师的需要，之后将被洗掉
- 第三种水平的同意：除了满足前两种需要外，咨询师还可以将录像用于教学和培训

对父母来说很重要的是，他们有权利在任何时候收回同意。

家具、装备、玩具和材料

在游戏治疗室中应当放置多种不同的玩具和游戏材料,因为不同的玩具和材料可以引发不同形式的游戏。诸如积木、乐高拼装玩具和硬纸板等材料可以用来玩建筑类游戏。相比之下,服饰和过家家的玩具可以用来玩假装游戏。

下面是我们的游戏治疗室里所有的家具和其他物品。

家具和相关物品

玩具炉灶

玩具橱柜

玩具脸盆

(上面的物品对孩子来说必须要足够大,这样他们在家庭角色扮演时才可以拿来使用。)

儿童桌椅

豆袋沙发

玩具

娃娃屋和娃娃一家

娃娃的床

娃娃的婴儿车

婴儿车的枕头和被褥等

布娃娃

婴儿娃娃

泰迪熊

娃娃的衣服

塑料陶器和餐具

奶瓶

娃娃的尿布

两个玩具电话

镜子

玩具车

购物篮

空的食品盒

游戏币

道具和材料

沙盘

沙盘中使用的道具

黏土

培乐多泥胶

纸

铅笔

马克笔

指画颜料

木偶

纸盒

线轴

彩色绒条

胶水

剪刀

胶带

彩色纸和硬纸板

毛线

木铲

亮片

积木

动物和人物模型

农场动物

动物园动物

不同大小的各类恐龙

玩偶，包括超人和其他流行人物

服饰

多种用来装扮的衣物和用品，包括珠宝、假发、剑和手袋

医生或护士的装备

多种面具

书

故事书

益智游戏

种类齐全的益智游戏，诸如四子棋、纸牌和多米诺骨牌。

游戏治疗室首先应当是干净整洁的，否则儿童在看到这么多玩具和多种不同类型的道具时会分心。这尤其对那些容易受干扰、有注意力缺陷多动障碍或冲动控制乏力的儿童来说是非常重要的。我们更偏好把大部分玩具和道具收在柜子里，在每个治疗阶段只选择一部分拿出来使用。

游戏治疗室的布置应当使儿童能够自由活动，这样他们就不会感到受限。然而，必须在房间中留出一点空间让儿童可以休息和安静地坐着，这样是很有帮助的。因此，豆袋沙发不只是一般的座椅，同时也适于让儿童放松，或是进行"想象之旅"以及在其他任何需要安静坐下时使用。

游戏环境在不同阶段最好保持不变，这样儿童就能立即放松并在进入一个新阶段时产生归属感，就好像儿童将这个房间看成是他们自己的。有时候，保持房间不变可能是不利的。在这种情况下，在房间中摆放一个之前阶段很明显的玩具、材料或道具，会有利于儿童轻易脱离那个阶段的环境而重新进入新环境。

从我们对游戏治疗室的讨论中可以明显发现，恰当地选择玩具、材料和道具在儿童心理咨询中是很重要的。我们将在下一章中处理与选择恰当的道具或活动有关的问题。

● **重点**

- 在专门的房间中进行儿童心理咨询会更轻松有效。
- 儿童可以在缺少特定设施的环境中接受咨询。
- 游戏治疗室有水槽和用来清理游戏后脏乱的清洁区是很有必要的。
- 在游戏治疗室里放置单面镜和摄像机是很有用的。
- 在摄录咨询过程前，要有父母的书面同意书。
- 理想状态下，游戏治疗室应当放置玩具、玩具家具、一系列道具、设施和材料，包括书本和益智游戏。
- 通常情况下，房间中应该只放置特定治疗阶段所需的道具，这样儿童就不会分心。

◎ **更多资源**

读者可能喜欢使用谷歌图像来搜索游戏治疗室的样板。网上有很多例子！你可能会想想你喜欢和不喜欢哪些特定的例子，或者想想你可能会如何设置自己的游戏治疗室。

访问 http://study.sagepub.com/geldardchildren 查看 *Health Play: Play centre uses*。

第20章

儿童游戏治疗的循证基础

在为儿童提供咨询时，循证做法是一个重要的考虑因素。你希望确保你正在使用的过程已经被证明是有效的！正如我们在第5章中看到的，儿童咨询有着丰富而悠久的历史。这一理论基础在早期研究中得到了描述性案例研究的普遍支持。然而，越来越多的实验研究证明了游戏疗法的有效性，以及在儿童咨询时使用道具和活动的有效性。对游戏治疗的研究可以追溯到20世纪40年代（Lin and Bratton，2015），本章旨在为更近期的研究提供参考。正如你将看到的，本书会研究一系列道具和活动（我们将在第22～30章进行讲述）在多个环境下的实施。本章将重点关注那些有最大研究基地的环境：在医院环境下，对于经历过创伤的儿童，支持他们表达和管理自己的情绪，用行为来支持孩子。对那些有兴趣进一步阅读的人，现已发表许多关于游戏疗法研究的全面综述，包括菲利普斯（Phillips，2010）、拜格里和布拉顿（Baggerly and Bratton，2010）的文章，以及近期的林和布拉顿（Lin and Bratton，2015）、雷及其同事（Ray et al.，2015）的文章。

医院环境

在医院环境下，游戏治疗被广泛用于帮助儿童准备和应对住院经历和相关疾病。使用治疗性道具和活动支持住院儿童有广泛的证据基础（Baggerly and Bratton，2010；Phillips，2010）。特别是，一个大样本的研究已经调查了在准备住院时使用游戏疗法来支持儿童的作用。其他一些研究探讨了使用各种道具和活动来支持儿童住院或在处理慢性病时给予帮助。

为儿童的住院体验做准备

在帮助儿童为住院体验做准备时，咨询中使用了大量的道具和活动。游戏治疗一般是作为对医院工作人员所提供的标准信息的补充，常与参观医院等其他活动结合使用（e.g., Brewer et al., 2006）。在医院环境下使用了许多道具和活动，包括"医疗游戏"，即为儿童提供使用真实或玩具道具的机会，包括为外科手术准备玩偶或泰迪熊（e.g., Hatava et al., 2000；第28章和第29章）、儿童及其家人访问医院的视频（e.g., Ellerton and Merriam, 1994）、书籍或故事（e.g., Felder-Puig et al., 2000；第27章）、木偶（e.g., Ilievova et al., 2015；第28章）和艺术（e.g., Favara-Scacco et al., 2001；第25章）。这些研究大部分专注于让儿童为医疗程序做好准备，然而，也有关于利用道具和活动为儿童准备成像技术的研究，例如核磁共振成像（MRI）。

当游戏疗法被用来为儿童的医疗程序做准备时，研究人员发现它可以降低儿童的焦虑程度（e.g., Brewer et al, 2006; Kain et al., 1998; Li et al., 2016）和情绪困扰（e.g., Felder-Puig et al., 2003; Lynch, 1994）、减少麻醉诱导时的负面情绪（Hatava et al., 2000; Li and Lopez, 2008; Li et al., 2007a）、降低心率和血压等生理症状（Ilievova et al., 2015; Li, 2007; Zahr, 1998）、增加过程中的合作（Favara-Scacco et al., 2001; Lynch, 1994; Zahr, 1998）、减少手术后的行为改变（Athanassiadou et al., 2009; Margolis et al., 1998）、支持儿童和父母保留其住院信息（Ellerton and Merriam, 1994; Hatava et al., 2000）、增

加有准备的感觉（Goymour et al., 2000）和父母对医院治疗过程的满意度（Hatava et al., 2000; Li et al., 2007b）。

在儿童准备进行 MRI 扫描的时候，游戏治疗也是有效的。在这一领域中已经完成的少数研究表明，游戏疗法减少了 MRI 扫描过程中对麻醉的需要，减少了压力和焦虑感（Hatava et al., 2008; Pressdee et al., 1997）。

处理住院和慢性病

已经有一系列研究调查了游戏治疗在帮助儿童处理住院和慢性病（比如糖尿病或哮喘）时的有效性。在为住院做准备的同时，一些道具和活动也被使用，包括玩玩具（e.g., Macner-Licht et al., 1998; 第 28 章和第 29 章）和艺术活动，比如绘画（第 25 章）、涂色（第 25 章）和玩黏土（第 24 章）（e.g., Madden et al., 2010）。这个方向的大多数研究关注自尊和生活质量等更长期的结果，而不是在使用游戏疗法为儿童住院做准备时测量手术期间焦虑减轻等特定时间点的结果。更具体地说，已发现游戏疗法可以帮助住院儿童和患有慢性病的儿童发展他们的自我概念/自尊（Beebe et al., 2010; Colwell et al., 2005）、发展他们的情绪管理和应对技能（Jones and Landreth, 2002; Macner-Licht et al., 1998）、改善情绪（Beebe et al., 2010; Madden et al., 2010）、提高他们对疾病的适应能力（Jones and Landreth, 2002），以及提高生活质量（Beebe et al., 2010; Hamre et al., 2007）。

支持有创伤经历的儿童

不幸的是，儿童暴露在创伤性事件下是常见的。一项研究发现 68% 的儿童在 16 岁之前至少经历过一次创伤性事件。在这些儿童中，13.4% 报告有创伤后应激障碍（PTSD）症状，其他人被发现有持续的焦虑（9.8%）、抑郁（12.1%）和行为障碍（19.2%）（Copeland et al., 2007）。游戏治疗常常被用来支持儿童以适合发展的、不具威胁性的方式（Hanney and Kozlowska,

2002）探索和处理他们的经历，以减少这种经历对情绪和行为的影响。这里已经探讨了两个主要领域：利用咨询中的道具和活动帮助遭受虐待和被忽视的儿童，以及遭遇自然灾害的儿童。

遭受虐待和被忽视的儿童

不少研究已经调查了游戏治疗用于支持遭受虐待和被忽视以及目睹了家庭暴力的儿童。道具和活动的使用包括玩玩具（e.g., Fantuzzo et al., 2005; 第28章和第29章）、艺术活动（第25章）和沙盘游戏（e.g., Ernst et al., 2008; 第23章）。加入游戏治疗的儿童显示出更低水平的焦虑、抑郁和愤怒（Dauber et al., 2015），更高水平的合作、游戏互动和人际交往能力，独自游戏的水平越低，自控能力越强（Fantuzzo et al., 2005; Fantuzzo et al.,1996），并得到行为的改善（Fantuzzo et al., 2005; Fantuzzo et al.,1996; Kot et al., 1998），自我概念的提升（Kot et al., 1998），对家庭暴力有更深入的理解，包括这不应该怪他们（Ernst et al., 2008）。

遭遇自然灾害的儿童

咨询中的道具和活动也用于支持遭遇自然灾害（例如地震和飓风）的儿童。玩玩具（e.g., Shen, 2002; 第28章和第29章）、艺术活动（e.g., Chemtob et al., 2002; 第25章）和讲故事（e.g., Macy et al., 2003; 第27章）之类的咨询技巧已经得到研究。研究发现，在自然灾害之后，游戏治疗中儿童的焦虑和抑郁程度较低（Macy et al., 2003; Shen, 2002）、自杀率较低（Shen, 2002），并且治疗减少了 PTSD 症状（Chemtob et al., 2002）、增加了自我效能感（Ho et al., 2016）、提升了自尊和管理自己感受的能力（Macy et al., 2003）。

情绪的表达和管理

情绪的表达和管理是不容易的！道具和活动能够用来支持儿童探索、管理他们的情绪，尤其是在口头表达可能有困难或发展不当的时候。比如，那些有机会涂鸦的儿童比没有被提供涂鸦机会的儿童能够传达更多关于情绪事件的信息（Driessnack, 2005）。在我们的研究中，我们发现那些无法从认知上报告他们情绪能力（通过检查表）的儿童能够通过使用我们在第 15 章（Geldard et al., 2009）中描述的隐喻性果树来探索这些能力。在支持儿童管理无家可归的感觉、家庭关系压力源以及悲伤和丧失时，游戏疗法的有效性已经得到了研究证实。游戏治疗中的道具和活动支持儿童表达和管理他们的情绪，包括玩玩具（e.g., Baggerly and Jenkins, 2009；第 28 章和第 29 章）、游戏（Burroughs et al., 1997；第 30 章）、艺术活动（Nabors et al., 2004；第 25 章）和沙盘游戏（Nasab and Alipour, 2015；第 23 章）。

接受游戏治疗以支持家庭关系的儿童在接受治疗后，亲子关系的压力明显降低（Dougherty and Ray, 2007）。此外，儿童在父母离婚五年内接受游戏治疗，其抑郁和焦虑水平较低（Burroughs et al., 1997）。另外，游戏治疗还会降低分离焦虑的症状（Nasab and Alipour, 2015）。

在参加了一个哀悼营后，儿童报告说，艺术活动帮助他们表达和释放他们对悲伤的感觉，以及他们对死亡的担忧。儿童及其父母都报告说，这是一种积极的经历，并指出与同样失去家庭成员的同龄人在一起的好处（Nabors et al., 2004）。

行为

一些研究还探讨了利用道具和活动在支持儿童行为方面的好处。研究着眼于游戏疗法对焦虑行为，尤其是攻击性行为的影响。道具和活动用于支持的行为包括玩玩具（e.g., Legoff and Sherman, 2006；第 28 章和第 29 章）、游戏（e.g., Garaigordobil et al., 1996；第 30 章）、书和故事（e.g., Shechtman, 1999；第 27 章）。

研究发现，对发育障碍儿童进行游戏治疗可以支持他们的社会互动（Kaduson and Finnerty, 1995; Legoff and Sherman, 2006; O'Connor and Stagnitti, 2001; Wolfberg et al., 2015），减少社会脱节和破坏性行为（O'Connor and Stagnitti, 2001），增加适应性行为，尤其是在社会技能领域（Legoff and Sherman, 2006），并且改善与注意力相关的行为（Kaduson and Finnerty, 1995; Ray et al., 2007）和自我控制（Kaduson and Finnerty, 1995）。在咨询中使用道具和活动还对儿童的情感有积极作用，降低焦虑和情绪的不稳定性（Ray et al., 2007）。

在咨询中使用道具和活动被证明能够通过减少攻击性行为和增加建设性行为（如合作、反应和移情）来支持积极的社交和情感技能（Bay-Hinitz et al., 1994; Garaigordobil et al., 1996; Garza and Bratton, 2005; Shechtman, 1999）。游戏治疗还能够帮助表现出关心行为的儿童理解人际关系（Karcher and Shenita, 2002）。

儿童－咨询师关系

在总结本章之前，我们认为需要再次重点提及儿童－咨询师关系的重要性。正如第 2 章所述，儿童－咨询师关系是进行儿童咨询时的关键因素。事实上，越来越多的研究发现治疗关系对治疗性改变的贡献大于对成人（e.g., Lambert, 2013; Wampold, 2001）和儿童（e.g., Karver et al., 2006; Shirk and Karver, 2003）使用的特定策略或方法。在我们的经验里，道具和活动的使用支持了儿童－咨询师关系的发展，因为它们很好地为儿童创造了一个没有威胁和积极的环境（e.g., Kool and Lawver, 2010）。研究不仅表明游戏治疗是改变的有效媒介，它们还有助于发展咨询的一个关键因素——儿童－咨询师关系。因此，道具和活动是儿童咨询的重要组成部分。在下一章中，我们将探讨与选择合适的道具或活动相关的问题。

● 重点

在咨询中使用道具或活动有广泛的研究基础，研究表明在对住院儿童和经历过创伤的儿童进行咨询时，游戏治疗非常有效。游戏治疗还能帮助儿童处理自己的情绪和行为。

游戏治疗也能帮助发展儿童－咨询师关系，研究发现，在进行儿童咨询时，这是一个关键要素。

◎ 更多资源

读者可以搜索循证儿童治疗的网站 evidencebasedchildtherapy.com 浏览更多有关游戏治疗研究的资料。

访问 http://study.sagepub.com/geldardchildren 查看 *Evidence-Based Practice*。

第21章

选择适宜的道具或活动

我们通过道具或活动使儿童投入咨询并讲出发生在自己身上的故事。在选择道具或活动时，我们必须谨记每个儿童都是不同的，不论是从整体上看，还是从他们身上亟待解决的问题和行为上看。每种可利用的道具或活动都有各自的特点。我们必须将道具或活动与个体儿童及他们的能力和需要进行匹配。在选择道具或活动时，具有重要作用的因素包含如下几点。

◇ 儿童的心理年龄
◇ 儿童接受的是个体咨询还是团体咨询
◇ 儿童当前的咨询目标

为了便于选择道具和活动，我们已经建立了四个表（表21-1至表21-4）。这些表从不同角度分析了道具和活动的适宜性。在每个表中，最适宜的道具和活动用深灰色方格表示，比较适宜的用浅灰色方格表示，最不适宜的用空白方格表示。

适用于不同年龄组的道具和活动

表21-1可以用来挑选最适合儿童发展阶段的道具或活动。例如，假装

游戏是一种非常适合2～5岁学龄前儿童的活动。青春期早期或青春期的儿童在认知和抽象思维能力方面日趋成熟，这种活动已经不能吸引他们。他们可能更愿意参与那些使用模型动物和玩偶的更具吸引力的活动。

表21-1 适用于不同年龄组的道具和活动

道具 \ 年龄	学龄前 2～5岁	学龄 6～10岁	青春期早期 11～13岁	青春期晚期 14～17岁
书籍/故事				
黏土				
建筑模型				
绘画				
指画颜料				
益智游戏				
想象之旅				
假装游戏				
模型动物				
彩绘/拼贴画				
玩偶/毛绒玩具				
沙盘				
模型/玩偶				
工作单				
技巧				

最适宜
比较适宜
最不适宜

我们已经发现，在不考虑年龄的情况下，性别差异极少影响个体对道具或活动的选择，男孩和女孩都能轻易融入上面所列的道具和活动之中。

有些儿童由于过去的创伤和情感问题，在情感、社会性和认知上表现出倒退。因此，这些儿童在正常情况下可能会更适合低龄儿童的活动。

适用于不同情境的道具和活动

在更多情况下，咨询师对儿童进行的是个体咨询，但有时候也针对兄弟姐妹团体或有相似问题、相似经历的团体。另外在其他一些时候,心理咨询也会在家庭情境中进行(第9章)。

表 21-2 介绍了在这些不同情境下道具的适宜性。虽然所有的道具和活动都对个体咨询适用,但是有一些并不适合团体或家庭咨询。

表 21-2　适用于不同情境的道具和活动

道具＼情境	个体咨询	家庭治疗	团体咨询
书籍/故事	■最适宜	□最不适宜	□最不适宜
黏土	■最适宜	■最适宜	■最适宜
建筑模型	■最适宜	■最适宜	▨比较适宜
绘画	■最适宜	■最适宜	■最适宜
指画颜料	■最适宜	▨比较适宜	■最适宜
益智游戏	■最适宜	▨比较适宜	■最适宜
想象之旅	■最适宜	■最适宜	■最适宜
假装游戏	■最适宜	■最适宜	■最适宜
模型动物	■最适宜	■最适宜	■最适宜
彩绘/拼贴画	■最适宜	■最适宜	▨比较适宜
玩偶/毛绒玩具	■最适宜	■最适宜	■最适宜
沙盘	■最适宜	■最适宜	■最适宜
模型/玩偶	■最适宜	■最适宜	■最适宜
工作单	■最适宜	■最适宜	▨比较适宜
技巧	■最适宜	▨比较适宜	■最适宜

图例：■最适宜　▨比较适宜　□最不适宜

适用于不同预期目标的道具和活动

表 21-3 列出了一些主要目标,其中每个目标都对应螺旋式治疗改变的不同阶段(见图 7-1)。这个表简要说明了何种道具或活动最适合帮助儿童实现这些目标。

表 21-3　适用于不同预期目标的道具和活动

道具＼目标	获得对问题和事件的掌控感	通过身体的表达变强大	鼓励情感的表达	发展解决问题和做决定的能力	发展社会技能	建立自我概念和自尊	提高沟通技巧	提高洞察力
书籍/故事	●	○	●	●	○	●	●	●
黏土	◐	●	●	○	○	○	○	◐
建筑模型	○	○	○	●	◐	○	○	○
绘画	●	○	●	○	○	◐	◐	●
指画颜料	◐	●	●	○	○	○	◐	◐
益智游戏	○	○	○	●	◐	◐	○	○
想象之旅	●	○	●	○	○	●	◐	●
假装游戏	●	●	●	◐	●	◐	●	●
模型动物	◐	○	◐	○	◐	○	●	◐
彩绘/拼贴画	◐	○	●	○	○	●	◐	◐
玩偶/毛绒玩具	●	○	●	○	◐	●	●	●
沙盘	●	○	●	◐	◐	●	◐	●
模型/玩偶	●	○	●	◐	●	●	●	●
工作单	○	○	○	●	○	◐	○	○
技巧	◐	○	○	●	◐	◐	●	◐

图例：● 最适宜　◐ 比较适宜　○ 最不适宜

获得对问题和事件的掌控感

为了获得对过去事件和目前问题的掌控感，儿童必须做出下列行为之一。

◇ 儿童通过再次扮演、表演或解释来重新经历萦绕心头的过去事件或创伤。在这个过程中，儿童可能需要想象他们如何改变自己在这些事件中的角色，这样他们会感觉更为安心舒服。他们也需要想象自己投入到能够使他们体验到改变的活动中去

◇ 模仿一个事件，这个事件能让儿童经历掌握权力或有控制感，而这些他们在之前的事件中可能都没有经历过

这些行为所遵循的是让儿童获得对过去事件的掌控权，儿童需要利用道具来想象有强大角色的情境。这些角色有时候可能完全是幻想出来的，它赋予儿童超人般的能力来处理外在和内在状况。下面是一些道具使用得当的例子。

◇ 利用书和故事来鼓励儿童改编故事。儿童可能将他们自身的偏好投射到故事中的人物身上

◇ 绘画能让儿童画出那些描写创伤的事件。在这些画中，儿童可以将自己描写成强有力的或被人控制的

◇ 在"想象之旅"中，邀请儿童重访重要的生活情景。为了获得对之前自己无能为力的环境的控制感或掌控感，他们可以在想象中做出新的行为

◇ 在假装游戏中，儿童可以扮演强有力的正面角色

◇ 彩绘和拼贴画的用途与绘画是相似的

◇ 玩偶和毛绒玩具可以使儿童把自己想成强大的人

◇ 沙盘游戏让儿童创造虚构的环境，在这个环境中，他们可以感觉自己是控制的一方

◇ 模型和雕像的用途与玩偶是一样的，它们适合大龄儿童

通过身体的表达变强大

当儿童见证自己确实影响了环境时，他们就能感觉到自身的能力。在心理咨询过程中，这可以通过提供活动和道具或是扮演强大的角色来实现，使儿童能够控制这些道具并改变它们。

◇ 儿童可以把块状的黏土砸平

◇ 当用指画颜料作画时，儿童可以积极改变他们的图画，也可以破坏画中的图像

◇ 在假装游戏中，低龄儿童可以用玩具剑攻击豆袋沙发

◇ "正义"和"邪恶"的玩偶可以假装打架。大龄儿童可以使用玩偶来

完成相似的事情
- 在沙盘游戏中，儿童可以把玩偶或物体埋在沙子下来抹去或隐藏它们

投入这些活动对儿童来说可以是一种发泄，因为它们以具体的方式来象征儿童影响周围环境的能力。

鼓励情感的表达

我们已经讨论过鼓励和帮助儿童表达情感的重要性和好处。有些道具和活动本身比其他事物更能有效帮助情感的表达。
- 黏土有助于生气、悲伤、恐惧和担忧的表达
- 绘画不只是让儿童触碰那些投射的想法，也包括他们的情绪、情感
- 指画有助于儿童产生喜悦、幸福和快乐的情感
- 在彩绘和拼贴画中，儿童可能会把材料的质地和情感联系起来

发展解决问题和做决定的能力

在螺旋式治疗改变模型的某个阶段，我们要求儿童尝试取舍、做选择、冒险、接受挑战并改变行为。适宜的道具可能包括以下内容。
- 在读书和讲故事的过程中，探索可供选择的解决方法。例如，小红帽可以给狼设陷阱，这样她就不会被吃掉，还可以把外婆救出来
- 玩偶和毛绒玩具。儿童可以编出一段对话来解决两个或多个人物之间的难题
- 沙盘。儿童可以重新摆出不同的图景来适应不同的需要
- 模型和玩偶。用法与玩偶和毛绒玩具相似，更适合大龄儿童
- 工作单。可以直接提升儿童处理解决问题和做决定的能力

发展社会技能

为了更美好的未来，许多儿童必须发展社会技能。其中通常包括学习与

他人交往的不同方式，这样他们才可以交朋友，满足自身需要，做出适当的决断，确立并生活在合理的界限内，以及与他人合作。

为了培养具备适应性的社会技能，儿童必须理解和体会社会性行为的结果。这可以通过使用下列道具或活动来实现。

◇ 活动，诸如与儿童玩游戏并给予反馈
◇ 假装游戏，它能帮助低龄儿童学习和练习社会技能
◇ 玩偶和毛绒玩具，它可以帮助儿童学习和练习社会赞许的行为
◇ 工作单，主要针对特定的社会技能问题

建立自我概念和自尊

我们已经发现，无论何时经历的烦恼或创伤事件几乎都不可避免地会对儿童的自我概念和自尊产生负面影响。为了建立自我概念和自尊，咨询师必须选择能促进儿童自我实现和独立的活动和道具，并帮助儿童探索、接受和评估他们的优缺点。适宜的道具和活动如下。

◇ 儿童可以创作连环画来表现自身力量的发展。例如，儿童可以画出他们从婴儿期到现在的进程，并突出有纪念意义的里程碑事件
◇ 指画并不需要什么技巧，所以儿童创作的任何作品都是可接受的
◇ 我们可以选择针对儿童特定技能的益智游戏，并给他们好好表现的机会
◇ 假装游戏允许儿童体验当带领者或助人者的感觉，以此来发现他们独特的长处
◇ 彩绘和拼贴画与指画的用途相似
◇ 专门设计的工作单可以用来解决与自尊和自我概念相关的问题

提高沟通技巧

通常当儿童向朋友和重要他人讲述他们的故事时，可能听起来有些混乱、前后不一致，有时候很难让人相信。有些活动有助于突出故事发生的顺

序、与主题相关的重要话题、儿童对重要事件的理解以及儿童在不同时间段的感受。

- 讲故事帮助儿童提高沟通技巧
- 想象之旅帮助儿童回忆，因此儿童能更轻松地叙述他们对事件的感知
- 假装游戏通过积极地角色扮演来促进沟通
- 模型动物可以建构一种视觉图景，帮助儿童谈论他们对关系的感知
- 玩偶和毛绒玩具帮助儿童用言语表达他们对人的情绪和感知，并允许儿童将他们的感知投射到人身上
- 在沙盘游戏中使用模型可以帮助儿童建构出关于他们自身经历的视觉图景，并且摆放模型还可以体现出发生时间的顺序
- 视觉图景有助于儿童讲述他们的故事，因此可以用来练习沟通技巧

提高洞察力

如果儿童想要提高洞察力并加深对自身和他人的了解，就要理解他们在重要事件中发挥了怎样的作用，以及凭他们的经历如何适应更广泛的社会体系。

- 读书和讲故事可以提高洞察力，因为它们阐述了现实的人类行为以及不可避免的行为结果
- 绘画帮助儿童洞悉他们自身在事件中的位置，可以让儿童画连环画来表现过去顺序发生的事件
- 想象之旅帮助儿童重新记起他们曾经陷入的某个事件和经历，因此能够获得洞察力
- 假装游戏可以让年纪较小的儿童在游戏中扮演其他人的角色。因此，他们可以发展出对自己和他人的动机和行为的洞察力
- 模型动物的使用帮助儿童洞察动物之间的关系，可以通过将模型动物放在彼此靠近或是相距较远的地方

道具和活动的属性

每种类型的道具和活动都有其独特的内在属性。我们将其分为四大类，如表 21-4 所示。

表 21-4 道具和活动的属性

道具 \ 属性	不受限制且易拓展	功能性和包容性	熟悉且稳定	教育性
书籍/故事	●	◐	●	●
黏土	●	○	○	○
建筑模型	◐	●	◐	◐
绘画	●	◐	●	◐
指画颜料	●	○	○	○
益智游戏	○	●	●	●
想象之旅	●	○	○	○
假装游戏	●	◐	◐	○
模型动物	◐	◐	◐	○
彩绘/拼贴画	◐	◐	●	◐
玩偶/毛绒玩具	●	◐	◐	◐
沙盘	●	◐	◐	◐
模型/玩偶	◐	◐	◐	○
工作单	○	●	●	●
技巧	○	◐	●	●

图例：● 最适宜　◐ 比较适宜　○ 最不适宜

不受限制且易拓展的道具和活动

不受限制且易拓展的道具和活动允许自由表达，它们没有特定的界限或限制，是灵活可变的活动，通常涉及触觉和动觉。例如，在"想象之旅"中儿童可以通过他们的想象做出想要的任何改变。在假装游戏中，儿童可以任意创作、延续和更改一出剧目。指画颜料和黏土有动觉和触觉的特性。对这些道具和活动来说，儿童并不需要专门的技能，所以极少会失败。

具备功能性和包容性的道具和活动

这些活动和道具让儿童体验到包容和挑战的感觉。它们要求儿童细心谨慎，而且通常会有一个最终产品或结果。例如，如果我们让儿童用乐高拼装玩具来搭建一个模型，这就要求他们把精力集中在一项需要思考和计划的特定任务上，而我们可以把最终的模型视为成品。

熟悉且稳定的道具和活动

这些道具和活动提供了进行简单、重复活动的机会，有时候是互动的再现。它们提供了一种稳定和可预测感。例如，当进行假装游戏时，儿童已经熟知的和稳定的主题可以持续重演，这对那些来自混乱和不安背景中的儿童尤其有效。

教育性的道具和活动

这些道具和活动为学习、接受以及拒绝规则提供了机会。它们是结构性的，不需要横向思维，始终朝着一个目标前进。例如，当使用工作单时，儿童的表现基于他们对工作单内容的认识。

总结

在本章中，我们已经全面评述了如何选择道具和活动。在接下来的章节中，我们将讨论如何使用各种道具和活动。

□ 案例学习

你和 13 岁的露丝一起工作了一段时间。在咨询过程中，露丝已经能够开始在治疗改变的螺旋中移动，并开始分享她被不在场的继父性虐待的故事。你会选择什么样的道具或活动来支持露丝继续分享她的故事和感受她的情感？什么因素影响了你的决定？当露丝继续沿着治疗改变的螺旋移动时，你的选择会发生什么变化？

● **重点**

- 对道具和活动的选择依赖于儿童的心理年龄，接受个体咨询还是团体咨询，以及咨询的直接目标。
- 可能的咨询目标包括以下几方面。
  获得对问题和事件的掌控感。
  通过身体的表达变强大。
  鼓励情感的表达。
  发展解决问题和做决定的技能。
  发展社会技能。
  建立自我概念和自尊。
  提高沟通技巧。
  提高洞察力。

◎ **更多资源**

游戏是一个核心组成部分，不仅是为了支持咨询环境中的目标，也是为了发展儿童的总体健康和福祉，正如杰弗里·戈德斯坦（Jeffery Goldstein）在 www.ornes.nl/wp-content/uploads/2010/08/Play-in-children-s-developmen-health-and-well-being-feb-2012.pdf 的文章中概述的那样。

访问 http://study.sagepub.com/geldardchildren 查看 *Music Therapy/Autistic Spectrum Disorder: Music therapy goals*。

第 22 章

模型动物的使用

在 SPICC 模式（图 8-1）的第一阶段（融入儿童），使用模型动物是非常有效的，这时可以试着发现儿童如何看待自身和家庭的原始信息。模型动物的使用涉及以下五个关键问题。

◇ 所需的材料
◇ 使用模型动物的目的
◇ 使用模型动物的方法
◇ 使用模型动物所需的咨询技巧
◇ 道具的适用性

所需的材料

我们需要多种小的玩具动物和其他生物模型。最好是从下列每组中都选择一些小动物或生物。

1. 家养宠物
2. 农场动物

3. 丛林动物
4. 动物园动物
5. 恐龙
6. 爬行动物（蛇、鳄鱼、蜥蜴）
7. 虫类动物（蜘蛛、蚱蜢）
8. 海洋生物（海龟、海豚、鲸鱼）

这些动物和其他生物最好是塑料制品并有恰当的配色，这样看起来就比较真实。另外，它们应有不同的型号，其中有的外观很漂亮，有的看起来很好斗，有的则看起来很温顺。最好是雌雄动物兼具，还有一些种类要配动物的幼仔。加入恐龙是很重要的——儿童喜欢它们，尤其是非常大型的、外表狂暴的动物。

所有模型动物都必须能够在没有支撑的情况下自由站立。当动物倒下的时候，儿童会感到挫败并分散注意力。我们一般会将模型动物的数量限制在50个以内。因为如果我们要求儿童从较多的模型中进行选择，有些儿童会觉得无从下手。

在使用模型动物时，需要一片大面积的、平坦的工作空间，可以是桌子或地板。我们一般更喜欢坐在游戏治疗室中铺着地毯的地板上进行工作。

使用模型动物的目标

使用模型动物的主要目的是让儿童讲出他们的故事，讲出他们对自身人际关系以及与家庭其他人关系的感知。使用模型动物能促使儿童做出下列行为。

1. 探索过去、现在和未来与其他人的关系。
2. 更充分地了解其在家庭中的位置。
3. 探索其对未来关系的恐惧感。
4. 幻想可能的未来关系。

5. 探索对未来与其他人的关系的恐惧感。
6. 探索对人际关系难题可能的解决方法。

模型动物可以用来探索儿童在其他体系和环境下的人际关系，例如学校、寄养中心或在医院接受药物治疗。

模型动物也可以与沙盘游戏结合使用（第23章）。

如何使用模型动物

当使用模型动物时，咨询师的任务就是鼓励儿童聚焦生活中的重要关系，并把与这些关系有关的故事讲出来。在讲故事的过程中，咨询师可以帮助儿童确认重要的主题和问题，也可以允许儿童体验出现的任何情感。

咨询师以介绍动物作为开始。咨询师可能这样说："今天，我们可以和玩具动物一起玩。我们要用一种特殊方式来与它们进行游戏。首先，你来选择一种最像你的动物。"

在提出这个要求之前，很重要的是让儿童了解要求他们选择的是目前状态下最像他们的动物，而不是选择他们期望变成的一种动物。例如，某个儿童可能认为自己是顺从听话的，但是他可能幻想自己变得强大。如果这个儿童选择小羊来象征自己，就是恰当的，但是如果他选择一条霸王龙，就肯定是不恰当的。同样，如果儿童选择一种动物仅仅是基于体型的相似性（例如，一个又高又瘦的儿童选择一只长颈鹿），可能也是不行的。这种做法的目的是请儿童选择一种他们认为与自己在人格、行为和情感特性上最相似的动物。我们发现通过以上要求，一般都能从儿童身上得到我们想要的回应。

一旦儿童选择了他们的动物，咨询师就应当请儿童说出所选动物的样子，可以这么问，"告诉我有关狮子（或者任何一种选择的动物）的一些事情"或"那只狮子是什么样的呢"。

有些儿童会对所选动物的体型和身体特征进行明显和具体的陈述，这是没有用的。为了鼓励儿童描述动物的性格特质，咨询师可以说"我想知道这个动物的内心"或"再告诉我一些其他的事情"。

我们注意到，咨询师提到的是"这个动物"或使用它的名字（例如"狮子"）。咨询师并不会用儿童的名字称呼动物，也不会暗示这个动物就是儿童，尽管儿童所选的动物是最像自己并用来象征自己的。用"动物"或动物名字来称呼可以使儿童将自身和所选的动物分离，这样虽然在某些方面动物象征着儿童，但与他们是不同的。然后，他们可以安全地把性格、特征和行为投射到动物身上。动物会成为负面、正面和令人无法接受的特性的拥有者，而不是儿童。由此，儿童能够更为自由地归结那些他们意识到但没准备好承认的负面和不受期待的行为。

有时候，儿童选择的动物可能会被咨询师认为具有某些特性。例如，儿童可能选择一头豹子。咨询师认为豹子是狂暴的，儿童却可能认为豹子是强大而友好的，而不是狂暴的。因此，咨询师必须谨慎地避免把自己的想法投射到儿童所选的动物上。

有时候，儿童想要选择不止一种动物来象征自己。因为两种动物可能象征儿童的不同方面，这可能是很有用的。例如，有秘密的儿童可能会选择一只母鸡来表示想要保密的那个自己，而选择一头公牛来表示想要把秘密告诉他人的那个自己。

一旦儿童选择好最像他们的动物，咨询师就会鼓励儿童选择其他动物来象征他们家庭中的其他成员。另外，我们要求儿童选择动物来象征家庭中离开或已逝的成员。采用与之前同样的程序，咨询师做出诸如此类的要求："现在选择最像你妈妈的动物。"当选好每种动物后，咨询师问儿童："那个动物是什么样的呢？"

当选择完所有动物后，我们鼓励儿童将动物放在他们面前。最终，儿童面前会有一组动物来象征他们的家庭。当这个"家庭"完整时，咨询师应当注意儿童所选的动物摆放的位置，并说出他们摆放动物的方式。例如，咨询师可能会说"你的动物都排成一条直线"或"你的动物以斑马为中心围成了一个圈"。通常，当咨询师观察到这些时，儿童会很自然地讨论其动物摆放位置的含义。例如，儿童可能说："其他所有动物都在看着斑马，因为她喜欢开他们的玩笑。"

有时候，儿童不会对咨询师关于这组动物摆放的反馈做出答复。在这种情况下，咨询师可以对儿童说："将这些动物摆成一个图形。"一旦儿童摆好这些动物，咨询师可以对此进行评论。

在此基础上，咨询师可以开始探讨小组内动物之间的关系。例如，咨询师开始探讨狗（象征儿童）和恐龙（象征儿童的父亲）之间的关系。咨询师可能会问："我在想对狗狗来说旁边有只恐龙会是什么感觉呢？"

之后，咨询师可以问："对恐龙来说旁边有只狗狗会是什么感觉呢？""马（象征儿童的妈妈）看到狗狗和恐龙在一起会是什么感觉呢？"咨询师询问儿童小组中的其他动物对这种摆放有什么想法也是很有用的。我们还可以要求儿童把狗移到一个动物旁边。与此相似的是，可以要求儿童将小组中的其他动物移到不同的位置。通过这种方式，可以对小组内的多种关系进行探索。

在这个过程中，咨询师并不移动动物，只是要求儿童移动它们。这种做法可以让儿童发展出对他们所叙述的故事的一种更强烈的归属感，也更可能感受到对这个过程的控制感，同时能更多地到达他们的感知。

有时候，咨询师可能注意到，某个儿童在移动某个动物到特定位置时是很勉强的。这时，咨询师可以将他们的观察反馈给儿童，比如可以说："你似乎很不高兴把鸭子放到蛇旁边。"通过这种信息反馈，咨询师能提升儿童对重要情绪的意识。在每种动物都被移动后，我们再次询问儿童关于其他不同动物对位置改变的感觉。由此，儿童用一种间接的方式，与咨询师分享了关于家庭及家庭内部关系的图画。然而，我们要记住使用模型动物的整个过程主要是依靠投射。

使用模型动物的投射本质

在使用模型动物的整个过程中，咨询师不会将选出来的这组动物称为"儿童的家庭"，也不使用儿童家庭成员的名字。因为这可能会限制儿童将特性、行为、想法和情感分配到动物身上，也可能会阻碍儿童自由探索动物之间关系的能力。整个过程是以投射为基础的，儿童将来自家庭的观念投射到动物身上，并且拥有夸大或修正这些投射的自由。通过使用这种投射技巧，儿童可能会在到达之前由于害怕面对后果而被压抑到潜意识中的观念和信念。

因为过程是投射性质的，所以儿童将会在动物小组的关系和行为与自身家庭的关系和行为之间建立联系。在这么做的时候，他们可能会对家庭内的关系有重大发现，并且想要谈论这个话题。当出现这种情况时，咨询师可以使用本书第三部分介绍的心理咨询技能，让儿童能够继续讲述他们的故事。在这个阶段，儿童可能会有强烈的情绪体验（正如螺旋式治疗改变模型所阐释的，见图 7-1）。

对使用道具的进一步探讨

除了探索当前的关系外，咨询师也可以探索儿童如何感知家庭成员的缺失。例如，咨询师可以对儿童说："我想让你把这只恐龙藏在你背后。"现在，呈现在儿童眼前的画面缺少了一只恐龙（父亲）。

模型动物可以用来帮助儿童探索如何让家庭内部关系变得更和谐。咨询师可以这样做：让儿童在其他动物（家庭成员）之间找一个最舒服的位置，把代表自己的动物放在那里。

让儿童将代表自己的动物放在令他们感到痛苦的动物旁，这种做法也是很有帮助的，因为儿童可以更充分地体验由此产生的情感并进行处理。

当咨询接近尾声时，我们可以让儿童把所有这些动物按照最舒服的方式摆放。咨询师可以说："我想让你重新摆放这些动物，让所有动物都能感到快乐和舒服。"这样，围绕家庭内部关系问题来结束治疗，可以使儿童在离开时有个好心情。

一般情况下，在使用模型动物并且儿童正在讲述他们的故事时，咨询师不应对儿童建议、解释，或表扬儿童。同样，惊讶、赞同或不赞同也会侵入讲述故事的过程并可能对其产生影响，这样就不再是儿童真实的表现了。咨询师必须严肃地对待儿童的故事，并把这种尊重传递给儿童，即使儿童故事中的事实信息明显是完全错误的。只有让儿童有机会按照他们自己的方式讲述他们的故事，之后儿童才可以继续前进并探测他们对事实的感知。很有趣的是，当我们对家庭中的不同儿童使用模型动物时，经常能听到每个儿童截然不同的故事，尽管这些故事中某些很重要的成分是相同的。

使用模型动物所需的咨询技巧

在使用模型动物时，第三部分讨论的所有咨询技巧都是必需的。下面这些技巧尤其有用。

- ◇ 观察
- ◇ 内容反应和情感反应
- ◇ 陈述（对观察的反馈）
- ◇ 开放式问题

下面是关于上述技巧常用用法的一些例子。

使用观察和情感反应

咨询师可以说："我注意到当你把猴子和山羊放在一起的时候很开心。"

使用观察和陈述

咨询师可以向儿童陈述观察的结果来作为反馈："我注意到与犀牛离得最远的是小鸡。"

使用开放式问题

咨询师可以问："当恐龙站在这只动物前面时，它会怎么样呢？"

通常在采用模型动物时，咨询师可以逐字重复儿童使用的词语来鼓励他们说出更多关于他们的故事。我们来思考这样一个例子，当把猫移到母鸡旁边后，儿童说："大象不喜欢那样。"如果咨询师重复"大象不喜欢那样"，那么儿童可能会更多地思考他们所说的，并更深入地探索他们的想法和情感。

我们必须记住，心理咨询的目的并不是调查。如果咨询师开始询问不必要的问题来满足自己的时间安排，那么儿童故事的真实性几乎肯定要受到危胁。咨询师必须牢记不要侵入，而是逐渐为儿童提供继续讲述的机会。咨询师提出的任何问题都应是为了寻求深化儿童故事的信息，而非按一个特定方向指引故事的发展。提出的问题也应是鼓励儿童谈论事件本身，以及他们对这些事件的看法。

当使用模型动物时，"为什么"的问题是没用的，因为它们驱动的是解释性答案，而解释性答案可能使儿童偏离内在实质。"什么"和"怎么样"的问题是有用的，因为它们鼓励儿童分享那些没有被人为解释所污染的信息。解释会使儿童偏离故事的真实本质，并使他们逃避痛苦的经历。

道具的适用性

如果模型动物按照我们介绍的方式被使用，那么对于7岁以上儿童可以获得最大的成功。对低龄儿童来说，模型动物的使用需要他们做出具体的答复，而且他们也不可能把自己对不同家庭成员的想法投射到动物身上。反之，他们可能会直接讨论所选动物和它们的特性，而且7岁以下儿童的抽象和预测能力有限，他们不了解动机或意图，也很难把其他人的行为投射到动物身上。

模型动物的使用在个体咨询中比在团体咨询中更适合，因为这种道具基于个体对人际关系的感知。

儿童使用模型动物需要得到咨询师的指导。因为我们要求儿童将想法和情感投射到动物身上，所以使用模型动物可以鼓舞儿童身上那些内省的甚至有时候是私密的行为。然而，在一些情况下，这种道具被用来扩大儿童对选择和取舍的探索。

当儿童表现出倒退或在情感上受阻时，鼓励儿童放开地玩模型动物可能还需要一段预热时间。

● **重点**

- 为了融入儿童并发掘儿童对家庭的感知，使用模型动物是有帮助的。
- 我们需要多种小的塑料动物和其他生物。
- 在探索关系、对关系的恐惧、未来关系的可能性以及对关系出现问题后可能的解决方法时，采用模型动物尤其有用。
- 在这个过程中，咨询师称呼动物的名字，并要求儿童移动动物，但是咨询师自己并不触碰这些动物。
- 这种方法的本质是投射。
- 在使用模型动物时，有效的咨询技巧主要包括观察、反应、陈述以及开放式问题的使用。
- 这种道具对 7 岁以上儿童最为合适。一般来说不适合低龄儿童，因为他们没有到达使用投射技巧的认知发展阶段。

◎ **更多资源**

纳丁·塞勒（Nadine Seiler）写了一本关于使用模型动物的书，可以在 www.seilerpublishing.co.uk/images/publications/Creative-tools-social-work-assessment-miniature-animals.pdf 网站上查看。

访问 http://study.sagepub.com/geldardchildren 查看线上资源。

第 23 章

沙盘游戏

在 SPICC 模式的第一和第二阶段（图 8-1），沙盘游戏非常利于帮助儿童讲述他们的故事。我们将按照下面五个主题来讨论沙盘游戏。

◇ 所需的设施和材料
◇ 沙盘游戏的目标
◇ 如何使用沙盘
◇ 使用沙盘的咨询技巧
◇ 沙盘游戏的适用性

所需的设施和材料

沙盘游戏唯一需要的设施就是沙盘本身，所需材料包括沙具、雕像和模型动物。

沙盘

沙盘可以是木头或塑料制品。理想的沙盘是正方形的，长、宽各 1 米，高 15 厘米。木头的沙盘应有防水涂层。

沙子必须是干净的、经过清洗的。我们从自身的实践经验中发现，使用很轻、很细的沙子是错误的。当活泼的儿童玩沙子时，会扬起小型沙尘暴。沙盘中的沙子应当有 7.5 厘米高，沙子表面和沙盘上缘应有 7.5 厘米的距离。这样儿童使用起来就很方便，而且不会把沙子扬出。

有时候给沙子加水是很有用的，尽管并非必要。湿的沙子可以堆成山洞、隧道、山及其他形状。我们把沙盘放在地板上，并与儿童并排坐在地上。

沙具

沙盘游戏中使用的沙具由多种小物件组成，之所以选择这些沙具是因为它们很容易被赋予象征意义。一直以来我们都在收集沙具，因此在我们的沙盘中有了许多不同类型的物件。

这些沙具可以用来象征具体事物，诸如道路、房子、学校、购物中心和人物。另外，它们也可以象征并不那么形象的概念，诸如秘密、想法、信念、愿望和情感障碍。因此，沙具可以用来象征任何在儿童的故事中占有一席之地的或具体，或无形，或抽象的事物。

一套实用的沙具包括以下部分。

一般物件

石块、小石子和鹅卵石	羽毛
贝壳	木头
有盖子的小盒子	弹球
蜡烛	小纸旗
旧珠宝	钥匙
纸	挂锁
饰品	干电池
软管	水晶球

小镜子	纽扣
珠子	马蹄铁
小型金字塔	金色的星星
笔记本	铅笔
铁链	长钉子

小玩具

塑料树	玩具栅栏
飞机	火车
小船	汽车

玩偶和超人

男性和女性玩偶	玩具战士
中世纪	骑士猫女
蝙蝠侠	恐龙战队

玩具动物

龙	农场动物
动物园动物	丛林动物
家养宠物	

拥有普遍象征意义的物件，例如那些滑稽的、令人害怕的、可爱的、有魔力的或有宗教意味的物件，都会成为理想的沙具。

使用沙盘游戏的目标

沙盘游戏为儿童提供了在一个规定空间内使用沙具来讲述他们的故事的机会。当讲述故事时，儿童有机会在沙盘中利用想象重新创造源自他们过去和现在的事件和情境。儿童可能会探索未来的可能性，或表达他们在沙盘中的幻想。因此，沙盘游戏能让儿童达成下列全部或部分目标。

◇ 探索源自过去、现在和未来的特定事件

- ◇ 探索与这些事件相关的主题和问题
- ◇ 表现出那些现在或以前不能接受的行为
- ◇ 在认知上获得对生活事件的理解，因此能够洞悉这些事件
- ◇ 调整极端性
- ◇ 通过将幻想投射出去来改变他们的故事，正如他们在创作的沙盘
- ◇ 通过身体表达来体验变强大的感觉
- ◇ 获得对过去和现在的问题与事件的掌控感
- ◇ 思考接下去可能发生的事情
- ◇ 随着洞察力的提高，寻找解决问题的方法

如何使用沙盘

因为在沙盘游戏中需要用到动觉和触觉，所以大多数儿童看起来很快乐地投入到这个任务中。通常我们会请儿童使用任何他们想要的沙具在沙盘中创作一个场景或一幅图画，以此作为开始。在请儿童创作他们的图画时，我们会考虑这个咨询阶段的目标。下面是给出不同指导语的一些例子，对沙盘游戏的开始可能很有帮助。

例1 有时候，我们会让儿童自由创作他们想要的任何图画，而不会给予任何特定的指引。这种非导向性的方法是有益的，因为它允许咨询师观察儿童投入这个任务并建构这幅图画。之后，咨询师可以寻找在创作过程中出现的任何主题和问题，然后与儿童进行讨论。如果使用这种方法开始沙盘游戏的话，咨询师可以这么说："我想让你用这些东西（沙具）在沙子上摆出一幅图画。"

例2 在有些情况下，咨询师可能想知道儿童和其他人的关系如何。那么，咨询师可能会提出更具针对性的要求："摆出一幅有关所有你认识的人的图画。"

随着这幅图画的形成，咨询师能注意到不同关系的特点，并特别注意到强、弱、距离、亲密性和界限。另外，咨询师应当注意图画中其他重要他人的缺失。咨询师可以使用反馈性陈述来提升儿童对他们所处情境的意识，这样他们就可以处理与此相关的问题。

例3　有些儿童表现出高度的焦虑。对这些儿童给出适当的指导语是很有帮助的，例如，"把那些最让你感到恐惧的东西摆出一幅图画"。

之后，随着图画的完成，咨询师可以说："找到那些能让你回想起……（鬼、蜘蛛或任何相关事物）的东西。"

这些指导语对儿童很有帮助，因为通过将恐惧本身具体化，儿童能以象征的方式来处理恐惧。例如，儿童可以将其掩埋或把它从沙盘中拿走。

例4　有些在情感上受到剥夺的儿童，在他们小时候会出现一些由于被拒绝和抛弃所产生的问题。对这些儿童来说，很重要的是探索他们对其接受的抚养方式的感知。在此类案例中，咨询师可以说："摆出你还是婴儿时的样子。"

通过建构这幅图画，儿童能够认识并体验作为孩子却没有得到亲近和爱抚的痛苦。在咨询师的帮助下，正视和体验这种痛苦，儿童能够发现自己的成长方式。有时候，在那些缺少母亲或遭受冷遇的儿童案例中，儿童能够认识到还有另外的人在关爱他们。儿童在处理了对母亲行为的痛苦后，认识到他们可以从其他人那里得到关爱，由此就可能获得正面情感。

在咨询师指导语的指引下，儿童开始在沙盘中创作一幅对自己的现在、过去和未来部分世界感知的微型图。当儿童开始创作时，咨询师在儿童身边安静地坐着，若非必要的情况就不要干扰儿童的故事。作为咨询师，要注意故事的发展并支持其演变。不要试图解释，而应尝试识别儿童所表示的符号性象征。

沙盘游戏是很强大的，因为它采用沙盘图画的方式提供了一种视觉结构，并且伴随来自观察者（咨询师）的反馈。于是，儿童可以通过直接观察他们在沙盘中创作的场景和咨询师的反馈性陈述来理解他们的世界。

随着沙盘图画的形成，可能会存在几个阶段的建构。例如，儿童可能创作出一幅图画，图画中房子被一层栅栏围住。随着儿童逐步展开他们的故事，他们可能绕着栅栏放上一排树。之后，随着故事的继续，儿童更可能会在树外边用沙子堆成山和水沟。随着儿童故事的发展，沙盘中的图画经历了三个不同的阶段，每个阶段看起来都围绕房子在增加障碍物。很明显，这里可能存在安全问题。然而咨询师不应做出解释，因为解释可能是错误的；相反，咨询师应在观察的基础上给予儿童正确的反馈，可以这么说："我注意到房子周围已经放置了一排栅栏、一些树、山和水沟。"通过在沙盘中逐步建构他们的图画，以及基于咨询师的反馈而不断提高意识，儿童现在可能认识到了他们的问题（安全感或其他），并可能继续解决这个问题。

对咨询师来说，很重要的是允许发展过程的出现，并且不要解释或侵入。同样重要的是，不要对沙盘故事中的沙具或物体的意义做出假设。比较好的做法是，探索儿童赋予沙具的意义。例如，咨询师可以提问："你能不能跟我说一下这块岩石呢？"儿童可能回答说："那是教堂，在那里我们可以得到好多吃的。"通过这种方式，儿童对故事中的问题和发展意识得到了提升。

我们在描述如何使用道具时，已引进了一些咨询技巧的例子。然而，现在我们想要更有针对性地思考沙盘游戏中最重要的技巧类型。

使用沙盘的咨询技巧

当儿童正在讲述他们的故事，同时有必要进行干预时，咨询师应当使用第三部分介绍的咨询技巧。下面这些具体技巧在沙盘游戏中是最有用和相关的。

1. 观察

2. 使用陈述
3. 提问题
4. 给出指示
5. 结束沙盘游戏的技巧

观察

咨询师通过观察儿童在沙盘游戏中讲述的故事，可以了解大量有关儿童、儿童生活和问题的信息。咨询师可以通过反馈性陈述将观察到的信息反馈给儿童，这样他们就可以更充分地触及那些生活中的棘手问题。你可能会发现，在进行观察时运用下列技巧很有用。

1. 注意儿童所选的沙具。
2. 确认儿童赋予这些沙具的特定性质和意义。
3. 清楚一些沙具通常被赋予的意义，并思考这些意义是否与儿童所赋予的意义一致。
4. 观察沙盘中沙具的放置地点：哪些在沙盘中间，哪些在边缘。注意与其他沙具分离和相近的沙具，注意任何被掩埋的沙具和任何占据主导位置的沙具。
5. 注意沙盘中任何空白的地方，因为这可能是很重要的。
6. 观察儿童如何动作，他们是自然的、犹豫的、懒散的、积极的，还是用力的？
7. 观察儿童选择沙具的方式，他们是经过充分谨慎的思考还是急切、随意地放置？
8. 确认出现的主题，诸如抚养、秘密、崩溃、受害和权力。
9. 观察儿童故事中的矛盾。

使用陈述

有时候当儿童致力于他们的沙盘时，会很自然地对其进行讨论。一般情况下，当儿童进行创作时，咨询师要安静地观察。然而如果儿童不讨论他们正在做的事情，在观察一段时间后，咨询师通过将观察所见以反馈性陈述的方式来间接引导儿童谈论他们的故事是合适的。例如，咨询师可以说"你在制作沙盘的时候很谨慎""你摆出的图画看起来很拥挤"或"你的沙盘很热闹"。

这些陈述是非侵入性的，并且可能鼓励儿童谈论这幅图画，而不会引导儿童指向图画中的某个特定部分。然而有时候，上述陈述并不充分，这时咨询师就应使用提问。

反馈性陈述不仅让儿童谈论图画，而且提升了儿童对建构图画时内心过程的意识。他们对问题、想法和情感的意识得到了强化，因此他们能够意识到这些并获得解决办法。

提问题

在提问之前，重要的是咨询师应当记住要安静地坐着观察，而非干扰儿童的自然行进。然而在恰当的时间，例如在暂停时，可以提问来帮助儿童更充分、更深入地探索他们的图画或故事的某些部分。

这里是一些提问的例子。

- ◇ 当使用沙盘时，提一个普遍问题是有帮助的，例如，咨询师问："你能不能跟我讲讲这幅画呢？"
- ◇ 如果在沙盘中有空白的地方，咨询师可以指向这个空白地方来吸引儿童的注意力，并说："我想知道这里发生了什么事。"
- ◇ 如果沙盘图画中有高大威猛的沙具和雕像，咨询师应询问儿童："这些东西看起来高大威猛。你有没有曾经觉得自己是高大威猛的呢？"

给出指示

在本章的前半部分，我们列举了用来鼓励儿童在沙盘中使用沙具开始创作图画或讲述故事的指导语，在这个过程中，可能也需要其他指示。我们来思考下面的例子。

例1 儿童可能通过言语来说明他们的故事接下来的进展。而且，他们可能并不会挪动沙盘中的沙具来配合这种改变。例如，儿童可能摆出一幅儿童在公园中玩耍的场景。之后，他们可能谈论到儿童回家了。然而，他们还是把沙具排放成原先儿童在公园玩耍的样子。在这个案例中，咨询师可以说："让我看看当他回家时发生了什么。"作为回答，儿童可能重新排放沙具并继续讲述他们的故事。结果，新的重要问题可能就出现了，否则就会被遗漏。

例2 如果儿童对图画中的某个特定部分表现出更多兴趣或专注于那个地方，咨询师可以说"告诉我这里都发生了什么事情""告诉我有关这个贝壳的事（贝壳是这幅图画中的一部分）"。

结束沙盘游戏的技巧

咨询师必须判断终止沙盘游戏的恰当时间。好的终止迹象如下。

◇ 儿童自然地停止游戏
◇ 儿童不能进一步动作
◇ 分配给每个咨询阶段的时间即将结束

在恰当的时间里，咨询师应对沙盘游戏中出现的信息进行总结，并检查儿童在结束游戏时必须做的事情。然后，咨询师必须确认儿童完成了目前阶段的工作，并让儿童自己收拾沙具，或者在儿童离开后由咨询师来收拾。对咨询师来说，当儿童在场的时候收拾沙具是不恰当的，因为这是儿童的故事。这么做是侵入性的，并可能导致儿童产生不好的想法。然而对儿童来说，很重要的是让儿童知道当他们再次回来接受下一次咨询时这幅画已经不存在了。

如果咨询师将沙盘中沙具的排放进行拍照，那么他们可以比较不同阶段的照片来轻松确认重复出现的主题和变化。

沙盘游戏的适用性

5 岁及以上儿童喜欢沙盘游戏,甚至它对青少年和成人也很有用。低龄儿童喜欢玩沙子,但是他们的发育程度还没达到使用沙具的水平。

与使用模型动物一样,理想的沙盘游戏适合个体咨询。这是一个没有限制并容易扩展的活动,因为它允许儿童在自己的幻想内探索任何可能性。沙盘的大小和边缘提供了一种局限感,但是不会抑制儿童进行内部探索。沙盘游戏鼓励儿童聚焦内心过程,也支持儿童在咨询师的鼓励下进行探险和互动。

有关沙盘游戏的更多信息可以查看洛温菲尔德(Lowenfeld, 1967)、梅纽因(Menuhin, 1992)、皮尔森和威尔逊(Pearson and Wilson, 2001)的文章。

□ 案例学习

使用沙盘游戏的一个领域是支持经历创伤的儿童。厄恩斯特(Ernst et al., 2008)使用沙盘游戏作为一项干预措施的一部分,以支持那些目睹过家庭暴力的儿童(关于游戏治疗技术循证基础的更多信息,请参见第 20 章)。想象一下,你收到了 10 岁的马克的转介信。马克最近被寄养在一个家庭中,因为他有时在家庭暴力中遭受身体虐待。在咨询过程中,你会如何使用沙盘游戏来支持马克探索他的经历?

● 重点

- 沙盘游戏对帮助儿童讲述他们的故事助益极大。
- 沙盘中所需要的沙具包括一般物件、小玩具、玩偶和玩具动物。
- 通过给予合适的指导,咨询师让儿童在沙盘中创造一幅微型图画,这幅图画是有关他们对现在、过去或未来的感知。
- 咨询师通过观察儿童在沙盘中的动作可以了解有关儿童的大量信息。

- 咨询师可以用陈述来向儿童反馈他们所注意到的有关儿童和沙盘中沙具放置的信息。
- 在儿童进行沙盘游戏的大部分时间里,对咨询师来说最好安静地坐着观察,但是在恰当的时间点,可以提问题来引出有用的信息。
- 在帮助儿童深化他们的故事时,指示是很有用的。

◎ 更多资源

英国读者可以在 www.steppingstonestherapy.co.uk 上购买用于沙盘游戏的象征物,澳大利亚读者可以在 www.sandtopia.com.au 上购买。

访问 http://study.sagepub.com/geldardchildren 查看 *Playing in the Sand Tray, School Counselling in Action: Pupil 1: Age 10, Year 6, 4th session* 和 *School Counselling in Action: Pupil 2: Age 7, Year 3, 6th session*。

第24章

黏土治疗

在进行儿童心理咨询时，黏土可以用来满足多种目的，特别是在 SPICC 模式的第二阶段，即在帮助儿童触及并释放强烈的情绪体验方面（图 8-1）作用尤其明显。另外，当对象是儿童时，黏土是一种极好的材料，因为它的物理特性是吸引人的而且在治疗上是有效的。大多数儿童都觉得黏土的质地能让人舒服地触摸和操作。使用黏土塑造形状以及改变大小和外形都很容易。许多儿童能高兴地投入到泥塑中，并且能全神贯注地去感觉、抚摸、按压、击打、揉捏和塑形。这种触摸和动作的体验是令人高兴和满足的。在某些方面，黏土几乎可以成为这些儿童的一种延伸，好像黏土就是他们的一部分。

黏土能使儿童变得更有创造性。在这种创造性活动中，儿童内心的情感有可能会显现并通过活动进行表达。黏土允许儿童表达多种情感：儿童可以沉静地抚摸黏土，也可以激烈地击打或将其粉碎。因此，儿童蕴含的情感有可能公开宣泄出来。

因为黏土塑造的形状很容易改变，所以这种道具促使儿童通过发展现有的主题并探索新的主题来持续进行游戏。

黏土是一种三维道具。相比涂鸦或绘画这两种二维道具，它赋予儿童更多的创作自由。通过黏土，儿童能自由地创造现实的、想象的或符号性的形状。例如，儿童可以用黏土创造出一个形象来象征妖怪。这种象征妖怪的形状，可以是现实的并且看起来像某种动物，也可以是幻想出来的，或者是一种特殊的象征形状，或者仅仅是粗略造型的黏土块。

黏土治疗对那些觉得自己缺乏创造力的儿童来说非常有益，因为泥塑并不需要什么技能，也没有失败的可能。另外，咨询师并不会强加任何期待或规则，所以儿童能自由表达自己，并且能在没有不必要的限制的情况下自信地将内心体验表露出来。

因为黏土刺激了触觉和动觉，所以它能使那些沉默或封闭感觉和情感体验的儿童再次触及它们。因为这些儿童开始充分地投入泥塑游戏，他们随之提高的动作能力有可能促进情感的有效表达。咨询师有希望看到反映儿童内心加工过程的行为。咨询师必须观察儿童的非言语和言语反应，并通过使用恰当的咨询技巧进行回应。

所需的材料

我们需要柔软的、易弯曲的黏土。重要的是黏土不能太湿或太黏，因为如果又湿又黏，会令人感觉不舒服。黏土也不应过于粗糙或有沙粒，否则会对皮肤产生刺激作用。黏土可以从工艺品店购买块状的，大小是 30 厘米×20 厘米×10 厘米。

我们更倾向于坐在地板上进行泥塑游戏，而不是坐在一张长椅上，因为这样儿童可以更轻松地投入，他们可以坐在黏土旁边并在泥塑作品之间挪动。儿童可以坐在塑料地板上，但是之后必须清理地板，而且这很耗时。通常我们会铺一层防潮布，在使用后卷起来，这样也方便清理。防潮布要足够大，这样才可以提供合适的工作空间，儿童和咨询师也有地方可以舒服地坐着。

我们还需要一条大概长 40 厘米的细铁丝或尼龙绳，两端各绑一个木质手柄，用来把黏土切成块状。就像奶酪切割器一样，黏土能够轻易地被绳子分割成块。配备一些雕塑黏土的工具也是很有用的，诸如木头刮板、硬毛漆刷和塑料刀叉。用压蒜器挤压黏土也很方便。

在进行泥塑的过程中黏土会变得干燥，尤其是在有暖气、空调或风扇的房间里。如果黏土部分干燥，也可以重新复原。这可以轻易做到，过程是将黏土揉成一个大块，用手指在黏土块顶端挖出一些很深的洞，把这些洞灌满水。然后，用黏土将洞口密封。接下来将黏土块放在一个密封的塑料袋中。一天后水就会均匀分散到泥块中，使黏土再次变得松软。

有些儿童因为被黏土弄脏而开始焦虑。为了解决这个问题，我们提供了塑料围裙和方便快捷的水池及活水。

总之，使用黏土所需的材料包含下列物品。

◇ 一大块黏土
◇ 一块防潮布
◇ 塑料围裙
◇ 一根切割黏土的铁丝
◇ 塑形工具
◇ 用来清理的水

使用黏土的目标

要求儿童以黏土的形状来表征或代表生活中出现的重要人物、物体、情感或问题，这给儿童提供了一个很具吸引力的机会来讲述他们的故事。当儿童这么做的时候，咨询师可以使用咨询技巧来帮助他们探索关系，理解他们的过去并发展他们的洞察力。

因为黏土使儿童在讲述故事时发生的内心过程通过外在形式表达出来，所以它在儿童的内心加工过程和咨询师之间搭建了桥梁，并使儿童能够与咨询师分享故事中的隐私。因此，咨询师有机会鼓励儿童表达情感并解决问题。

黏土在帮助儿童释放和投射情感时是非常有用的。当儿童将情感用身体表现出来时,这种投射就出现了。例如,儿童可以敲打或重击黏土、弄平或滚动黏土。当这些行为发生时,咨询师可以帮助儿童认识并承认与身体表达有关的内在情感。

黏土也使儿童通过塑造成形的作品来体验满足感和成功感。

当使用团体心理咨询时,黏土非常有用。在团体背景下使用黏土时,我们可以鼓励儿童彼此互动。通过分享,获得对团体内其他儿童的洞悉和理解。这种分享可以增强儿童对团体的归属感。另外,黏土的使用也可以帮助团体中的儿童认识到他们行为的后果。

总之,使用黏土的主要目标如下。

在个体和团体咨询时使用黏土的目标

- ◇ 帮助儿童讲述和分享他们的故事,从而理清故事的要素
- ◇ 使儿童将内心蕴含的情感投射到黏土上,从而得到识别和承认
- ◇ 帮助儿童认识和处理潜在的问题
- ◇ 帮助儿童探索人际关系,并发展出对这些关系的洞察力
- ◇ 使儿童在完成创造性任务时能够体验到成功和满足

在团体咨询时使用黏土的额外目标

- ◇ 帮助儿童获得对其他人的洞察和了解
- ◇ 提升儿童对团体的归属感
- ◇ 帮助儿童认识到在团体中他们的行为所产生的后果

如何使用黏土

开始泥塑游戏

我们已经发现开始游戏的一个好办法就是请儿童与黏土做朋友。这种方法是奥克兰德(Oaklander)提出的。"做朋友"使儿童以人与人的方式和黏

土建立联系。我们对儿童说"挑一块黏土出来",然后说"将黏土握在你的手里,闭上眼睛"。

有些儿童可能不想闭上眼睛,没关系。接下来给儿童下列指导语,在指导语之间给他们留时间完成任务。

把黏土滚成一个球。

使它变平。

捏它。

将它掰成小块。

将小块揉在一起,再滚成球。

用一根手指在黏土上戳一个洞。

掰下一块并做成一条蛇。

将蛇卷在一根手指上。

然后,我们邀请儿童体会玩黏土的直接感受。咨询师可以通过询问来进行。"与黏土做朋友有什么感觉呢?"咨询师接着说:"你最喜欢怎么做呢?"

儿童可能说他们喜欢将黏土压平。然后,咨询师可以问儿童:"当你正在压平黏土时,有什么感觉呢?"

咨询师还可以让儿童重复他们最喜欢的部分,即"与黏土做朋友"。

利用黏土解决特殊的问题

在儿童与黏土做朋友后,咨询师可以鼓励儿童制作一个泥塑。这个塑像将针对特定目标,所以咨询师的指导语必须专门针对这些目标。下面列举了一些可以使用的指导语。

- ◇ 用黏土做一个能让我知道你现在的感觉的泥塑
- ◇ 用黏土做一个像你婴儿时期的泥塑
- ◇ 用黏土做一个当你生活在寄养家庭时的泥塑
- ◇ 用黏土做一个当你要去看父亲时的泥塑

有时候,儿童可能说"我不擅长做这个"或"我什么都不会做"。在这种案例中，咨询师可以这么鼓励儿童："你只要做出在你……时像你的任何形状都可以（见上述例子）。"

有时候对咨询师来说，为儿童进行示范是很有用的，咨询师用另一块黏土塑造自己并一边做一边说出自己在做什么。例如，咨询师可能做出一个泥塑，上面有刺、肿包和小洞来象征忙碌，并且说："我现在觉得很忙，因为我有许多工作要做，而这就是我的泥塑。"

一旦儿童做好泥塑，咨询师很容易就能邀请儿童谈论这个泥塑。然而在此之前，问一下儿童现在的感受是很重要的，例如，咨询师问："当你制作这个婴儿时期的泥塑（或者任何一种塑像）时，你有什么感觉？"采用这种方式探讨儿童现在的感受能让儿童触及他们"此时此地"的感受。他们有机会接近现在的情感和想法并进行谈论，随后也可能会引发情感的释放以及对问题的探讨。

咨询师可以做出陈述来对他们观察到的东西进行反馈。例如，咨询师可以说"我注意到你花了很长时间来完成塑像"或者"我注意到当你在完成婴儿雕塑时你非常小心"。然后，咨询师可以邀请儿童变成这个塑像，"我想让你假装自己就是这个婴儿"或者"我想让你假装自己就是这个样子"。

然后，当儿童正在想象他们就是那个样子时，咨询师可以探讨这个黏土的形状和质地所承载的象征性情感，他们可以问："你看它这里长着好多包，它会有什么感觉呢？这里伸出这么多刺是什么意思呢？"

接下来，咨询师可以请儿童移动这个塑像或绕着它走动，从不同角度观察它。咨询师还可以请儿童表达他们的感受。例如，咨询师可以说："你从这边看这个泥像和从那边看这个泥像，感觉一样吗？你能再多告诉我一些吗？"

为两个泥塑作品编一段对话

在儿童创作出一个形象来代表他们自己时，咨询师可能会要求他们再创作一个塑像来代表他们生活中的一个重要他人或者代表一种困扰他们的情感。然后，咨询师可以请儿童选择性地想象他们是其中一种形象，并让两者进行对话。例如，一个叫珍珍的孩子可能会创作出一个形象来象征她的养母。然后，咨询师说："想象你就是你的养母（指向象征养母的黏土），你想要对珍珍（指向象征儿童的黏土）说什么呢？"然后继续这个过程，让孩子一会儿变成珍珍，一会儿变成养母，由此进行两者之间的对话。

在上面介绍的所有工作中，咨询师的一个重要目标是请儿童继续分享有关塑像和他们自己的更多信息。这种分享能让儿童认识、承认并处理他们的情感，从而发现和解决问题。在这个过程中，咨询师必须记住不要质问或侵入。

结束泥塑游戏

当儿童和咨询师认识到没有更多要传达的信息时，咨询师可以请儿童对如何处理这些塑像做出决定。儿童可能希望保持塑像完整，但是应当让他们明白在他们离开后咨询师必须捏碎塑像并把它们混入剩下的黏土中。对儿童来说，另一个选择是将塑像安放到一个安全的地方，这样尽管它们会干透，但是在未来还是可利用的。还有另一种选择，儿童可能想把几个塑像捏成一块并把它混入剩下的黏土中。这种结束活动对儿童来说是很重要的，因为黏土象征了他们的一部分。在结束过程中，儿童的选择和行动给咨询师提供了关于儿童及其对塑像的感知的额外信息。

在团体咨询中使用黏土

当进行团体咨询时，采用第18章描述的咨询和推进技巧是很有用的。

当开始在团体中使用黏土时，采用本章之前介绍的以儿童与黏土做朋友为开始的方式通常很有帮助。之后，咨询师可以说："做出一个能让团体中的其他孩子了解你现在的感受的泥塑。"

当所有儿童完成他们的雕塑后，咨询师可以请团体中的成员观察某个儿童的塑像并猜测其可能的感受。当儿童尝试猜测每个塑像的感受时，就增进了小组内儿童之间的互动。

接下来，咨询师可以对小组成员说："做出一个象征你自己的泥人。"当小组中的所有儿童完成他们的新塑像后，咨询师可以问团体内的每个成员一个问题："对这个泥人你能告诉我什么呢？"

这样再次增强了讨论的互动性。这里很重要的是，如果儿童不愿意的话，就不要强迫他们谈论自己的塑像。有时候，咨询师可能会问某个儿童："如果强强说一些有关你的泥塑的话，可以吗？"假如儿童回答说"可以"，咨询师再请强强进行评论："你想对珍珍的泥塑说些什么呢？"这也促进了互动性讨论。

我们已经发现在使用黏土的团体治疗的结尾，大多数儿童都会很感兴趣地投入到将个人雕像组合进团体雕像的活动中。这可以帮助儿童观察团体内的关系。为了达成这个目的，咨询师可以说："看一下这个小组，找出可能与你的泥塑相配的其他泥塑。"

如果一个叫乔乔的孩子说："我认为我的泥塑放在米莉旁看起来很适合。"咨询师就可以问："米莉，如果乔乔将她的泥塑放在你的泥塑旁，你同意吗？"

如果米莉回答"可以"，那么我们请乔乔移动她的泥塑。之后，咨询师可以检查米莉对这种改变的感觉："米莉，把乔乔的泥塑放在你的泥塑旁怎么样呢？"米莉可能说太靠近或不够近，在这种情况下我们可以问她："你想不想把你的泥塑移远点（或近点）？"然后我们请她将她自己的泥塑移到一个更舒适的位置，而我们也鼓励乔乔表达她对米莉移动泥塑的感觉。

这个过程可以在团体其他成员之间重复进行，直到包含所有个体的团体泥塑创作完成。通过这种方法，团体成员就能够逐渐了解团体内的关系以及在这些关系中自己和他人的需要。完成这个目标并不需要儿童将他们所有的想法和情感用言语表达出来。

应该注意到，通常在一个团体中会有一些儿童更愿意让他们的泥塑与其他泥塑保持距离，独自站立。这种偏好应当得到尊重和审慎的评价，它可能更多地表示融入而非排斥。

在团体工作中，我们应该一直给儿童提供选择并尊重他们的选择，包括移动泥塑、泥塑的距离以及泥塑之间的距离远近对其拥有者的影响。

当完成团体泥塑时，咨询师可以问小组成员："当你们把这些泥塑放在一起时有什么感觉？你们现在要不要对它们做一些改变？"对团体如何处理完成了的团体泥塑，我们需要让他们自行选择。

黏土的适用性

将黏土作为治疗道具需要儿童具备抽象和表征的能力。基于此，这种道具对6岁以上儿童最为适用。低龄儿童喜欢玩黏土并建构象征性的形状，然而，由于他们不成熟，因此他们无法从以上描述的过程中获益。

黏土这种道具可以在个体、家庭和团体咨询中使用。它是没有限制、易扩展的，允许使用者随意操纵、改变和控制。

因为黏土刺激了感官，使儿童逐渐触及他们的情绪和情感，所以在对那些有情感障碍的儿童进行心理咨询时，黏土是非常有帮助的。它能够让儿童以可接受的、适当的方式通达和释放他们的情感（例如，生气的儿童可以摔打和敲击黏土），甚至有助于儿童对问题进行内省的、私密的加工。

□ 案例学习

研究发现，黏土是一种用于支持长时间住院或多次住院的儿童的有效道具（Madden et al., 2010；详情请参阅第20章）。作为你的医院工作的一部分，你要在儿童住院期间支持他们。你已经收到了麦迪的转诊，她是一名7岁儿童，最近被诊断出白血病，并住进了医院。当你和麦迪一起工作时，黏土在她住院期间如何帮助她？也许你会觉得与其他白血病儿童一起参加团体咨询会让麦迪受益。在这组场景中你如何使用黏土？

● **重点**

- 在 SPICC 模式的第二阶段，帮助儿童触及和释放强烈的情绪体验时，使用黏土尤其有效。
- 因为黏土的形状易于改变，所以我们鼓励儿童通过发展现有主题和探索新主题来完成咨询。
- 黏土比其他大多数道具有优势的是，它是三维的。
- 黏土刺激了动觉和触觉，因此使儿童更容易触碰情绪体验。
- 通过邀请儿童"与黏土做朋友"来开始工作是有效的。
- 通过请儿童制作与问题相关的泥塑可以解决特定问题。
- 黏土适用于团体咨询。

◎ **更多资源**

访问 http://study.sagepub.com/geldardchildren 查看 *Art Therapy*。

第 25 章

绘画、彩绘、拼贴画和建筑模型

在这个部分，我们将讨论四种类型的道具。这些道具适合编入一个团体，因为它们能以相似的方式使用。假如你愿意，它们可以一起使用。我们要讨论的道具有以下四种。

◇ 绘画
◇ 彩绘
◇ 拼贴画
◇ 建筑游戏

虽然这些道具在咨询过程的不同阶段都能起作用，但是它们的作用在SPICC 模式（图 8-1）的第二和第三阶段尤为突出。第二阶段是让儿童持续讲述他们的故事并触及那些强烈的情绪体验，而第三阶段的重点是帮助儿童改变他们的感知。当使用上述任何一种道具时，焦点都集中在创造性上。所有这些道具都让儿童去探索、试验和游戏。儿童可以使用道具来绘图，或对与他们的故事或故事的某部分相关的问题、情感和主题进行表征。于是，儿童可以形成一幅关于他们周遭形象的图景，并认识到他们在这个环境中的位置。他们也可以使用道具来探索环境中已经出现的任何改变或这个时期内可能发生的改变。

儿童使用道具的顺序可以表达他们自身的故事在时间上的发展，就像在连环画中一样。他们可以为那些已经产生不良后果的经历改造出不同的且更令人满意的结局。

这些道具允许儿童以可接受的方式做出有力的陈述。例如，激进或不被社会接受的行为可以用一幅画来表达。采用这种方式，行为得到允许且不会被认为是出格的。这使儿童能够尝试并体验负面情感。

这些道具允许儿童表现出建设性或破坏性，而且是以一种有益的方式。例如，儿童可以通过乱涂乱画来毁掉他们创作的画，这幅画的一部分代表了一些令他们生气的东西。如果他们愿意，还可以彻底撕毁或扔掉这幅画。

那些无法谈论对过去、现在和未来的愿望和需要的儿童可以通过绘画、彩绘或有建设性的艺术作品来实现。我们发现，通过使用视觉隐喻（正如第 15 章及本章后续所描述的），那些表达自己有困难的儿童可以通过绘画来进行表达（Geldard et al., 2009）。

所有这些道具都是强有力的，因为它们允许儿童通过利用自己的想象和象征来表达和交流他们内心的想法、情感和体验。利用这种象征性的艺术语言，儿童可以感受和处理他们的情绪、情感，并在行为方面做出相应改变。

当选择绘画或彩绘时，我们必须记住儿童在不同发展阶段会表现出不同的技能水平。咨询师必须对符合发展阶段的技能水平有所了解，否则儿童的表现会被错误地解释为异常，而使用这些道具时会为治疗提供极大的帮助。

首先，我们来看一下 4 岁以下的幼儿。对这些儿童来说，通过尝试新的绘画方式进行涂鸦是很平常也很适宜的。他们不会把图画中使用的颜色与物体的真实颜色对应，但是会大量使用与他们的情绪、情感相关的颜色。尽管咨询师可能无法理解儿童绘画或涂鸦的意义，但是儿童知道它们所象征的含义。除非被直接询问，否则通常这个年龄的儿童不会告诉咨询师他们所画的东西。而且，儿童有时候可能会改变图画的意义，一开始说是一个男人，然后说是一条狗，最后又说是妈妈在购物。这会让咨询师感到非常困惑。

随着儿童长大，从 4 岁到 6 岁，他们会把自己的绘画或彩绘作品看成是他们创作的有价值的东西。他们会想要保存起来或将它送给某人。

从 5 岁到 7 岁，画中部分人物的形象是不现实的。儿童可能会画出一个人物有很大的、不合比例的手。这可能会被错误地解释，即咨询师对画中手的大小做出不当的假设。

在七八岁的时候，儿童可能开始在纸的底部绘出轮廓，然后在这些轮廓周围画出其他事物，例如天空、小鸟、太阳和云。颜色的使用也更为现实。然而，儿童可能绘出"X 射线"图画。例如，一栋房子的图画会包括房子的外面和里面的房间。同样，儿童可能会画一位怀孕的母亲，而在母亲的"肚子"里有一个婴儿。儿童也可能在一幅画中画出发生在不同阶段的一些事件。

从 8 岁开始，图画所代表的意义更为复杂，而图画开始反映个体在需要和问题上的差异。这个阶段的儿童趋于出现对细节和模式的爱好。例如，女孩可能会精心修饰衣服，而男孩会详细绘出飞机或火箭的图案。

随着儿童进入青春期早期，绘画的动机开始从儿童的日常所见转向情感或主观感受。低龄儿童会将自己画成某个场景中的观众，并尝试以三维方式来表现他们的图画。通过对比，青春期早期的儿童更可能将自己直接画在画里，并使用与他们的情绪相匹配的颜色。

虽然绘画和彩绘有着显著与年龄相关的发展阶段，但是使用线条、形状和颜色仍然是一些儿童反映情感的普遍方式。线条有移动或动作的含义，它可能代表方向、方位、动作或能量。竖线是精神抖擞的。横线是平静的，并可能与动作或睡眠缺失有关。斜线有动态特征，它可能表示不稳定或失衡。弧线或曲线是流动的，可以表示平稳轻松的动作。

同样，颜色的符号性意义也被普遍接受。这些意义有利于儿童表达他们的情感。例如，假如问你绿色和红色的象征意义，你会怎么说？许多人会说绿色更多地象征"放松的状态"，而红色更多地象征"生气"或"危险"。

我们要注意出现在画中的任何节律。儿童可能重复同样的形状、线条、颜色或方向来表达节律。儿童画中的节律经常与儿童在作画时所表达出来的情感联系在一起。

所需的材料

绘画所需的材料

- 不同大小的白纸或彩色的绘图纸
- 铅笔
- 彩色水笔
- 蜡笔
- 粉笔
- 色彩明亮的记号笔

小学儿童可以自如地在 A4 纸上作画。低龄儿童通常会感觉受到纸张大小的限制，他们更偏好较大的纸。尽管通常情况下儿童更愿意在白纸上创作，但是有时候彩色纸更吸引儿童，尤其是那些在绘画能力方面缺少自信的儿童。我们很少提供橡皮擦，反而是鼓励儿童在他们不满意绘画作品时重新尝试。

彩绘所需的材料和配备

- 大张牛皮纸或铜版纸
- 丙烯颜料或广告颜料
- 大的毛刷
- 保护衣服的防水围裙
- 水平的工作台
- 方便的用水设备

彩绘所需的纸张必须比绘画的纸张更具吸水性。因为颜料流动可能会引起挫折感，所以最好在水平表面上进行。

指画颜料所需的材料

- 大张广告纸或铜版纸
- 塑料布
- 丙烯颜料或广告颜料
- 装颜料和喷颜料的颜料罐
- 剃须膏的喷瓶
- 植物染料
- 保护衣物的防水围裙
- 水平的工作台
- 方便的用水设备

对于指画颜料，用来喷洒颜料的可挤压式有盖容器非常方便，另外也可以用装颜料的碗。把剃须膏混合植物染料使用可以添加纹理。很显然，容易接触到水源是很基本的。

拼贴画所需材料

基本材料包括以下几种。

- 大张白纸、彩纸或卡片
- 工艺胶水或速干黏土合剂
- 剪刀
- 订书机
- 遮盖胶带
- 胶带
- 线绳

拼贴画是指将材料用胶水、订书机或线绳固定在白纸、彩纸或卡片上。有时候我们使用纸板，因为用纸板做背板更加坚固。我们需要一系列适合粘贴在背板上的材料，举例如下。

杂志图片	反光材料（多种颜色）
报纸	彩色星星
羽毛	金属片
纺织品	树叶
丝线	棉线
木料刨花	沙子
砂纸	锯末
小块泡沫塑料	粗纹理墙纸
彩色毛线	

好的拼贴作品可以用从杂志和报纸上剪下的图片和文字。这种方法吸引了很多年轻人。

建筑模型所需的材料

在建筑游戏中，我们可以使用任何物品或材料，它们本身就可以创作三维模型。我们并不需要昂贵的材料，创造性的建筑游戏可以使用家中任何干净的生活垃圾，它们不会有安全方面的隐患，只是正常情况下会被扔到垃圾桶里。下面是一些例子。

塑料容器	盖子
旧的罐头瓶	铁丝
泡沫塑料包装	气泡膜
废弃的蛋糕盒	绒条
雪糕棍	火柴棍
彩色纸	彩色卡片
盒子（如创可贴和牙膏盒子）	卫生卷纸芯

很明显，由上述这些材料做出的模型需要固定。尽管可以用胶水，但是大多数儿童会因为要等待胶水变干而感到不耐烦。因此，使用另外一些固

定方法是有帮助的，例如牙签、魔术贴或双面胶。许多其他材料可以与挂画的线绳、鱼线或细线绑在一起。夹子、订书机、遮盖胶带和封箱胶带也可以使用。

使用绘画和彩绘的目标

使用绘画和彩绘的目标如下。

促使儿童讲述他们的故事

通过绘画和彩绘，在口头讲述故事方面有困难的儿童可以描述和透露出关于自身、所处家庭和环境的信息。它们既能直接表现出人物和事件，也能以象征的方式间接表现。

促使儿童表达被压抑的或强烈的情绪、情感

这些情绪、情感的表达可以通过创造性活动本身，或具体化绘画和彩绘中的符号来实现。

帮助儿童获得对经历过和正在经历的事件的掌控感

通过绘画或彩绘，儿童可以通过漫画书和讲故事的方式来记录生活中出现的事件。然后，他们可以通过艺术和幻想的创造性元素对故事进行改编，从而获得掌控感。

如何进行绘画和彩绘

有些儿童发现当让他们进行绘画或彩绘时，一开始会觉得有些困难。这可能是出于下列多种原因。

◇ 儿童可能有一个比较差的自我印象

- 儿童可能已经习惯模仿而非创作
- 儿童可能觉得自己的绘画水平不行
- 儿童可能只是想反抗

为了解决这些难题，在开始的时候我们可以使用热身练习

初始热身练习

我们通常在开始的时候会使用下面所描述的热身练习。最为人熟知的两种是"追逐"和"涂鸦"。

追逐

在一大张纸上面，咨询师用彩色笔不停地改变方向绕着这张纸画一圈，儿童使用另一支不同颜色的笔，试着紧跟并追上咨询师。一段时间后，咨询师停下来，将画高举说："看，我想知道我们画了什么。你从画里看到什么东西了吗？在你眼里它是不是像什么东西？"如果儿童没有想法，那么咨询师可以提出一些自己的想法。

涂鸦

我们请儿童在纸上画上线条或随便涂鸦，然后咨询师利用这些线条作画。例如，咨询师可以利用一些线条补上眼睛和胡须，画出一只猫。

热身练习帮助儿童触及情感

当儿童说"我不会画"或"我不想画"时，咨询师必须关注儿童的情感。第一步是帮助儿童体验他们的身体感受。我们可以对儿童说"闭上你的眼睛"，然后"注意你的身体正感受到的感觉"。

另外，咨询师可以说"注意感受你的手肘正放在桌上休息"和"这是什么感觉呢"。然后，会把问题引向脚，让儿童画出他们的脚，咨询师可以说"你能感觉到你的脚踩在地板上吗""画出你的脚踩在地板上的样子"。

为了有一些对比，我们可以说"站起来，闭上眼睛，挺直身子去够天花板"，然后说"画出起立站直和够天花板的感觉"。我们也可以请儿童躺在地板上蜷成一团，然后要求他画出当时的感觉。

在做完这些练习后，我们可以询问儿童最近的经历："在进入这个房间前，你刚刚做了什么事？"答案可能是"我在路上骑自行车"。然后，咨询师可以提出下面的问题。

◇ 在路上骑自行车有什么感觉？
◇ 脚放在踏板上是什么感觉？
◇ 手放在把手上是什么感觉？

一旦儿童体验到他们的身体感受，咨询师就可以邀请他们将这种感觉画出来，"画出一幅画，让这幅画告诉我你现在的感觉"。

热身练习的目的是使儿童能够触碰到他们的感知，并帮助他们学习使用道具。

使用绘画和彩绘

对八九岁及以上的儿童来说，富有幻想的绘画或彩绘是非常宝贵的。它使儿童释放出不被社会所接受的情感，诸如憎恨和愤怒，并表达出秘密和欲望。

咨询师在开始时可以要求儿童在纸上用形状、线条和颜色描绘他们自己的世界，并且可以说："用形状、线条和颜色来想象你的世界。用这整张纸向我展示你的世界中的人物和场景。"

当完成绘画或彩绘时，咨询师可以通过不同图形之间的远近来探索图形之间的关系。然后，咨询师可以使用反馈性陈述来鼓励儿童谈论这些相关位置的意义。例如，咨询师可以指向一些图形并说："我注意到这里的这个图形与这里的这个图形隔得很远。"

利用形状、线条和颜色可以有效帮助儿童画出他们的家庭。例如，咨询师可以说："回想你的家庭中的每个成员，并想象他们在这张纸上，用形状、线条或颜色将他们画出来。"

有时候，咨询师可能想要帮助儿童更多地体会他们自己是一个独立的个体。达成这一目标的一个好方法就是请儿童想象他们是一棵树。咨询师可以说："想象你是一棵树，然后把这棵树的样子画出来。"

有时候，在得到上述指导后，儿童需要一些鼓励和帮助才能开始。在这种情况下，咨询师可以提出问题来帮助儿童挖掘他们的创造性。例如，我们可以问以下问题。

- 你是什么树？
- 你有没有果实？
- 你是不是很大？
- 你是不是很高？
- 你有没有开花？
- 你开了很多花，还是很少的花？
- 你在冬天的时候是什么样的？
- 你的树枝上有没有刺？
- 你的树叶是大片还是小片？
- 你是长在其他树旁边，还是只有你自己？

在询问这些情况后，我们可以请儿童描述他们的画："你假装自己是这棵树，告诉我在这幅画中你是什么样的。"

我们通常会发现儿童强烈地认同他们所画出的这棵树，这对于帮助他们开始解决个人问题而言非常有帮助。

绘画或彩绘中的常用主题

通过使用下列指导语，我们可以开启合适的主题。

- 画出你婴儿时的样子
- 画出你头痛的样子
- 画出你发怒的样子

- 画出你发愁的样子
- 画出假如你有魔力时你想要身处的地方
- 画出你的梦境
- 画出你的噩梦

上述任何一种主题的绘画或彩绘，都有利于探索儿童身处这些情境时的感觉。例如，儿童画出自己婴儿时的样子，咨询师可以说："我想知道那个婴儿有什么感觉？"

如果画中存在其他人或物体，咨询师可以指向其中一种说："你假装自己是这个人（或物体），我想知道你有什么感觉。"

彩绘由于其质地和颜料流动的特性而拥有另外的价值，所以在促进情感联结时更有效。当使用彩绘时，有时候我们可以对儿童说"用颜料画出你现在的感觉"或者"用颜料画出当你悲伤（或快乐）时的感觉"。

儿童在彩绘时似乎比绘画时更能表达内心的情感。当绘画时，他们更趋向于写实。

指画

有些儿童害怕犯错。缓解他们这种心理的一种方法是让他们使用剃须膏或指画颜料进行尝试。让儿童将剃须膏喷到一张塑料布上，然后将食品着色剂滴到剃须膏上混合来进行染色。

指画最好在一大张牛皮纸上进行，并使用塑料容器装丙烯颜料，这些颜料可以喷到或泼到纸上。然后，我们鼓励儿童用他们的手指来移动这些颜料。这里强烈建议使用防水围裙！之后，咨询师可以对儿童说："让我们看看你是否能在这些颜料上画出你现在的感觉。"

指画涉及动觉和触觉。它可以是轻柔、流畅的，而且它可以激发更丰富、更少束缚的表达。指画让儿童在作画时可以快速更改，或者用更多颜料进行覆盖或清除。纸张的大小是唯一的限制或障碍，所以儿童可以感觉到自由并乐于表达。有时候，在儿童开始使用画笔创作更具象征性的图画前，最好把指画作为一种热身练习。

拼贴画

拼贴画为儿童创造性的表达增添了又一条出路。我们给儿童提供的指导语与在绘画或彩绘中相似。另外，拼贴画使儿童将物体的质地（诸如棉线、锯末、羽毛等）与情绪、情感联系起来。为了帮助儿童建立这种联系，咨询师可以说："这张砂纸让你有什么感觉呢？"儿童可能回答"痒痒的"。然后，咨询师可以问："假如你是这块痒痒的砂纸，你会有什么感觉呢？"

当我们要求儿童创作自画像时，拼贴画是一种很好的道具。拼贴画制成的自画像可以帮助儿童更充分地意识到他们对自我的知觉，并赋予他们从表面描述过渡到深层自我暴露的机会。开始时，我们可以请儿童选择我们所提供的任何材料来创作一幅关于他们自身的图画，然后说："我注意到你选择了松软的锯末来做你的头发。你的头发是像锯末这样松软吗？我注意到你用羽毛做你的胳膊和腿。用羽毛走路是什么感觉呢？"

拼贴画可以在大龄儿童身上使用，来探索他们对生活中出现的问题和事件的感知。大龄儿童通常使用不同类型和大小的图画和词语来表述那些现在或过去对他们有重大意义的问题。基于材料的属性，拼贴画有时可以发展为建筑游戏。

建筑或雕塑游戏

许多对绘画、彩绘和拼贴画的建议也适用于建筑或雕塑游戏。例如，咨询师可以说："搭出一棵树来象征你自己。"

建筑或雕塑游戏对那些略显笨拙的儿童通常很有用，他们在生活中很少体验到成功的感觉。当儿童搭建塑像时，咨询师可以观察儿童对失败、成功、做决定、解决问题和完成任务的反应。在那些需要花时间来搭建的情况中，咨询师可以观察儿童处理延迟满足的方式，然后可以对他们所观察到的儿童行为做出陈述，诸如"我注意到当你犯错时，你会对自己很严苛"或者"当问题无法立即解决时，你似乎放弃得很快"。儿童对自己行为的意识得到了提升，那么有关的问题就能得到解决。

绘画、彩绘、拼贴画和建筑游戏的适用性

所有这些道具都很适合个体咨询。绘画也可以有效用于团体咨询和家庭咨询。同样，指画可以有效用于团体咨询。

建筑游戏、拼贴画和彩绘在学龄前儿童和学龄儿童身上能得到最好的效果。从青春期早期到后期，绘画是这些道具中最有用的，有时候彩绘也是。

指画颜料这种道具最可能引发儿童开放的、丰富的和表达性的行为。在某种程度上，绘画以及彩绘本身更具象征性和内省性。建筑游戏和拼贴画在某些方面促进了更具功能性而更少情感性的表达。建筑游戏和拼贴画也可以增进儿童的洞察力和对自身行为的理解。

□ **案例学习**

在儿童咨询时使用艺术活动，比如绘画、涂鸦、拼贴画和建筑游戏，有广泛的研究基础（详见第 20 章）。比如，内伯斯（Nabors）及其同事（2004）探索了如何利用艺术活动来帮助那些刚刚经历丧亲的儿童，帮助他们表达和释放他们的悲伤和相关情感。你正在为最近丧亲的孩子们策划一个团体活动。你如何利用艺术活动来支持团体里的孩子去探索他们的经历？在团体咨询的哪个阶段你会考虑使用艺术活动？你将如何介绍并继续使用该艺术活动？

● **重点**

- 绘画、彩绘、拼贴画和建筑游戏，鼓励儿童描绘或表征与他们的故事

相关的问题、情感和主题。
- 道具促使儿童讲述他们的故事，以可接受的方式表达和释放强烈的情感，并获得对事件的掌控感。
- 当有些儿童发现开始绘画或彩绘很困难时，热身练习是很有用的。
- 指画是柔和、流畅的，可以激发更丰富、更少束缚的表达。
- 拼贴画激发创造性的表达，并有利于帮助大龄儿童探索对问题和事件的感知。

◎ 更多资源

关于在咨询中使用艺术活动的更多信息和资源，包括培训机会，欢迎读者搜索整合式治疗网站 www.integrativetherapies.co.uk 和澳大利亚表达性治疗研究所 www.expressivetherapies.com.au。

访问 http://study.sagepub.com/geldardchildren 查看线上资源。

第26章

想象之旅

想象之旅在 SPICC 模式（图 8-1）的一些阶段中是有效的。尤其是第二阶段，提升儿童对棘手问题的意识，以及使儿童体验到情感和对过去事件的掌控感。还有第三和第四阶段，帮助儿童改变他们的自我觉知，并探索其他思考和行为方式。

想象之旅是一种强大的技术，但是这种技术要谨慎使用，只能用在有利于儿童和咨询的情境中，并且我们要确信它不会对儿童造成伤害。我们强烈建议，想象之旅只应由那些经过充分训练和有经验的咨询师来实施，因为他们能够判断何时使用得当，或者新手咨询师必须要有经验丰富的督导近距离指导，而督导必须能判断使用想象之旅是否恰当。如果按照我们的要求去做，那么这种技术将会帮助许多儿童。

在日常生活中，大多数儿童时不时就会神游天外。他们就像在做白日梦，将刚刚或已经发生在他们生活中的事件幻想成现在正在发生或即将发生的情形。同样，引导儿童进行想象之旅使他们能自由地在想象中探索来自过去和现在的真实和虚幻的情节，并幻想未来可能的情境。

让儿童进行想象之旅，要告诉儿童故事的大略，并允许他们将自己的想象和经历作为细节填入。因此，当咨询师引导儿童开始想象时，先会为这次旅程创造一个场景，但是允许儿童运用想象创造出场景中的人物、物体和活动。因此，我们给儿童提供了一个机会去创造那些投射出他们内心世界的情节，并以一种完全保密的方式探索内心自然出现的最私人的主题和想法。随着儿童漫步在这段旅途中，记忆、情感和幻想可能都出动了，这样他们可能会逐渐意识到这些事物的存在，并可以在咨询师的帮助下解决它们。

在想象之旅中，当儿童发现、进入和探索他们自己创造的情节时，他们会更深层地融入发生在他们身上的这个过程。这就好像他们与自己建立一种亲密的私人关系，然后通过这个过程了解自我。

本章我们将介绍两种不同的、有效的想象之旅。想象之旅必须经过精心设计，这样才能让儿童而非咨询师成为这次旅程的控制者。指导语也很重要，这样儿童才能在可为和不可为的行为中做出选择。同时，儿童一定要能够在他们希望的任意时刻脱离这次旅程。

进行想象之旅的目标

我们可以用想象之旅来帮助儿童触及那些非常痛苦以及可能被压抑的经历。同样，它也可以作为一种帮助儿童重新接触过去的快乐或愉快经历的方式。

通过与咨询师分享他们在旅途中的感受，儿童可以有效处理那些焦点记忆。儿童可以解决那些由记忆引发的情绪、情感以及棘手的想法和信念。想象之旅使儿童触及他们内心的痛苦，然后通过咨询来化解这些痛苦。

一段想象之旅可以为儿童提供机会，让他们获得对过去的问题和事件的掌控感，这样他们就会觉得自己在这些事件中是有主动性的，而非仅仅是一个被动无助的观察者。我们来思考这样一个案例：一个孩子曾在操场上看见他的一个朋友受到暴力威胁。他可能会觉得有罪恶感，因为他逃跑并抛弃了他的朋友。在想象之旅中，儿童可以重新建构场景，但不是逃跑而是做其他一些不同的事情，比如一拳打在施暴者的鼻子上或向老师报告这件事。尽管这些选择对儿童来说并不一定是恰当或可接受的，但是允许了儿童去体验力量和控制的感觉。然后，咨询师可以帮助儿童思考其他可选的行为和行为结果，由此会产生更好的感受。

在旅途中，儿童可以在想象中改变过去所做和所说的事情。他们可以说出或做出一些事情，而这些事情可以让他们对过去的生活事件萌生出完成感或满意感。例如，一个孩子的父亲去世了，他在某些方面可能觉得自己对父亲的死负有责任。在想象之旅中，他可以想象他的父亲，并对父亲说一些为了让自己感到好过而必须说的话。

非常重要的是，想象之旅鼓励儿童讲述他们的故事，并帮助他们形成对自身和他人行为及过去事件发生的原因的洞察力。另外，想象之旅也给儿童提供一个机会，来解决问题并探索其他可选的行为，或进行取舍。

总之，使用想象之旅的目标如下。
- 帮助儿童讲述他们的故事
- 帮助儿童触碰和解决那些被压抑的痛苦经历
- 帮助儿童重新体验快乐或成功的事件
- 帮助儿童体验对过去未尽事宜的完成感
- 帮助儿童获得对过去问题或事件的掌控感
- 帮助儿童发现可能会令人更满意的其他行为或选择
- 帮助儿童获得对自身和他人行为的洞察力
- 帮助儿童理解过去事件发生的原因

所需的材料

在进行想象之旅时，儿童必须是放松的。我们需要一间安静的房间，以杜绝外面的噪声。灯光最好是令人舒适的、柔和的，而非明亮或耀眼的。在房间里，需要一个舒服的地方可以让儿童坐着或躺下。通常，我们会给儿童提供一个成人大小的豆袋沙发，因为它让儿童可以选择坐着或躺下。顾及这种选择是很重要的，因为有些儿童在躺下来的时候会感觉容易受伤害。这对那些曾经遭受性虐待的儿童尤其必要。

在完成想象之旅后，儿童需要纸和笔将这次旅行画成一幅画。总之，所需要的材料有下面几种。

◇ 一间安静的房间
◇ 一个大大的豆袋沙发
◇ 画纸
◇ 画笔

如何引导儿童进行想象之旅

我们鼓励儿童在大大的豆袋沙发上坐着或躺下来开启想象之旅。然后，我们对儿童说："一会儿，你要想象自己正在旅行。我会帮助你完成这次旅行，我会告诉你在旅途中可能看到的一些情形。因为我所告诉你的事情仅仅只是我的建议，所以如果你愿意的话也可以不理会这些建议。"

在进一步继续前，很重要的是要告诉儿童，在旅途中他们随时可以停止。我们可以说："如果你不喜欢这次旅行，那就停止继续前行，并且让我知道。你觉得你能不能做到呢？""如果你想停止这场旅行，你要怎么做呢？你会说些什么呢？你觉得你会说什么呢？""你会不会发出信号告诉我你想要停止呢？""你会怎么做呢？"

这里很重要的是，要允许儿童忽视咨询师给出的但是他们不喜欢的任何建议。咨询师可以说："在旅途中，我可能会建议你想象自己正在做一些事情。如果你不想做这些事情，那就不要做。你只需想象你正在做自己想做的事情，或者完全停止这次旅行也是可以的。"

然后，我们请儿童舒服地坐在豆袋沙发上，我们可以这么说："首先，你可以在豆袋沙发上调整到你觉得舒服为止。"

当引导儿童进行想象之旅时，我们会使用平静的语调并慢慢地诉说，这样就不会打扰儿童在旅途中放松的心情和注意力。当我们引导儿童时，每段指导语之间都会有停顿，这可以使儿童利用他们的想象来丰富故事的细节，并使他们在想象中更充分地感受这次旅行。

现在，我们介绍两个想象之旅的例子。第一个例子是"我的秘密天地"，第二个例子是"故乡家园之旅"。

我的秘密天地

在这次旅行开始时，我们可以说："你正要经历一段想象之旅。如果你愿意的话，可以想象我正和你一起旅行，或者你也可以想象你是独自一人。如果你想开始这次旅行，那么请闭上你的眼睛。"然后，我们继续说出下面的话，句子中间要留有停顿。

想象你正沿着一条走廊前进。注意这条走廊是亮着灯的，还是阴暗的。注意墙壁和天花板的颜色。注意走廊里的味道。想象你正慢慢地走在走廊上，四处张望。沿着这条走廊有几扇门。走近看看其中一扇门，观察它看起来的样子、大小和门把手的形状。想象你正摸到门把手。如果你愿意，可以打开这扇门。准备好了吗？如果打开门，你将会发现自己看到了记忆中的一个场景。从门口看看这个场景——四处看。注意有谁在那里。你可能会看到自己身处其中。如果你愿意，可以想象那正是你本人。如果你愿意，可以四处张望一下，看看那里的任何一个人，一次只能看一个人［留点时间］。你可能想要对某人说些话，他们可能也会对你说些话［留点时间］。现在，想象你自己正站在门口准备离开。在你离开前，还有没有想说或想做的事呢？如果有，那现在就去做吧［留点时间］。想象你自己从门口出来走到走廊上，关上门，沿着走廊回去。现在，停止想象，并意识到你正坐在豆袋沙发上。当你准备好后，睁开眼睛，不要说话，四处看看这个房间。

此后，我们要求儿童画一幅有关这次旅行的画，因为这么做可以让儿童再次联想到旅程里重要的部分，并以绘画的方式使之具体化。通过对这次旅行的持续感受，儿童能更为轻易地探索、分享与这段旅途有关的情感和认知感受。在要求儿童画画时，我们会说："保持安静。现在拿一张纸和一些画笔，将你刚才的旅行画出来。"

接下来，咨询师必须帮助儿童处理旅途中的感受。在对此进行讨论之前，我们先看看想象之旅的第二个例子。

故乡家园之旅

我们在开始的时候会说："你正要经历一段想象之旅。如果你愿意的话，可以想象我正和你一起旅行，或者你也可以想象你是独自一人。如果你想闭上眼睛，那就闭上吧。"然后，我们缓慢而轻柔地开始讲述，句子或短语之间要有恰当的停顿。

> 想象你正沿着一条长长的、满是泥土的公路前行。公路两边栽着很高的树。天气晴朗又温暖。你可以看见在很远的地方有一幢房子。想象当你离房子越来越近时，可以看到房子四周有花园。想象你正穿过花园来到虚掩的门前（停顿），把门推开（停顿），然后走进去。屋里照不到太阳，显得很冷、很暗。你花了一些时间来适应灯光，当你适应后可能会惊喜于你所见到的。屋里可能有人，也可能是空的。想象你在四处打量这个房间和房子，去摸摸那些你想触摸的，并与那些你想说话的人说话（停顿）。当你准备离开时，想象你从大门走出去（停顿），穿过花园来到公路上（停顿），并沿着公路回去。现在，停止想象（停顿），并注意到你正坐在豆袋沙发上。当你准备好后，请睁开眼睛，并四处看看（停顿）。现在，我想让你把刚才的旅行画出来。你可以画出任何一部分或是全部。

在分析儿童的画作之前，很重要的是给儿童足够的时间来完成对任何相关事物的绘画。

分析儿童的画作和旅程

当儿童画完后，咨询师可以询问有关图画和旅程的一两个问题，来帮助他们分析这幅图画。

◇ 你能跟我说一下这幅图吗？
◇ 你对这次旅行有什么感觉呢？
◇ 沿着公路走的时候你有什么感觉呢？
◇ 在房内（或走廊上）你有什么感觉呢？
◇ 你在开门的时候是什么感觉呢？
◇ 你想要继续待在那儿还是离开呢？
◇ 在你的旅途中，有没有想做一些不同的事情呢？
◇ 这次旅行有没有唤起之前在你身上发生的一些事情呢？

通过询问这些问题，可以将整个旅行或其中一部分与儿童生活中的真实感受联系起来。这可以给儿童讲述他们个人故事中的重要部分的机会。因此，咨询师必须使用所有类型的咨询技术（第三部分）来帮助儿童处理痛苦的情感、困扰的想法和关心的问题。在这个过程中，咨询师可以帮助儿童用情感上更舒适的方式来重新定义扭曲的记忆，并挑战自我挫败的观念。

有些儿童可能无法作画或者不想作画。在这种情况下，咨询师可以使用上面所列的与图画无关而与想象之旅有关的问题直接分析这段旅程。

在结束想象之旅后，儿童可能会分享大量的有用信息，而这使他们能够取得治疗上的进步。不过，有些儿童无法分享任何信息。他们可能对分享旅行中出现的私密信息没有安全感，这里很重要的是尊重他们沉默的权利。当儿童无法分享时，治疗效果悄然出现的可能性也依然存在。

想象之旅的适用性

请注意本章开头对使用想象之旅所提出的警告。想象之旅绝对不能用在有精神病倾向的儿童身上，或者那些缺乏现实感，对时间、地点和人物易产生混淆的儿童身上，同时也不建议对那些自我力量较弱的儿童使用想象之旅，因为其中所需的主动性对他们来说太具挑战性。想象之旅也不适用于那些有创伤后解离症状的儿童。

想象之旅对青春期早期以后的儿童最为适用。有些学龄前儿童也可以从这个技术中获益。它适合个体咨询，而不适合团体咨询。想象之旅是开放且易延展的，因为它给儿童提供了一个机会来改变他们记忆事物的方式。它鼓励儿童内省的和私密的想法，通常他们可以与咨询师分享这些想法。

□ **案例学习**

在"使用想象之旅的目的"里我们提供了两个体验的例子，其中，想象之旅可能是有益的：回应一个威胁和一个亲人的死亡。这次我们不提供案例研究，而是邀请你提出自己的案例研究。另一种适合想象之旅的体验是什么？在计划进行案例研究时，你还需要考虑其他哪些方面？在进行案例研究时，请记住不适合使用这种方法的儿童案例。

● **重点**

- 当使用想象之旅时，我们会给出儿童故事的轮廓，并允许他们利用自己的想象和经历填充故事的细节。
- 我们必须允许儿童在他们希望的任何时候忽视咨询师的指导，并在任何时刻都可以停止想象之旅。
- 在结束想象之旅后，我们可以请儿童将整个旅途或其中一部分画成一幅画。
- 要想儿童从想象之旅中获益，其有效性依赖于对它的加工方式。

◎ **更多资源**

想象力可以用来支持儿童去一个放松的地方，也叫视觉化或引导想象。这个过程可以通过邀请儿童选择一个他们觉得放松的地方来结束。这种开放式方法的一个例子是在网上以数字故事书的形式提供的。儿童可以被邀请想象一个由咨询师提供的地方。这种方法是咨询师读一个描述放松情况的剧本。在开始写剧本之前，需要注意的是咨询师要确保儿童明白，他们可以选择是按照剧本写，还是在想象中创造自己的故事。你可以在 www.relaxkids.com 上购买这类剧本。

访问 http://study.sagepub.com/geldardchildren 查看 *Pretend Play: Sequence11: 5.5 and 7 years - 'The Journey'*。

第 27 章

书和故事

本章我们将思考下列主题。
◇ 故事书在儿童心理咨询中的应用
◇ 帮助儿童编出有利于治疗的故事
◇ 在咨询过程中，书籍的使用应出于教育目的

书和故事对实现多种目标都很有效（本章将具体解释），并且可以用在 SPICC 模式的任何阶段（图 8-1）。然而，它们在第三至第五阶段尤其有效，即儿童改变自我知觉和信念、思考取舍和选择以及尝试新行为。

故事书在儿童心理咨询中的应用

请你花点时间思考儿童故事的本质。故事有什么特殊属性能让它们成为儿童心理咨询适合的工具呢？我们认为故事确实有这样的属性。儿童故事包含人物、动物、幻想的形象和火车、火箭、闹钟、花盆等非生命物体。人物、动物、幻想的形象和物体都被赋予了人格、信念、想法、情感和行为。很重要的是，随着一个故事的展开、情节的发展、问题的出现，故事中的人

和物就会与特定的想法、情感和行为对应起来。当儿童聆听一个故事时，他们会识别出故事中的人物、主题或事件。如果他们这么做，那么他们几乎无疑会思考他们自身的生活情境。他们对故事中角色的想法、情感和行为的兴趣使他们在某种程度上分享故事中角色的感受，并将自己的信念、想法和情感经历投射到这些角色身上。因此，他们可以通过这种投射方法解决自身的情感混乱。另外，儿童通常可以识别出故事中的事件和主题与他们自己生活中的事件和主题之间的关系。当这种情况发生时，他们就有机会直接处理自己的问题。

编故事

代替阅读书中故事的另一种方法是鼓励儿童自己编故事，儿童必然会将自己生活中的想法投射到故事中的角色和主题上。儿童甚至可能将自己作为故事中的一个人物，或者在故事中讲述那些发生在他们自己生活中的事件。所以当阅读一本故事书时，我们就再一次给儿童提供了直接或间接探索他们自身问题、想法、情感和行为的机会。

基于教育目的的书籍

有时候，作为咨询师，我们必须教给儿童新的行为，这些行为比他们之前习得的行为更适宜。例如那些受过性虐待的儿童，通常，在这些儿童心里已经设定了信任和开放的界线。另外，他们可能接受的教导是要对大人有礼貌，要服从。这些儿童需要学习什么是适当的界线，并认识到如果他们的界线正受到挑衅，那么说"不"是恰当且必需的。关于其他问题和知识的书籍也可以用于教育，包括虐待、暴力、社会技能、控制愤怒、性教育、分居、离婚和死亡。

使用书和故事的目标

通过书和故事，我们可以实现多个目标。这些目标包括基本目标、使用书的特定目标、使用故事的特定目标和使用书的教育目标。

使用书或故事的基本目标

- 通过确认故事中的人物或情境，帮助儿童意识到他们的焦虑或压力
- 帮助儿童发现经常在他们生活中重现的主题和相关情感。例如，儿童可能发现他们害怕孤独、背叛或其他人的过度管教。通过逐步意识到这类情感，儿童可以对其进行处理并逐步解决相关问题
- 帮助儿童思考和探索问题的其他可选的解决方式。这个目标可以通过改编故事来实现，这样就会有不一样的结局

使用书的特定目标

- 通过让儿童了解其他人有相似的经历，来帮助儿童正常看待他们生活中的事件。这个目标可以通过阅读与他们自身经历相似的故事来实现
- 帮助儿童减少对社会不能接受的经历的耻辱感。当受过性虐待或家庭暴力的儿童知道其他儿童也有相似的经历和感受时，他们会感觉好一些。他们可以通过阅读其他有相似经历的儿童的故事来发现这一点
- 帮助儿童认识到有些事情无法避免。例如，对因为生病而必须去医院的儿童，我们可以通过阅读一个住院儿童的故事来帮助他，由此我们还可以了解儿童的恐惧和期望

使用故事的特定目标

帮助儿童表达出他们的想法、希望和幻想。这对那些正在经受痛苦生活以及正在隐藏真实情况避免面对痛苦的儿童尤其有效。例如，没有父母

的儿童可能会因为与其他朋友不同而感到羞愧，他们可能会痛苦到无法告诉他人事实。因此，他们可能会告诉朋友他的父母在海外工作。通过讲述故事，咨询师可以帮助儿童认识到他们所说的并不是真的，而只是表达一种希望。

使用书的教育目标

教育儿童学习正确的观念和行为。通常，实现这个目标所用的书是与自我保护、愤怒控制和社会技能相关的。

所需的材料

我们用过不同种类的故事书，它们覆盖了不同的主题和情境，包含如下几方面。

- ◇ 交朋友
- ◇ 家庭
- ◇ 拒绝
- ◇ 魔法
- ◇ 妖怪
- ◇ 童话
- ◇ 神话

同时，我们也拥有那些有利于帮助儿童确定和承认他们的情感的故事书。例如，关于欺骗、威胁和发脾气的书。

另外，我们还收集了一系列有教育意义的书籍，主题如下。

- ◇ 自尊技能的发展
- ◇ 性虐待
- ◇ 自我保护
- ◇ 家庭暴力
- ◇ 性发育

为了编故事，我们会使用下列材料。
- 大张白纸
- 彩色笔
- 行距很宽的笔记本
- 录音设备

如何使用书和故事

讲故事是儿童和咨询师之间的一种互动过程。通常，儿童不喜欢在咨询阶段写作。许多来见我们的儿童之前都有尝试创造性写作而不成功的经历。因此，我们试图让编故事变成一种很容易的、充满乐趣的、正面的创作经历。一般情况下，随着儿童编故事的进程，我们会用彩笔和大张纸将故事写下来。有时候，我们也使用录音设备将故事录下来。

通常，儿童在充分理解编故事的过程前需要咨询师进行示范。我们一般在开始时会对儿童说："今天，我们要互相讲故事。我要开始了，有时候我可能会停下来，当我停下来的时候，我希望你来接着讲"。这样，咨询师就可以选择一个主题并鼓励儿童探索他们身上存在的相应问题。

然后，咨询师可以继续说："这个故事有开头、中间和结尾。我要开始了。从前有个王子，这个王子喜欢……"

咨询师可以在句子中间停顿，并鼓励儿童说出这个王子喜欢什么。儿童可能回答说："在村子里骑马。"咨询师可以继续说："当他在村子里骑马时，他发现……"

咨询师再一次在句子中间停顿，这样儿童可以延续故事接下来的部分。故事就以这样的方式持续讲下去，直到结尾。

当故事讲完时（通常会被录下来），我们喜欢将它回放，并要求儿童确认故事中的每个角色，我们可以问："在这个故事中，你最喜欢的是谁？"

我们还可以进一步鼓励儿童探索他们自己的行为："假如你是王子，你会和他做一样的事情还是不一样的呢？。你都做了什么？"

最后，咨询师对儿童所讲的故事表达感谢。

另一种可选的方法是鼓励儿童看图讲故事。咨询师可以给儿童看杂志中的一幅图或者一张照片，然后要求儿童根据图画中的人物、动物或物体讲一个故事。这里咨询师可以再次提醒儿童，故事应当有开头、中间和结尾。然而，这些故事可以是短小和简略的。

对那些觉得自己不会编故事的儿童来说，在刚开始的时候最好使用故事书、童话或神话。这可以帮助他们熟悉故事发展的方式，并帮助他们认识到故事可以怎样与他们自己的个人经历相联系。

传统的童话和神话，诸如《小红帽》《三只小猪》和《韩塞尔与葛雷特》，尽管故事略显陈旧，但有时候是很有用的。然而，我们在使用这类故事时要谨慎，因为它们会对一些儿童造成困扰。如果它们确实是合适的，就可以鼓励儿童在刚开始时进行投射性的工作，然后直接讨论他们自己、家庭和重要他人。

《小红帽》的童话对一些儿童是很有用的，因为它涉及剥夺、逃跑、无助和拯救的问题。我们可以给儿童讲这个故事，并且请他们想象自己是其中一个角色。之后，我们再请他们思考故事中不同情境下其他可选的解决方法。例如，在阅读完《小红帽》这个故事后，假如儿童想象自己是奶奶这个角色，我们可以问："奶奶怎样做才能变得更强大，从而可以智取恶狼，而不会被塞进狼肚子？"

然后，我们可以鼓励儿童通过提问来思考一些不同的选择。"当恶狼要将奶奶塞进肚子里时，奶奶可以做什么事来反抗呢？"这样，我们就能够肯定儿童的勇气、胆量和足智多谋。

围绕家庭暴力或性虐待等内容而撰写的故事书可以用来帮助儿童理解其他儿童也有相似的经历。这使得儿童能够感觉自己与其他儿童没有差别，并减少作为受害者的感觉。这类故事允许儿童确认或拒绝他们自己和故事中角色的相似点。它们可能也会鼓励儿童将自己的经历更多地表露出来。

我们通常使用书籍作为教育儿童树立正确观念和养成良好习惯的工具。书籍可以用来确认大范围的问题，如自我保护、危险的陌生人、隐私以及不恰当的触碰。咨询师可以利用这些书籍帮助儿童探索对未来行为的取舍和选择。例如，一本书可以鼓励儿童对陌生人说"不"，并帮助儿童练习大声说"不"。之后，儿童和咨询师可以进入教导恰当行为的角色扮演中。

当书籍用于教育时，我们希望儿童将书本带回家与家庭成员或监护人一起分享。

书和故事的适用性

书和故事可以用在学龄前到青春期后期的儿童身上。对低龄儿童尤其适用，这些孩子习惯听故事，并且都很愿意听故事。

书和故事最适用于个体咨询或父母–儿童咨询。它们使儿童的思维更宽广、更活跃。然而，我们的工作可以集中在选择特定主题这方面。

如果我们所咨询的对象是原本就有一定创造性且语言能力良好的儿童，那么帮助他们编出自己的故事是很有效的。这个方法不适合那些缺乏天赋的儿童。

□ 案例学习

梅西（Macy）及其同事（2003）把讲故事作为支持经历过自然灾害（两次大地震）的儿童的项目的一部分。他们发现，儿童在参加这个项目后，焦虑和抑郁程度降低了，自尊和控制情绪的能力增强了（第20章有关于游戏治疗循证基础的更多信息）。想象一下，你已经收到了9岁儿童布伦特的转介信，他在昆士兰北部小镇受到飓风袭击。布伦特和他的家人在飓风中没有受伤，然而，他们的家被毁了，目前正在重建。你如何利用讲故事来支持布伦特处理他的经历？在SPICC过程中，你会考虑在哪个阶段介绍书或故事？

● **重点**

- 儿童通常能够认同故事中的人物、主题或事件，并且由此，他们几乎都会思考自己的生活状况。
- 当儿童能够编故事时，故事中的想法很可能来自儿童自己的生活经历，这使得咨询师可以从中窥见端倪，并帮助儿童确认他们自己的问题。
- 教育类书籍可以用来处理一些特定难题，如自尊、性虐待、自我保护、家庭暴力和社会能力发展。

◎ **更多资源**

www.littleparachutes.com 提供适用于咨询的书籍数据库，特别是用于教育目的的书籍。

访问 http://study.sagepub.com/geldardchildren 查看线上资源。

第 28 章

玩偶和毛绒玩具

当咨询对象为低龄儿童时，玩偶和毛绒玩具在 SPICC 模式（图 8-1）的任何阶段都很有用。我们使用玩偶和毛绒玩具的方法是为了鼓励儿童创作并执导以玩偶和毛绒玩具为主角的剧目。在编排过程中，儿童将自身的想法投射到玩偶和毛绒玩具上，赋予它们人格、动作和话语。

儿童喜欢玩偶和毛绒玩具是因为它们很容易控制。对大多数儿童来说，他们不需要做什么准备就很熟悉这些玩具。

对新手咨询师来说，很重要的是理解用玩偶和毛绒玩具演戏与假装游戏的区别。在假装游戏中（第 29 章），儿童进行角色扮演，并把自己当成戏剧中的某个或某些人物。相比之下，当使用玩偶和毛绒玩具时，儿童通过故事和剧本中的情节将其中的观点投射到玩偶和毛绒玩具上。儿童认为这些玩具是与他们本身分离的外部事物，并且在没有限制的情况下，可以将他们认为与自身有很大差异的信念、行为和人格赋予玩偶和毛绒玩具。

玩偶和毛绒玩具的使用与故事的使用有所不同。故事让儿童有机会表达他们的幻想，并思索冲突的处境，甚至当直接谈论对儿童来说太困难时，故事能让儿童处理这些重要的问题和情感。玩偶和毛绒玩具同样有用，并且比故事增加了一个额外的维度。通过玩偶和毛绒玩具，儿童可以直接创作和对话，还能操控它们进行表演。这使得儿童在自身和故事中能够更轻易地与角色建立情绪和情感联系。

用玩偶和毛绒玩具创做出的前因后果给儿童提供了一种间接处理问题的方式，对儿童来说，承认这些就是他们自身的问题可能是困难的。而采用玩偶表演的方式间接地保护了儿童内心的痛苦不会被直接揭开，并伪装成属于玩偶或毛绒玩具的问题。在讨论相关问题的同时，儿童可以获得自信，并有机会发展出在他们准备好的时候直接承认和面对这些问题的勇气。

戏剧允许儿童将他们自身以及重要他人的信念、行为和人格特征投射到玩偶和毛绒玩具身上。例如，当儿童创作剧中的对话时，他们可以复制一个讨厌的人或可能已经分别的亲密朋友的人格和行为。因此，玩偶和毛绒玩具为幻想他人之间的互动以及儿童与他人之间的互动提供了安全的表达出口。

在戏剧表演中，咨询师可以介入进来帮助儿童表达、理解和解决他们的问题，并因此带来改变。

有些玩偶和毛绒玩具拥有内在的特性表征。例如，狼可能是危险的，猴子可能是滑稽和淘气的，而警察可能是乐于助人或不可违抗的，泰迪熊是柔软、令人想爱抚或需要人照料的。

使用玩偶和毛绒玩具的目标

玩偶和毛绒玩具可以用于下列目标。
- 获得对问题和事件的掌控感
- 通过身体的表达变强大
- 培养解决问题和做决定的技能
- 培养社会能力
- 提高沟通能力
- 发展洞察力

获得对问题和事件的掌控感

在玩玩偶和毛绒玩具的过程中,儿童得以再次演出不愉快的经历。通过这种扮演,儿童可以获得对这些经历的掌控感。例如,在真实生活中,儿童可能是被动和被剥夺权利的。在再次表演的体验中,儿童将其经历投射在玩偶和毛绒玩具上,并以一种更强大和主动的方式来展现。他们可以多次重复表演,而玩偶对情境的处理也会一次比一次成功,直到儿童感到满意。

通过将熟悉的神话、童话和故事与玩偶和毛绒玩具结合,儿童可以重新建构过去的事件,这样受害者得以重获权利,也能得到公正的结果,同时找到表达问题和情感的机会。这个过程对儿童的心理是很有帮助的,它使儿童远离无助感、无能感,并进入一个能觉察到自身内在能量和控制自身动作与反应能力提高了的新空间。因此,儿童从感到弱小转向感到强大。

通过身体的表达变强大

对儿童来说,表达强大感和力量感的一种理想方式是使用经过选择的人物或玩偶。同样,不被接受的情感可以大胆地表达和夸大。显然,这些过程对那些由于过去的经历而变得服从或弱小的儿童是有用的。

培养解决问题和做决定的技能

通常,儿童很难找到自身问题的多种解决方法,因为儿童觉得可能会受到很多要求和限制的禁锢,并且认为其他人会将这些禁锢强加在他们身上。然而,通过使用玩偶或毛绒玩具演戏,他们可以探索多种其他可能的解决方法。然后,咨询师可以将这些方法与儿童自己的生活情境联系起来。

培养社会能力

为了帮助儿童发展社会能力,咨询师要逐步融入儿童的玩偶扮演中。然后,咨询师创造性地设置一些需要儿童用自己的玩偶或毛绒玩具来做回应的情境。通过这种方式，儿童可以间接地探索他们的社会性行为的恰当和不恰当之处。

提高沟通能力

使用玩偶和毛绒玩具来演戏同时要求儿童进行言语和非言语的活动，因此促进了对想象或真实事件及问题的沟通。这使得儿童发展出对不同沟通模式效用的洞察力，因此逐步提高了沟通能力。儿童也可以将玩偶和毛绒玩具的特性与行为视为自己的。这样，他们就拥有了间接试验人际间保持其他关系的方式，如果他们愿意，可以探索分离、亲密和公开交流等问题。

发展洞察力

当儿童让玩偶之间进行对话时，他们必须思考在表演中每个玩偶各种不同的有时甚至矛盾的观点。由此，儿童就可以发展出洞察力，这很可能会使儿童意识到并理解生活中其他人的观点，也可能有利于他们发展出对过去生活事件的意义更透彻的理解。

所需的材料

我们喜欢同时使用玩偶和毛绒玩具。我们的玩偶是手偶——儿童可以将手放到玩偶里并通过手指来活动嘴和耳朵，从而改变玩偶的面部表情。

与使用玩偶不同的是，我们不能改变毛绒玩具的面部表情。然而，毛绒玩具的优势是可以同时使用好几个。

同时使用多个玩偶和毛绒玩具是有用的，这样不同类型的人物和人格就可以得到表征。我们认为适合用玩偶和毛绒玩具表征的范围如下。

- 母亲、父亲、祖母、兄弟姐妹、婴儿、叔叔等家庭人物
- 虚构的人物形象，包括魔鬼、巫师、精灵和术士
- 丛林动物、农场动物和家养动物，例如，狼、鲨鱼、熊、大象、马和兔子

◇ 拥有某种伪装的毛绒玩具，包括假面人、小丑和蒙面人

如何使用玩偶和毛绒玩具

因为我们采用相似的方式使用玩偶和毛绒玩具，所以在下面的讨论中，我们只提及玩偶，而这些同样也适用于毛绒玩具。

◇ 允许儿童自发地玩玩偶
◇ 邀请儿童创造和导演一出玩偶秀
◇ 结合熟悉的童话或寓言故事来玩玩偶
◇ 用玩偶与咨询师对话

允许儿童自发地玩玩偶

我们通常先让儿童知道我们要玩玩偶。我们邀请孩子选择他们喜欢的玩偶。这可以提供有价值的信息。例如，儿童在检查完玩偶的形状、大小和其他特征后，往往会拿起大部分玩偶，然后丢弃它们。当孩子选择了一些玩偶，他们通常会自然而然地开始玩偶之间的对话。如果他们没有这样做，那么我们选择一个玩偶并利用玩偶和儿童交谈来进行模拟。例如，当我们对一个叫萨曼莎的孩子进行咨询时，我们可能会选择玩偶熊，并像玩偶熊一样说话："你好，萨曼莎。你今天来和我玩吗？"然后我们可以通过介绍人物来邀请儿童开始他们的玩偶剧。我们可能会问："你为什么不把戏剧中的所有角色都给我看，然后一个个地介绍给我呢？"

当儿童介绍角色时，咨询师可以在每个角色出现时参与对话。例如，咨询师可能会说："你好，特迪，我很期待这个节目，你也是吗？你好，特迪，很高兴见到你。我喜欢你的大红领结。"咨询师的参与有助于儿童对活动感到更舒服，设置场景并允许儿童把自己投射到角色上。

有些儿童发现编故事和表演很容易，而有的孩子觉得很难。对于这些儿童，我们通常建议他们使用主题，这些主题可以解决与孩子相关的问题或事件。例如，我们可能会提出一些主题，涉及从家里搬到护理中心或去探望缺

席的父母，或反映无助、恐惧或遗弃的主题。

我们对一些儿童使用一种更正式的玩偶表演方法，如下文所讨论的。

邀请儿童创造和导演一出玩偶秀

我们开始创造一出玩偶剧，对孩子说："我们一起用这些玩偶和毛绒玩具组成一个戏。你可以选择这出戏中的角色。其中一个角色是很孤独的，他对未来会发生在自己身上的事很害怕，也很不确定。另一个角色是强壮有力的首领。这出戏中还有另外三个人物。你想现在选择角色吗？"

在儿童介绍完这些角色（如之前所讨论的）之后，咨询师必须帮助儿童设计一个主题并开始这场玩偶表演。这个故事所呈现的内容将提示儿童当前的问题和他们的应对方式。

通常，我们鼓励儿童在一张矮桌上演出他们的"玩偶剧"或"玩偶秀"，然后让他们在桌旁席地而坐，形成一个小型舞台。有些儿童喜欢在表演中使用棍子、球、枕头和毯子等道具。然而，太多道具会诱导儿童进入戏剧性的假装游戏（第29章），儿童就无法集中精神将自己的观点投射到玩偶或毛绒玩具上。

一般情况下，我们会坐在桌子的另一边，就像观看演出的观众。我们会很自然地插入一些问题，做出评论，并在恰当的时候对剧情发展提出一些建议。

随着剧情的发展，咨询师可以进行干预，并直接与其中一个角色进行谈话来挖掘更多关于这个角色的信息。例如，咨询师可以问小熊："其他人都在聚会，而你一个人被关在门外是什么感觉呢？"

儿童不可避免地会将自身的不同方面投射到不同的人物上。例如，儿童可能会将自身淘气的一面投射到惹是生非的猴子身上，同时将想用魔法改变周遭的愿望投射到巫师身上。在这个过程中，咨询师可以鼓励人物保持特定的行为，这样儿童将逐渐意识到其他人物的应对方式。例如，咨询师可以说："巫师，再来一次，我觉得这次能行。"这让儿童有机会评估特定行为的结果，并决定剧中其他人物的正确反应。

对咨询师来说，还可以建议对其中一个人物的行为做出改变。例如，咨询师可以对巫师说："巫师，我认为你现在做的起不了什么作用。我想你能不能想点别的办法？"

有些儿童可能会怨恨咨询师的侵入。针对这些儿童，咨询师就必须在不进行干涉的情况下观察玩偶表演。然而，在表演结束后，咨询师可以与儿童讨论这出戏的多个方面。首先，咨询师可以开始提问，例如："这个故事中的所有人物或东西，你最想成为哪一个？你想成为故事中的哪个人呢？"但是，如果问"你是故事中的哪个人"是不行的，这样的问题会造成混淆，因为很明显儿童会将自己的各个方面都投射到剧中人物身上。有时候，在表演结束后询问儿童故事中人物发生的事情有利于儿童思考行为的后果。

结合熟悉的童话或寓言故事来玩玩偶

对有些儿童来说，我们会利用熟悉的童话或寓言故事来配合玩偶，直接指向特定的问题。这时，我们会请儿童用玩偶来演出这个故事。然后，我们帮助儿童重新建构这个故事，这样就能实现更满意的结果。例如，一个受害者可能会逐渐被恢复权利，或者可能发现解决问题的其他办法。咨询师可以让孩子用玩偶或毛绒玩具来表演《小红帽》的故事。在表演完成后，咨询师问："当奶奶要被大灰狼吃掉时，她还可以做些什么来反击吗？"儿童可能会建议奶奶跑出去寻求帮助。然后，咨询师可以鼓励儿童沿着这个思路再表演一次。

用玩偶与咨询师对话

有时候，通过玩偶与咨询师之间的对话，儿童可以发现自身问题的解决办法。

毛绒玩具和玩偶可以用在与儿童一对一的直接互动中。有时候，我们使用泰迪熊，并认为它是聪明、能干、博学的，而且会魔法。这种毛绒玩具对那些难以讨论某些问题的儿童很有帮助。例如，儿童可能会因为害怕被恐吓而不敢去学校，而且他们没有足够的勇气来谈论这个问题。我们可以向儿童建议，泰迪熊是非常了解儿童的想法的。我们可以说："有时候，泰迪熊知道小朋友正在想什么。如果它坐在你的腿上，它可以告诉我们哪些事情正在折磨你。"

我们可以要求儿童将小熊放在腿上，并且说："泰迪熊，珍妮正被一些问题困扰。如果你知道是什么问题的话，可以告诉我们吗？"然后，我们请儿童以泰迪熊的名义来回应："珍妮，你能告诉我泰迪熊说什么了吗？"

在这样做的时候，有些儿童可能会感觉缺少安全感。此时，咨询师可以拿起泰迪熊，让它的嘴贴近自己的耳朵并假装正在倾听泰迪熊说话。然后，咨询师可以重复泰迪熊的话："泰迪熊说它认为你的问题可能跟上学有关。我想知道它说得对不对呢？"

然后，我们可以鼓励儿童加入小熊和咨询师的对话，要求儿童也倾听小熊说话并重复出来。因此，他们的话成了小熊的话，并能够说出他们想通过小熊说出的话。

玩偶和毛绒玩具的适用性

玩偶和毛绒玩具对那些学龄前和学龄儿童是很有益的。有趣的是，有些青春期早期的儿童也乐于玩玩偶和毛绒玩具，不过，它们通常更适合低龄儿童。

玩偶和毛绒玩具用在个体咨询中是很理想的，但也可以用在团体咨询中。在团体中，每个孩子可以选择和塑造一个玩偶或毛绒玩具。

玩偶和毛绒玩具的使用让儿童探索和扩大他们的想象，并鼓励他们表现出互动，甚至是冒险。玩偶和毛绒玩具也可以用来传达道德信息并教育儿童，例如，可以探讨自我保护行为的概念。

□ 案例学习

玩偶（Zahr，1998）和毛绒玩具，尤其是泰迪熊（Hatava et al.，2000）在为儿童入院做准备的咨询中已被广泛应用。研究发现，在儿童住院期间，使用玩偶和毛绒玩具可以降低焦虑、生理反应（心率和血压）和行为反应。有关使用道具和活动为儿童入院做准备的更多信息，请参阅第20章，你收到了5岁玛丽的转介信。她的父母表示他们很担心玛丽，玛丽知道她需要去医院做手术后一直很焦虑。这是她第一次去医院。你会如何使用玩偶和毛绒玩具来支持玛丽做入院准备？你会考虑其他什么道具或活动？

● 重点

- 用玩偶和毛绒玩具表演，给儿童提供了一种间接方法来处理那些对他们来说很难承认的问题。
- 在表演中，儿童可以将他们生活中重要他人的观点、行为和人格特征投射到玩偶和毛绒玩具上。
- 如果咨询师对剧情发展进行干预，帮助儿童表达、理解并解决他们的问题，就可以引发改变。
- 玩偶和毛绒玩具为表达对他人关系的幻想提供了安全出口。

◎ 更多资源

儿童基金会为在紧急情况下照顾儿童的照料者制作了一套关于儿童早期发展的资料袋。在提供使用游戏（包括玩偶）来支持儿童度过创伤经历的建议之前，该工具包概述了游戏在发展中的作用。该套件可在 www.unicef.org/chinese/earlychildhood/files/GuidelineforECDKitcaregivers.pdf 上查看。

访问 http://study.sagepub.com/geldardchildren 查看 *Gestalt Therapy*。

第29章

假装游戏

假装游戏是幼儿时期的儿童自然发展出来的游戏。只要使用恰当，它可以被用在 SPICC 模式（图 8-1）的任何一个阶段，来实现每个特定阶段所要求的目标。

低龄儿童喜欢假装自己是其他人，比如医生正在给病人做检查，或妈妈正在喂她的孩子。在游戏中，他们化妆并使用道具，例如，在他们假装去购物时会携带空的食品袋。因此，他们结合物体、动作、言语并与想象中的人物互动来演一出戏。

尽管两三岁的低龄儿童可以模仿生活中家里成人的角色，但是，他们必须借助真实的物品或玩具模型。

4 岁及以上的儿童很少在假装游戏中依赖真实物品。在这个年龄段，他们一般能使用不相关的物体来象征或取代游戏中所需的客体，例如，一块积木可以被当成电话。这些年纪稍长的儿童能够在假装游戏中模仿实物的动作，例如，儿童可能用握紧拳头贴近嘴来代表喝饮料。因为大龄儿童能进行抽象思考，所以他们可以轻易地扮演超人、妖怪和精灵等虚构的人物角色。

在假装游戏中，儿童会在想象的情景中全身心投入表演。在完美的场景下，儿童完全变身成了演员。

假装游戏有时候涉及社会能力，但这并不是必需的。当涉及社会能力时，我们会称为社会性戏剧游戏。当假装游戏需要咨询师和扮演某个角色的儿童进行言语和非言语互动时，社会能力就派上用场了。

假装游戏涉及儿童对物品和玩具模型的使用。有些儿童无法以这种方式使用物品并且无法投入假装游戏。这类儿童可能会以与婴儿相似的方式来抚弄、堆积、击打或控制物品。这种不成熟的游戏方式可能出于下列原因。

 ✧ 儿童可能有语言障碍或认知发展迟滞
 ✧ 儿童可能从小被剥夺了刺激性的游戏环境，因此缺少必要的经验来投入到假装游戏中
 ✧ 由于之前遭受的情感创伤、虐待或忽视，儿童可能会受到压抑
 ✧ 儿童可能对于在游戏中冒险感到害羞或过于拘谨

因为 3～5 岁的儿童玩假装游戏是他们发展中的一个自然部分，所以这类游戏的缺失是很严重的。无法投入假装游戏的儿童在解决情感问题时的人际资源是受限的。

通过假装游戏，儿童可以把对生活和生活中的人物所观察到的重要内容表现出来，因此可以实现许多有益的目标。

进行假装游戏的目标

假装游戏可以用来实现下列目标。
1. 使儿童用言语和非言语的方式将观点、希望、恐惧和幻想具体化，并表达出来。
2. 使儿童表达出潜在的想法或思考过程。
3. 使儿童从痛苦的情感中获得疏导性的放松。
4. 使儿童通过情感的身体表达来体验变强大的感觉。
5. 使儿童获得对过去的问题和事件的掌控感。

6. 为儿童提供机会来发展他们对现在和过去的事件的洞察力。
7. 帮助儿童尝试新的行为。
8. 帮助儿童练习新的行为,并为未来特定的生活环境做准备。
9. 为儿童提供建立自我概念和自尊的机会。
10. 帮助儿童提高沟通能力。

所需的材料和设备

假装游戏所使用的材料可以唤起儿童强烈的回应。它们通常可以激发想象,有时候甚至会引发特定的问题。例如,一个魔杖可能对那些想要控制环境和人际关系的儿童有强烈的吸引力。

我们必须准备种类齐全的道具,这样就可以促使儿童进入特定的假装游戏情节,这些情节针对特定儿童并且可能实现上述所列的目标。有些道具必须是有具体形象和现实意义的,这样低龄儿童就可以轻易地使用它们;对大龄儿童来说,道具的形象性则不必那么强。

我们的游戏室拥有下列材料和设备来支持假装游戏(其中有些在第19章中已经列出)。

家具和相关物品

玩具炉子

玩具橱柜

玩具脸盆

儿童桌椅

娃娃的床

娃娃的婴儿车

娃娃的澡盆(在玩"过家家"时,以上所列物品的大小应当可以让儿童使用)

塑料陶器、餐具、水壶和平底锅

培乐多儿童用彩泥（用于制作假食物）

玩偶、毛绒玩具和相关物品

象征两种性别的成人和儿童的布偶

婴儿娃娃

泰迪熊和猴子等多种毛绒玩具

娃娃的衣服

奶瓶

娃娃的尿布

婴儿车用的枕头和被褥

服饰用品

装扮用的衣服

帽子

领带

腰带

成人的鞋

太阳眼镜

假发

化妆品（抗过敏并且容易卸除）

珠宝

剑

徽章

各种面具

医生或护士的配套用品

旧的照相机

王冠

魔杖

旧的手表

手提袋

钱夹

零钱包

购物篮

彩色布料

毯子

被褥

望远镜

手持式化妆镜

挂在墙上的镜子

梳子

牙刷

玩具电话

玩具车

空的食品袋

游戏币

纸箱

积木

如何利用假装游戏

假装游戏是一种游戏，它始于儿童发展过程中的某个时间点，这时候儿童已经准备好从直接使用实物转变到用象征性的方式表示物体。从这个时间点开始，儿童可以投入到假装游戏中。不论何时，儿童都可以通过各种不受限的角色和行为来玩假装游戏，并体验假想的世界。另外，他们可以改变最初对生活中出现的问题和情境的觉知，从而形成新的不同观点。

咨询师的责任就是提供一个环境，在这个环境中，儿童可以创造和进入想象的世界，然后咨询师通过在治疗方面积累的经验来帮助他们。在提供必要的设备时，咨询师需要做到如下几点来为儿童营造必要的环境。

◇ 提供场所，以及材料和设备，帮助儿童进入一个假想的世界
◇ 利用儿童和咨询师的关系帮助儿童投入假装游戏，并从中获益

关于第一点，我们已经讨论过游戏治疗室（第19章）的需求，并在之前的内容中列出了假装游戏所需的设备和材料。

关于第二点，我们必须认识到咨询师可以选择角色，而且适当的角色会对游戏的疗效产生重大影响。我们必须牢记大多数幼儿并不需要成人作为他们的游戏玩伴。然而，他们确实需要有人为他们提供时间、空间、道具，有时候甚至是主题和经验。他们需要有人以促进者的身份来帮助他们开始、维持、修正和扩展游戏。缺乏游戏技巧的儿童可能不只需要一位提供者和促进者，而且需要可以参与他们的游戏的成人来帮助他们提高游戏技巧。

所以在大部分儿童的咨询中，咨询师应当起到促进者的作用。而对于那些缺乏游戏技巧的儿童，咨询师有三种作用。这些作用体现在平行游戏、协同游戏和游戏指导中。

平行游戏

在进行平行游戏时，咨询师坐在儿童身边并重复儿童的玩法。例如，儿童坐在娃娃屋旁摆放里面的家具，咨询师就要坐在儿童旁也摆放家具。然后，咨询师可以评论这些做法，例如："我要把椅子靠在这堵墙上，这样妈妈和爸爸看电视就更方便了。"

通过做出这样的陈述，咨询师可以对游戏进行评论而不会侵入儿童的游戏，但又确实提供了一种假装游戏的模式，其中可以对发生的事情进行言语

交流。因为咨询师重复了儿童的做法，所以儿童可能会认为自己的做法是重要和有价值的。因此，平行游戏给予儿童机会来模拟使用道具的新方法，并可以鼓舞儿童玩得更久。

协同游戏

在协同游戏中，咨询师加入儿童的游戏，通过对儿童的动作和话语进行回应并向儿童请教来影响他们的游戏。例如，儿童正在假装母亲照看和喂养小婴儿（洋娃娃），咨询师可以问："现在我该做些什么呢？宝宝不吃饭，我是她的姐姐。"这就使儿童有机会加入咨询师的假装游戏。然而，儿童可能会拒绝咨询师的参与，他们会说"她没有姐姐"。儿童也可能试着用玩具食物来喂这个洋娃娃，或者向咨询师展示如何喂这个洋娃娃吃东西来进行回应。

协同游戏的目的是通过加入新的元素来影响和丰富游戏的内容。在这个例子中，所引入的新元素是婴儿不听话。

游戏指导

游戏指导尽管与协同游戏有些相似，但并不一样。首先，在游戏指导中，咨询师可以提出一个游戏主题，而不是加入儿童已经开始的主题。其次，咨询师对游戏具有更多的控制权和指导权。在游戏指导中，咨询师使用问题、陈述和内容反应来帮助游戏中的儿童。例如，咨询师可以问："你是医生还是妈妈呢？你在房子里还是车子里呢？"

咨询师也可以这样说："这里有一辆汽车，你能开着它去商店吗？"（同时他们给儿童提供了一辆玩具汽车。）

另外，咨询师可以进行内容反应："你放了五个盘子在这儿。我想这个家里一定有五口人。"

这些陈述、问题和内容反应可以将儿童的注意力引向对材料的创造性使用，从而帮助儿童运用更多的假装游戏技能。咨询师也可以通过主动参与或承担一个角色来示范新的角色扮演行为。例如，如果儿童想扮演治疗病童的医生，咨询师就可以承担病童母亲的角色。这样的角色扮演和模仿都可以帮助儿童获得新的游戏技能。

尽管游戏指导是有帮助的，但它也可能是侵入性的。一旦儿童的游戏成型并继续向前发展，咨询师就要限制游戏指导的量并退回观察者的角色。

总之，当咨询对象是进行假装游戏的儿童时，咨询师必须以促进者的身份在恰当的时间利用协同游戏、平行游戏和游戏指导。

假装游戏的开始

在开始之前，我们必须确定配合假装游戏所必需的设备和材料都已经在游戏治疗室中布置完毕。有时候我们会选择特殊的道具和设备，是希望以某种方式来探索特定的主题。然而，通常情况下我们会提供各种各样的设备和材料，这样儿童可以自由选择他们想要的。当儿童进入治疗室后，我们一般会说："今天，我们要花一些时间来玩这个房间里的东西。"

因为设备和道具能吸引大多数儿童，所以儿童一般都会开始探索什么是可用的物品。通常儿童会选择其中一些道具，并且开始装扮和模仿特定的人物。低龄儿童通常会直接跑到布置有厨房家具的"家"的角落（见图19-1），并且开始扮演他们熟悉的角色。例如，他们会假装是妈妈正在煮饭或者正在照顾婴儿。当儿童开始投入这种游戏时，咨询师可以适时地参与到儿童的游戏中或者仅仅是观察儿童游戏的主题和顺序。然后，随着游戏的进行，咨询师可以找机会做出陈述、提出问题并对儿童所做的事情提供反馈。

在开始游戏后，咨询师可以抓住恰当的时机帮助儿童实现特定的目标。

如何利用假装游戏实现特定的目标

现在，我们将讨论利用假装游戏实现之前所列的10个目标的方法。

使儿童用言语和非言语的方式将观点、希望、恐惧和幻想具体化,并表达出来

作为假装游戏的结果,这个目标将自然地出现。这样的游戏使儿童用一种表象和戏剧化的方式重新创造他们的世界。随着儿童创作出剧本并支配有生命和无生命的"演员",这个过程将顺其自然地完成。这些演员包括他们自己、洋娃娃和毛绒玩具,甚至可能还有咨询师。在表演中,有些儿童会自发地表达他们的希望、恐惧和幻想,咨询师则起着观察者的作用。然而,对其他儿童来说,咨询师可以通过合作游戏来丰富他们的幻想、希望和想法。咨询师可以夸大分配给他们的角色,或者以一种荒谬的行为方式来实现这个目的,由此鼓励儿童更有力地表达出想法、恐惧和希望。然而,咨询师必须严格坚守儿童分配给他们的角色,否则他们将侵入或抑制儿童的个人表达。

使儿童表达出潜在的想法或思考过程

为了实现这个目标,咨询师必须花时间观察儿童的游戏,并且不能进行干预。然后允许儿童通过自由联想,利用假装游戏来探索潜意识里的希望或欲望。在这个过程中,咨询师将想法、情感和内容反馈给儿童是很有利的。例如,咨询师可以说:"多莉要是淘气,就会被锁在自己的房间里。我想知道当她被锁在房间里时,她会怎样呢?"这让儿童能够探索与受困相关的自身问题。

使儿童从痛苦的情感中获得疏导性的放松

假装游戏为儿童提供了将情感和问题表现出来的机会,因此能获得情感的放松或疏导。当这种情形发生时,假装游戏本身就是一种治疗干预手段,因为游戏过程本身就是治疗。当我们试图实现这个目标时,治疗师必须完全是非导向性的,并且一定要为儿童提供一个安全的环境并与儿童建立共情的关系。

使儿童通过情感的身体表达来体验变强大的感觉

通过游戏指导，咨询师可以示范强大的虚构角色。然后，鼓励儿童扮演强大的角色而不是先前的自己，并且可以在适当道具的支持下尝试这些角色。咨询师可以示范援救者、探险家、养育者或医治者的形象，然后鼓励儿童扮演这些角色。一旦儿童承担一个强大的角色，咨询师就可以回到协同游戏中支持这个角色。

使儿童获得对过去的问题和事件的掌控感

咨询师可以邀请儿童通过假装游戏来重新创造令其感到无助和受剥夺的痛苦经历。当这些经历以戏剧化的方式演绎出来时，我们可以鼓励儿童以更主动的方式融入这些事件，而不是像之前那样被动地忍受。我们可以通过请儿童多次重复表演来实现这个过程。在每次重复时，我们可以鼓励儿童做出新的更有力的行为，并表现出更强的控制力。因此，儿童就能摆脱受害者的立场，并获得对过去令他害怕的那些事件的掌控感。咨询师可以通过强调儿童的经历来帮助他们。例如，咨询师可以说："你不单让那个窃贼走开，还把他从门口推了出去。我认为你是很勇敢的。"这帮助儿童了解他们正对环境获得越来越多的控制力。

为儿童提供机会来发展他们对现在和过去的事件的洞察力

假装游戏为儿童提供了了解自己的机会，形成了对现在和过去的事件的洞察力，并且为他们提供了在不受评判或没有压力的安全环境中发生改变的机会。

为了促使这个目标的实现，咨询师可以请儿童演一出类似儿童所经历事件的戏。在这出戏中，咨询师可以请儿童连续改变角色，这样他们首先是一个角色，然后是另一个角色，之后又是第一个角色。通过多次重复这个过程，儿童逐步投入到同时表演两个不同角色的过程中，并让这两个角色进行对话。因此，儿童同时经历了两种角色，并获得对他人的行为、观点、知觉以及现在和过去的事件的洞察力。

帮助儿童尝试新的行为

在假装游戏中，儿童可以尝试那些他们最初认为太过冒险以致无法在真实生活中做出的新行为。为了检查这些行为可能的结果，他们可以在假装游戏中尝试这些新行为，否则他们将永远没机会尝试。咨询师可以提醒儿童，在假装游戏中发生的事情是假的，也不会有真实的结果，由此来鼓励他们冒险。咨询师可以说："假装你是有魔力的，并且你可以随时改变事情，只要它是错误的事情。"

在这个"避风港"里，儿童受到鼓舞从而可以安全地进入刺激、冒险的情境。

帮助儿童练习新的行为，并为未来特定的生活环境做准备

假设有一个需要变得更果敢的儿童。在假装游戏中，我们可以邀请他担当一个权威人物，比如老师。然后，咨询师可以同时扮演一个服从权威人物（老师）的孩子。为了帮助增强儿童的权力感，咨询师可以通过假装不服从来进行挑衅。例如，"老师"要求他们去"休息室"，咨询师可以说："我就是不想去。我只想坐在我的座位上。"

这种挑衅的回应挑战了儿童的角色。不论儿童是否变得更果敢，我们都可以进行讨论。咨询师可以说："我注意到你并没有设法让我去休息室，我想知道你如何说服我做你要求的事呢？"

为儿童提供建立自我概念和自尊的机会

尝试多种角色可以帮助儿童发现他们身上沉寂和未被发现的部分。咨询师可以鼓励儿童详细描述在合作游戏中出现的角色的品质，这些角色有助于引领、友谊、好相处、解决问题、合作和协助等行为的出现。咨询师可以充当无助的受害者、吵闹的朋友或健忘的成人来突出儿童和协同扮演者的对

比。然后，咨询师可以肯定儿童所表现出来的特质。例如，儿童扮演了一个对他人有帮助的角色，咨询师可以说："你真的很擅长帮助别人，如果没有你的帮助，我根本没有办法做好。"这就肯定了儿童帮助他人的能力。

帮助儿童提高沟通能力

假装游戏的剧情同时依赖言语和非言语的沟通。因此，通过游戏中的对话，儿童可以体验到言语和非言语沟通的成功或失败。

不幸的是，有些儿童在角色扮演中并不对他们的非言语活动进行解说，也不能自然地投入到对话中。为了鼓励儿童进行言语表达，咨询师可以反馈他们的所作所为并鼓励他们与咨询师分享他们的想法。例如，咨询师可以说："我看到你正把多莉放回床上。当你把她放回床上时，你想对她说什么呢？"这就鼓励儿童进行言语交流而非仅仅投入非言语行为。

假装游戏的适用性

假装游戏是2~5岁半儿童的游戏。这是发展的关键期，儿童为了准备往后的生活需要事先排练某些技能。当儿童达到上学年龄时，假装行为变得更加隐蔽而且不会表现出来，大龄儿童会投入到幻想中。6~14岁的儿童则转向了现实，并且他们的游戏也变得更为现实，因为他们认识到明显的假装游戏并不能被社会所接受。所以，假装游戏的使用对低龄儿童来说更恰当。

假装游戏可以是没有结局的，而且易扩展，它使儿童在没有界限的情况下探索选择性和可能性，并且安全地表达情感、问题和担忧。它促使儿童更活跃、更爱冒险。然而，如果儿童愿意的话，他们也可以通过简单地重复主题而停留在界限内。

□ 案例学习

非指导性的游戏疗法，包括富有想象力的模拟游戏，已经被发现可以帮助无家可归的儿童发展一种情感上的安全感，并减少抑郁和焦虑的感觉。更多有关使用道具和活动支持儿童表达情感和管理技能的循证基础的信息，请参阅第 20 章。你会如何使用富有想象力的虚拟游戏来支持 3 岁的莫莉呢？因为担心她的情绪失控，莫莉的父母把她转介过来。当你和莫莉一起工作时，还有哪些信息可能对你有帮助？

● **重点**

- 2～5 岁半的幼儿可以自然地参与并投入到假装游戏中。
- 一般情况下，2～3 岁的儿童在假装游戏中必须使用真实物体或玩具模型，大龄儿童则可以使用不相关物体来象征他们正在假装使用的物品。
- 在假装游戏中需要使用玩具家具和家居用品、洋娃娃、毛绒玩具和服饰等一系列物品。
- 在平行游戏中，咨询师重复儿童的做法，并对他们正在做的事情进行评论。
- 当进行游戏指导时，咨询师设定游戏主题，并在游戏中承担更多的控制权和指导权。
- 假装游戏适合低龄儿童，并可以实现 SPICC 模式不同阶段的多个目标。

◎ **更多资源**

凯伦·斯塔尼蒂（Karen Stagnitti）是一名职业治疗师，她开发了许多资源来支持儿童的假装游戏。她的资源可以通过网站 www.learntoplayevents.com 访问和购买。

访问 http://study.sagepub.com/geldardchildren 查看 *Pretend Play: Sequence10: 4.5,5.5 and 7 years-'Our Mam Had Died'*。

第 30 章

益智或竞技游戏

　　益智或竞技游戏在 SPICC 模式（见图 8-1）后期阶段的作用尤其大，也就是第三至第五阶段，在这几个阶段，儿童思考自身的看法以及为他们的选择和行为做决定。

　　所有文化背景下的幼儿都会玩益智或竞技游戏，其中有些是正式的，有些是非正式的。游戏令人愉快，并帮助儿童在身体、认知、情感和社会方面都得到发展。益智或竞技游戏需要特定的技能，并且在复杂性上是不一致的。有些游戏如"记忆快门"的规则很简单，而且很容易了解和记住。这些游戏适合 4～7 岁的幼儿。许多游戏需要更复杂的规则，因此更适合 7～11 岁的大龄儿童。

　　从心理咨询的角度来看，益智或竞技游戏是使那些害羞或由于其他原因而不愿进入咨询关系的儿童变得投入的有效方式。与儿童玩游戏可以营造一种关系，可以成为有效咨询的前奏。为了实现本章接下来列出的目标，益智或竞技游戏也可以用作干预的核心部分。这些目标通常情况下与螺旋式治疗改变模型（见图 7-1）的后期阶段相关，并且与儿童练习和尝试新行为尤其相关。

　　我们将益智或竞技游戏与自由玩耍直接进行比较。自由玩耍没有规则，而在益智或竞技游戏中，儿童行为受到游戏规则的限制。从这些规则中，儿童学到了游戏的目标，如何进行游戏以及游戏的局限和结果。

益智或竞技游戏是挑战和发展儿童自我强度的一种很好的方式。在游戏中，儿童不得不面对丧失、欺骗、轮换、错失机会、坚守规则、失败、公平、不公平和被忽视等问题。另外，这些游戏使儿童体验、尝试和练习如何应对沟通、社交互动和问题解决等任务。

尽管有些游戏挑战儿童的自我能力，但是大部分游戏需要两个或多个参与者的互动以及他们在行为上的较量。在许多游戏中，参与者的行为是相互依赖的，其结果取决于每个参与者的行为。因此，这些游戏包含高水平的社交活动。

从心理发展上讲，正常的 7～11 岁儿童可以通过将自己与他人的行为进行比较来判断他们的胜任水平。游戏中的竞争机制为儿童提供了评估能力的好机会。由此，他们将逐渐意识到自己的优势和劣势。然而，我们也必须意识到对那些自卑的儿童来说，如果游戏的竞争成分被过分强调，他们可能就会感受到威胁。当在咨询中使用益智或竞技游戏时，必须保证高度的亲密、协同和合作。重点也必须放在游戏中练习个人技能而非输赢上。

在益智或竞技游戏中，儿童需要的个人技能包括控制冲动、处理挫折和接受游戏规则。儿童必须投入、集中和保持注意力，这样游戏才能有始有终。游戏的进行还要求儿童具有一定程度的认知能力，因为大多数益智游戏都涉及数字的使用、计算和问题解决的逻辑能力。

从历史角度来说，许多游戏都是我们成长事件的缩影，为儿童排演成人期所需的技能和行为提供了练习的园地。这类游戏的一个很好的例子是《大富翁》，儿童通过"购买""销售"和"租赁"地产来体验成功和失败。在 21 世纪，电视和电脑游戏的种类日渐繁多，并且许多游戏都可以一个人独立进行。除非这些游戏配备两个手柄，否则游戏的社会互动性就会受到局限。

作为咨询师，我们应清楚游戏对不同年龄和能力的儿童的吸引力，了解每种游戏的功能，并在每个特定咨询情境下做出合理的决定。

所需的材料

游戏根据可输赢的决定性因素分为以下三类。
◇ 身体或动作技能游戏
◇ 策略游戏
◇ 机遇游戏

身体或动作技能游戏包括跳房子、挑圆片等，以及一些简单的桌面游戏，如打地鼠和丢沙包游戏，另外也包括需要较大幅度的身体动作并可以帮助儿童释放能量或发泄怒气的篮球和手球之类的游戏。

在策略游戏中，认知技能决定了游戏结果。这些游戏包括九宫格、四子棋、中国跳棋、围棋、国际象棋、杀人游戏和许多纸牌游戏。

在机遇游戏中，游戏结果很明显是偶然的。机遇游戏包括抽奖游戏、蛇梯棋、纸牌游戏和许多使用骰子或数字转盘的游戏。

上述三种游戏每种都要做好准备。通常，我们会选择那些适合两人或小团体并且能在我们拥有的空间里进行的游戏。所选游戏的任何部分都不能对参与者造成伤害或财物损失。例如，我们更倾向于选择柔软的海绵球或塑料球，而非其他坚硬的东西。

还要考虑的一个重点是游戏所花的时间。显而易见，期待低龄儿童在长时间内集中注意力是不现实的。此外，一个咨询时段所使用的游戏必须在预留的时间内完成。通常情况下，我们倾向于使用那些在一个咨询时段中可以重复玩的短时游戏，这类游戏会让儿童逐渐意识到他们现在的行为并尝试新的行为。

进行益智或竞技游戏的目标

咨询师通过益智或竞技游戏实现以下目标。
1. 与阻抗或不情愿的儿童建立咨询关系。

2．帮助儿童探索他们对限制和约束的反应以及对他人的期待。

3．为儿童提供机会去发现他们在精细动作和大动作以及视知觉能力上的优劣势。

4．为儿童提供机会去探索他们参与任务、集中和保持注意力的能力。

5．帮助儿童练习协同和合作等社交技能，并练习对失望、挫折、失败和成功的正确反应。

6．帮助儿童提高问题解决和做决定的能力。

7．为儿童提供机会学习特定问题或生活事件（家庭暴力、性虐待、陌生人的危险）。

如何带领孩子进行益智或竞技游戏

现在，我们将思考如何利用益智或竞技游戏来实现上面提到的每个目标。

与阻抗或不情愿的儿童建立咨询关系

有些儿童因为害羞或阻抗而不能顺利进入咨询过程，像跳棋、快速记忆或蛇梯棋这样的游戏有助于儿童和咨询师之间的融合。做游戏为儿童和咨询师营造了一个有明确界限的安全氛围。因此儿童不可能感觉到威胁，并且会放松下来。

有时候，利用上述游戏就会达到和直接咨询同样的结果。因为在游戏中，儿童重要的内部加工过程会得到展现。例如，在进行游戏时，一个有阻抗的儿童之所以会如此不情愿是因为他害怕犯错或气自己犯错。他们可能不确定对咨询过程有什么期望。

如果咨询师在游戏中注意到儿童出现了某些特殊问题，那么通过使用陈述、情感和内容反应以及提问技术，这些问题就可以得到处理。例如，咨询师可能注意到儿童害怕失败，他们可以这样说："玩这个游戏对你来说可能有点难，对我来说有时候也是这样的。"

通过进行这样的陈述，咨询师确认了儿童对自身表现的焦虑。咨询师这样来进行情感反应："当你无法像想象的做得那么好时，你看起来很急躁。"

咨询师也可以问："如果你输了，那么你会怎么样？如果你赢了，那么你会怎么样？"

通过使用上述技巧，咨询师可以唤起儿童对相关问题的想法和情感意识，从而帮助他们开始进入游戏咨询的过程。

帮助儿童探索他们对限制和约束的反应以及对他人的期待

虽然有时候，游戏帮助儿童逐步意识到潜意识里那些令人困扰的东西，但是它们在帮助儿童处理对限制和约束的反应以及对他人的期待方面可能更有价值。很明显，游戏依赖规则，而这些规则规定了对儿童的限制和约束。另外，在做游戏时，儿童需要服从他人（如咨询师或团体成员）对其行为的期待。因此，他们有机会面对、探索和解决由于游戏规则和他人期待而引发的问题。

我们来思考一个被动、依赖性强的儿童的例子。这样的儿童可能会通过不断寻求帮助来对付游戏规则。为了解决潜在的被动和依赖行为，咨询师可以通过向儿童寻求帮助来反应儿童的行为。然后，咨询师表扬儿童给出建议的能力。由此，咨询师就可以突出儿童自身处理游戏的限制和约束的能力。

在做游戏时，有些儿童会试图作弊。有作弊行为的儿童试图用一种不成熟和不具社会适应性的方式来回避面对失败的痛苦。这种行为妨碍了儿童处理痛苦体验的能力的发展。儿童不正确处理痛苦体验，反而伪造了一种不现实或不真实的结果。为了解决这个问题，咨询师要鼓励儿童将成功的愿望与现实进行对比，来帮助他们面对现实。例如，咨询师可以问："我想知道如果赢了，那么你会怎么样？如果输了，那么你会怎么样？"

然后，儿童可以表达他们对成功的感受，并认识到不成功的后果。因此，我们鼓励儿童感受而非回避失败的感觉，并学习如何处理这些感觉。这种方法对许多儿童来说是有用的，但并非适合所有儿童。有些儿童需要中间步骤来帮助他们面对现实。这是因为对4～6岁的儿童来说，伪造一种不现实或不真实的结果是正常行为。"作弊"可以看成是适应这个年龄段儿童发展的一种不成熟行为。对低龄儿童来说，咨询师可以使用其他方法。

例如，对于掷骰子游戏。咨询师可以建议儿童每轮扔两次骰子，而不是一次，然后从两次投掷中选最好的结果。这样儿童能够对结果有更多的控制力，因为他们可以选择采用哪次投掷结果，因此，作弊需求就会减低，儿童也学会了遵守规则。当决定采用哪次投掷结果时，咨询师可以鼓励儿童冒险。经过这个过程，咨询师将儿童赢的机会最大化，同时也帮助他们直面可能失败的现实。

为儿童提供机会去发现他们在精细动作和大动作以及视知觉能力上的优劣势

涉及精细动作技能的游戏有夹豆子、搭积木和一些电脑游戏。需要大动作技能的游戏有套圈、飞镖、篮球、手球、捉迷藏、跳房子和扭扭乐。所有这些游戏都可以与咨询师一起进行，咨询师作为第二参与者。

涉及视知觉能力的游戏有四子棋、找不同、一些电脑游戏、记忆游戏、纸牌以及一些桌面游戏。

咨询师可以通过让儿童玩上述游戏并给予恰当的反馈来协助儿童探知他们的优劣势。对优劣势的认识有助于儿童探索自尊（第32章），而且能够培养处理损己信念的能力。

为儿童提供机会去探索他们参与任务、集中和保持注意力的能力

在游戏中，对儿童的行为，咨询师可以给出建议，提供鼓励、信息和正面强化。儿童更愿意尝试新行为并在游戏情境而非其他情境中练习新行为。

简单的轮换对有冲动控制问题的儿童是有帮助的。因此，可以通过适当的游戏教导儿童自我控制。为了鼓励那些难以投入游戏并保持注意力的儿童

完成游戏，我们可以这样说："当你赢三次后，我们就不玩这个游戏了。"通过这样的陈述，咨询师为儿童提供了想象游戏结局的机会，而儿童也能练习并尝试完成一个任务。

帮助儿童练习协同和合作等社会技能，并练习对失望、挫折、失败和成功的正确反应

游戏使儿童评估现有的社会技能，并学习和练习新的社会技能。社会技能包括观察非言语交流、匹配情感、提出恰当的问题、提供信息、合作、分享和服从。游戏可以帮助儿童改变不适应社会的态度和价值观。

需要儿童逐步回答问题或做反应的桌面游戏非常有助于实现上述目标，因为它们利用了儿童的社会和互动本性。这些游戏最好以小组方式进行，这样行为就可以在小组内得到肯定或挑战。

在对青少年早期团体进行咨询时，一种常用的游戏叫"Ungame"。叙述、感觉、做游戏也可以用不同的方式练习社交技能，并且不依赖团体就可以获得效果。当进行这类游戏时，咨询师可以探索儿童在面对难题或障碍时的思维过程。例如，咨询师可以对儿童说："你看起来好像答不出这张问题卡，对你来说这张卡片上最难的部分是什么呢？"

在游戏中，咨询师可以提供其他备选答案和行为。之后，儿童也许想要练习这些行为，这些行为就可以被泛化到日常生活中。

帮助儿童提高问题解决和做决定的能力

大多数桌面游戏和一些记忆类的纸牌游戏需要对特殊情境进行选择和冒险的技能。具有高偶然性的纸牌游戏是一种有效的方式，它可以帮助儿童理解——尽管我们很谨慎，但是生活并不总是按照我们的计划来。

"即时重放"是一种帮助儿童学习和使用合理的问题解决方法的游戏。在这个游戏中，儿童要告诉咨询师他们在生活中遇到的一件难事。然后，咨询师问儿童由这件事引发的结果。同时，咨询师也鼓励儿童说出他们对这件

事的想法，尤其是有关他们自身的那部分。接下来，咨询师请儿童思考在这个情境中他们所想或所做的其他事情。在对这些事情进行探讨后，我们鼓励儿童推测每种新的可能会引发的结果以及哪种选择更好，并在家里和学校里练习。

为儿童提供机会学习特定问题或生活事件（家庭暴力、性虐待、陌生人的危险）

现在，像"突出重围"（Breakthrough）这样特别设计的游戏可以用来帮助儿童逐渐意识到并处理身体虐待、性虐待、离婚、家庭暴力、色情书籍和危险陌生人等特殊问题。这些游戏通常是桌面游戏，它们鼓励儿童对问题做出回应并给出答案，然后我们从虚构或现实的角度对它们进行评估。

益智或竞技游戏的适用性

正如之前提到的，益智或竞技游戏既可以在个体咨询中使用，也可以在团体咨询中使用。它们对学龄和青春期早期儿童是最有效的。在这里很重要的是要记住，八岁以上儿童可能在坚持遵守游戏规则方面存在难度，可能会出现倒退行为。用于青春期早期儿童的游戏需要在认知、社会性和问题解决领域中具有一定水平的挑战性。

□ 案例学习

在咨询中使用游戏的一个目的是支持诸如合作和协作等社会技能的发展。加拉格多比尔等人（Garaigordobil et al., 1996）发现，在参加了他们开发的合作游戏项目后，团体内的合作行为有所增加（如果你想了解更多关于在咨询中使用游戏的循证基础的信息，请参见第20章）。想象你是一名学校咨询师。你和其中一位老师都注意到许多竞争行为，以及一些儿童在课堂上的欺凌倾向。你如何利用游戏来帮助班级提升社交技能和团队合作能力？

● 重点

- 益智或竞技游戏有助于与害羞或不情愿的儿童建立关系。
- 益智或竞技游戏有时候可以帮助儿童逐渐意识到潜意识里那些令人困扰的事物。
- 益智或竞技游戏可以给儿童提供机会来解决与规则、限制和约束相关的问题。
- 益智或竞技游戏为儿童提供机会去发现他们的优劣势。
- 益智或竞技游戏可以帮助儿童学习和练习社会性和解决问题的能力。
- 益智或竞技游戏是有教育意义的,为儿童提供了与他们正面临的问题相关的信息。

◎ 更多资源

关于跨文化游戏的更多信息,读者可能对 www.hraf.yale.edu/ehc/summaries/games-and-sports 上探索游戏文化方面的文章感兴趣。包含多元文化游戏和活动的书籍列表可在 www.kidactiities.net/post/Multi-Cultural-Books-Pre-K-and-School-Age.aspx 上查到。

访问 http://study.sagepub.com/geldardchildren 查看 Mindfulness in Schools: Practice exercise: The memory game。

第 31 章

技　术

根据我们的经验，许多我们帮助过的儿童的父母对技术表示关注。因此，我们认为重要的是了解这方面的情况，以便更好地支持家庭所提出的担忧。因此，我们在本章中简要概述了有关技术使用的常见问题，以及使用电子道具的好处。随后，我们会继续探索一些技术，它们可以有效地应用在 SPICC 模式中（见图 8-1）。

技术的作用

今天的儿童从小就接触科技，因此，这是他们生活经验的一部分（Geist，2012；Wartella and Jennings，2000）。事实上，现在科技已经融入我们日常生活的方方面面，因此我们每个人都难以避免！由于这种普遍性，使用技术的能力已经在成年人生活中必不可少，它也成为儿童学习如何使用现有的广泛技术的必要条件（Bavelier et al.，2010；Shields and Behrman，2000）。尽管技术在我们今天的生活中处于核心地位，但人们对儿童获得和使用每项新技术的好处和担忧都有所增加（Wartella and Jennings，2000）。

下面，我们首先强调儿童获得技术的主要问题和优势。在整个讨论过程中，重要的是记住，技术的作用（无论是积极的还是消极的）取决于多个因素，包括访问内容的类型以及访问技术的次数或时间（Bavelier et al., 2010; Shields and Behrman, 2000）。同样重要的是要记住，有些孩子可能比其他孩子更容易受到网络风险的影响，例如那些自我效能感或心理担忧阈限较低的孩子。在本章中，我们为有兴趣了解更多信息的读者提供了大量参考资料。

对使用技术的共同关注

父母对孩子使用科技产品最大的担忧可能是获取不适当的信息（Oravec, 2000），尤其是关于性和暴力的内容（Wartella and Jennings, 2000）。对于不适当的性材料，关注的重点是获取色情制品和性侵犯者在网上接触儿童的危险（McColgan and Giardino, 2005；Wartella and Jennings, 2000）。这些情况当然很严重，需要加以防范。不过，谢天谢地，风险比人们通常想象的要小得多。例如，一项研究发现，在 10～17 岁的青少年中，20% 的人曾在网上遇到过性诱惑，只有 0.4% 的人被鼓励与之见面（Potter and Potter, 2001）。与性引诱相关的另一个问题是，儿童在网上与陌生人分享个人信息，却不知道这给他们带来的潜在风险（McColgan and Giardino, 2005；Tuukkanen and Wilska, 2015）。

除了不适当的性材料以外，还可能存在通过多种形式的技术获取暴力的内容（Shields and Behrman, 2000; Tuukkanen and Wilska, 2015），特别值得关注的是这种暴力行为对儿童的影响。事实上，证据表明，玩暴力电脑游戏可以增加敌意和侵犯行为（Shields and Behrman, 2000）。另外，虽然暴力内容的影响严重，但与其他已知原因（如家庭环境的虐待）相比，对攻击性的影响很小（Bavelier et al., 2010）。与攻击性行为有关，遭受网络欺凌也是许多家长担心的问题（McColgan and Giardino, 2005; Tuukkanen and Wilska, 2015）。据估计，约 20% 的儿童在电子媒体上受到欺负。就像传统的面对面欺凌一样，网络欺凌会带来一系列后果，包括社会支持度下降、自我效能感和幸福感下降，以及孤独感增加（DePaolis and Williford, 2015; Olenik-Shemesh and Heiman, 2014）。

儿童使用科技的另一个普遍问题是他们花在电子媒体上的时间（Oravec, 2000; Tuukkanen and Wilska, 2015）。虽然目前还没有公认的技术添加标准，但是越来越多的人认为，技术使用可能会成为一种病态，大约有2%的年轻人可以被描述为网络成瘾（Bavelier et al., 2010）。好消息是，大多数使用科技产品的儿童都是适度使用，不会有上瘾的风险（Attewell et al., 2003）。然而，有证据表明对这些过度使用技术的儿童来说，负面作用包括对身体健康的影响（户外活动减少，体重指数增加，睡眠质量和饮食习惯更差，产生眼部问题和头痛）和认知问题，包括认知突显（查看图片被"卡住"）和注意力发展困难（Attewell et al., 2003; Baelier et al., 2010; Ononogbu et al., 2014; Smahel et al., 2015）。

使用技术的好处

尽管存在这些担忧，但许多家长也认识到了为孩子提供科技服务的好处。研究表明，儿童适当接触科技可以产生积极的影响，特别是在儿童的学业和社会参与方面。就学业而言，多项研究发现，适当使用电子教育媒体，有助于学校做好准备，提高儿童的学术技能和成绩（Attewell et al., 2003; Baelier et al., 2010; Shields and Behrman, 2000）。在某些情况下，获得看似无关的技术也可以提高儿童在学校中取得成功所需的技能。例如，研究发现动作类电子游戏与视觉、注意力、认知和运动控制的改善有关（Baelier et al., 2010; Shields and Behrman, 2000）。一些因素被认为可以解释技术使用和学术之间的积极关系，包括获得、发展解决问题的技能和自我指导（Becker, 2000; Tuukkanen and Wilska, 2015; Wartella and Jennings, 2000）。

适当使用技术有社会效益。技术促进了儿童的家庭和朋友的社交网络的发展（Ali, 2007），因此加强了社会联系和社区形成（Shields and Behrman, 2000; Tuukkanen and Wilska, 2015）。研究发现，在学校环境中，技术可以促进社会互动、合作、友谊、集体游戏和自尊的发展（Attewell et al., 2003; Wartella and Jennings, 2000）。然而，如果过度或不恰当地使用技术，例如与陌生人互动，则可能会产生负面后果（Shields and Behrman, 2000）。由于面对面交流的减少，这种使用可能会导致孤立、孤独或抑郁的感觉（McColgan and Giardino, 2005; Tuukkanen and Wilska, 2015; Wartella and Jennings, 2000）。

支持父母与儿童使用技术

尽管风险和收益都来自对技术的获取，但研究表明，只要适度使用技术，大多数风险都可以最小化，收益也可以提高（Shields and Behrman, 2000）。作为咨询师，这为我们提供了一个机会，与家长合作，支持他们解决其对获取技术的担忧。目前许多帮助父母的建议都把重点放在教育上，即与父母一起探讨孩子在使用技术时可能面临的风险，以及目前可以采取哪些措施来减少这些风险（McColgan and Giardino, 2005）。这些保护措施包括将技术保留在通用领域，并使用家长控制手段，例如屏蔽不适当的网站。同样重要的是，对技术的使用设置明确的界限，并监控和遵循这些界限。给父母的其他常见建议包括，与孩子谈论潜在的风险，以及关注孩子如何利用他们的时间来获取技术。家长也可以考虑教授孩子电脑读写技能和网络安全，让孩子在使用科技时能够做出正确的选择。这包括一些建议，比如永远不要在网上分享个人信息或照片，或者永远不要从未知来源的网站下载照片。家长也可以鼓励孩子告诉他们任何不舒服的网上谈话，并提醒他们永远不要安排与网上认识的人见面（Bower, 2013; McColgan and Giardino, 2005; Oravec, 2000; Shields and Behrman, 2000）。

作为与儿童一起工作的咨询师，我们处于独特的地位，能够支持家庭探索他们当前使用的技术，包括对此的担忧和受益，并支持他们制订适合他们的独特情况的解决方案。积极利用技术的一种可能方式是在咨询期间利用各种电子媒体。

技术和咨询

在咨询关系中，技术能够以多种方式支持儿童。在这里，我们探索一些可以在 SPICC 模式中使用的技术。下面列出的每一项技术都可以用于咨询或提供给家长在咨询期间在家使用。

应用程序（Apps）

手机和平板电脑上的许多应用程序都适用于咨询过程。应用程序可以让儿童参与咨询过程，因为许多孩子对它们很熟悉，也很享受其中。根据应用程序的内容和用途，它们可能在 SPICC 模式的几个阶段中非常有用。表 31-1 列出了一些应用程序的例子，可以在咨询过程的不同阶段使用。

表 31-1 适合在 SPICC 模式的不同阶段使用的应用程序

第一阶段 和儿童一起工作	第二阶段 触及强烈的情绪体验	第三阶段	第四阶段 改变信念	第五阶段 尝试新行为
4 列 2 个玩家的游戏 记忆匹配 2	情感表达和身体语言 ABA 快闪记忆卡 熊 情感强度 感觉计 情感追踪		积极的企鹅	情感管理 呼吸、思考、芝麻干 听起来放松 微笑的心 改变行为 奖赏 奖赏表 计时器 社会技能 言外之意 语言实验室：旋转和说话技能

一些应用程序，尤其是游戏，在 SPICC 模式的第一阶段与儿童一起使用时非常有帮助，对那些受到电子媒体高度激励的儿童来说尤其如此。但重要的是，所选应用程序在本质上是交互式的，因此支持与儿童发展治疗关系。表 31-1 中列出了一些可能有利于儿童参与的应用程序。现在有很多应用程序是为了支持情感意识的发展而设计的（见表 31-1），因此适合在

SPICC 模式的第二阶段使用，在这个阶段，儿童接触到强烈的情感。使用应用程序引入和实践新的技能，如情绪管理（第五阶段）、改变信念（第五阶段）和支持行为（第五阶段），也是一种可能。表 31-1 中包含了可以用来教授新的情绪管理技能、识别和改变信念以及支持行为改变的应用程序。在 SPICC 模式的第五阶段开发社交技能（第 33 章）也是应用程序可用的一个领域。为了获得更多关于目前儿童可用的应用程序的信息，欢迎读者浏览"学习应用程序指南"（www.bestautismtherapy.com.au/AppGuide/AppCriteria.php)，这是一个应用程序数据库，用于评估这些应用程序在开发包括情感、行为和社交技能在内的一系列技能方面的作用。

电脑和网络游戏

就像应用程序一样，许多儿童喜欢玩电脑或网络游戏，所以这些可以作为咨询的补充。如第 30 章所述，电脑游戏与传统游戏的使用方式大致相同。就那些对技术特别感兴趣的儿童来说，咨询师在 SPICC 模式的第一阶段与他们一起玩交互式电脑游戏可能是有用的（见图 8-1）。一些网站，比如 www.twoplayergames.org 和 www.gamesgames.com/games/2-player-new，现在可以使用，提供两个玩家的在线游戏，可以帮助儿童加入。许多电脑和网络游戏已经开发出来，尤其是支持技能，如情感意识（第二阶段）和情感管理（第五阶段）。例如，www.do2learn.com 网站上有很多游戏可以支持面部表情的识别，并将情感和情境联系起来，从而支持情感意识的发展。特工协会计划（www.sst-insititute.net）包含了一个电脑游戏，专门致力于发展对自我和他人情感的认知，同时引入了几种情绪管理技术。

电子书

就像游戏一样，电子书也可以像纸质书一样使用（第 27 章）。因此，在 SPICC 模式的第三至第五阶段（见图 8-1），当儿童在探索和改变他们的自我概念、信念和行为时，这尤其有用。电子书可以在第 27 章列出的每个类别中使用。我们在表 31-2 中列出了这些类别中的一些示例。从这张表中可以看出，电子书可以通过多种技术获得，包括应用程序和 Kindle 或 iBooks 等电子阅读器，也有一些网站提供大量可供在线阅读的书籍，包括 www.magicblox.com、www.freechildrenstories.com 和 www.storylineonline.net。事实上，越来越多的书有电子版和印刷版可供家长选择，家长可以在上课期间选择在家里阅读。

表 31-2　适合在儿童咨询时使用的电子书

类型 \ 出版物形式	应用程序	电子阅读器
交友	The Allen Adventure Daisy Chain	*Sharewood* by Julia Shore *Days with Frog and Toad* by Arnold Lobel *Horace and Morris but Mostly Dolores* by James Howe
家庭	The Berenstain Bears Series The Kissing Hand	*How Do I Love You?* By Marion Dane Bauer *I Love you Through and Through* by Bernadette Rossetti Shustak
否认		*No Matter What* by Debi Gilori *Yalu and The Puppy Room* by Brian Yates *The Bramble* by Lee Nordling
魔法	The Cap of Galfar The Paper Fox	*The Friendly Dragon* by Michael Yu *The Witches of Naiad School: Little Molly's Mishaps* by Denise McCabe
怪兽	I Need My Monster Charlie the Ogre	*The Monster that Lived Under My Bed* by Chloe Sanders *Don't Lend a Monster Your Favourite Toy* by Elwyn Tate *Monster Mayhem* by Melinda Kinsman
童话	Nosy Crow Fairytales Bundle	*Grimm's Fairy Tales(Illustrated)* *Andersen's Fairy Tales*
传说	Fables: The Most Wonderful Fables for Children & Adults	*Aesop's Fables: Illustrated*
自尊	The Little Engine that Could Howard B. Wigglebottom Listens to His Heart	*No One Quite Like Me* by Christina McDonald *Try and Stick With It* by Cheri Meiners *Just the Way I Am* by Idan Hadari

(续)

类型\出版物形式	应用程序	电子阅读器
性虐待		*Some Secrets Should Never Be Kept* by *Jayneen Sanders Secret, Secret* by *Daisy Law*
保护行为		*Listen to Your Body: Empowering Children to be Safe* by *Diana Cumberland* *Nolly and Groogle: The Gillows of Crimpley Creek* by *Sue Gordon and Sandy Litt*
家庭暴力		*How Are You Feeling Today Baby Bear?* By *Jane Evans* *It's This Monkey's Business* by *Debra Mares*
性发育		*It's Perfectly Normal* by *Robbie H. Harris* *What's Happening to Me?* By *Peter Mayle*

网络资源

对父母和孩子来说，互联网是一个丰富和容易获取的信息来源。然而，在互联网上也有很多错误信息。因此，它可以为父母提供与孩子需求有关的知名网站。有些网站是专门为提供信息而开发的，主要用于教育，这些网站主要运用在 SPICC 模式（见图 8-1）的第五阶段。一些对父母有用的信息来源网站包括 http://minded.org.uk/families/index.html#/、www.parentlink.act.gov.au 和 www.raisingchildren.net.au。为儿童开发的网站涉及儿童健康 www.kidshealth.org/en/kids，儿童帮助热线 www.childrenline.org.uk 和 www.kidshelpline.com.au/Kids。

□ 案例学习

你是一名儿童保护方面的顾问，刚刚与 12 岁的山姆和他的新养父母约翰、莉娜见过面。约翰、莉娜两人都表达了对山姆情绪管理的担忧，尤其是在玩电脑游戏的时候。当约翰和莉娜试图限制山姆玩游戏的时间时，他会变得咄咄逼人。你会怎样支持山姆、约翰和莉娜？

第31章 技　术

● **重点**

- 如今，科技已经成为儿童日常生活的一部分。
- 一些问题与儿童使用技术有关，包括接触不适当的性和暴力材料、隐私、网络欺凌、技术成瘾以及对身体健康和认知的影响。
- 儿童获取技术有许多好处，特别是在学业和社会参与方面。
- 在教导安全使用技术的同时，家长可以帮助儿童制定适当的界限和获取技术的途径。
- 在整个咨询过程中，有许多技术是适合使用的，包括应用程序、电脑和网络游戏、电子书和网络资源。

◎ **更多资源**

支持父母与儿童使用技术

人们已经开发了许多资源来支持父母了解使用技术的风险和好处。这些资源还提供了一些家长可以实施的想法，以支持他们的孩子在使用技术特别是互联网时培养安全感。以下是其中一些资源。

- 英国网络安全中心：www.safeinternet.org.uk。
- 儿童安全网站：www.safekids.com。
- NetSmartz：www.netsmartz.org。
- 欧盟儿童在线网络报道：www.lse.ac.uk/media@lse/research/EUKidsOnline/EU%20kids%20II%20(2009-11)/EUKidsOnlineIIReport/Final%20report.pdf。
- 澳大利亚和新西兰皇家精神病学院（RANZCP）声明"媒体对易受伤害的儿童和青少年的影响"：www.ranzcp.org/Files/Resources/College_Statements/Position_Statements/ps72-pdf.aspx。
- 美国联邦调查局出版的《互联网安全家长指南》：www2.fbi.gov/publications/pguide/pguidee.htm。

应用程序

"学习应用程序指南"是一个应用程序数据库，用于评估这些应用程序在开发包括情感、行为和社交技能在内的一系列技能方面的实用性。

- www.bestautismtherapy.com.au/AppGuide/AppCriteria.php

电脑和网络游戏

免费的两名玩家网络游戏，你可在以下网址找到。

- www.twoplayergames.org
- www.gamesgames.com/games/2-player-new

支持情感意识发展的电脑游戏包括以下两个网站。

- do2learn.com
- the Secret Agent Society program: www.sst-institute.net

电子书

下列网站提供了大量可在咨询过程中使用的在线书籍。

- magicblox.com
- www.freechildrenstories.com
- www.storylineonline.net

可用于开发儿童在咨询期间的故事书的应用程序包括。

- Tiny Tap: http://www.tinytap.it
- BookPress: http://www.bookemon.com/mobile-app
- Story Creator: http://itunes.apple.com/au/app/story-creator-easy-story-book-maker-for-kids/id545369477?mt=8

网络资源

与家长合作时可做教育用途的网站包括。

- MindaEd for Families: minded.e-lfh.org.uk/families/index.html#/
- Parent Link: www.parentlink.act.gov.au
- The Raising Children Network: www.raisingchildren.net.au

和儿童一起工作时，一些有用的教育网站如下所示。

- 儿童健康：www.kidshealth.org/en/kids
- 儿童热线：www.childrenline.org.uk
- 儿童帮助热线：kidshelpline.com.au/Kids

访问 http://study.sagepub.com/geldardchildren 查看 *School House Bullies: Social media and the internet*, *Cyberbullying in a Rural Intermediate School: Cyberbullying behaviours* 和 *Andrew Reeves Discusses School Counselling: What are the key skills and techniques in counselling in this context?*

第五部分

工作单的使用

大多数儿童对工作单是熟悉的，因为它们通常是作为学校的一种教学手段。我们在每周发行的杂志和每天的报纸中经常会发现类似的东西。

使用工作单的活动有许多不同的形式，包括填问卷、做测验、找词、连点画、寻找两幅图之间的差异、从图中寻找隐藏的目标以及匹配相似的项目。一些工作单上有测量用的量表，例如体温计图，或者从一个极端到另一个极端的连线，用来测量态度、成绩或其他指标。显然，设计良好的工作单能吸引那些喜欢使用它们的儿童。更重要的是，从咨询师的角度来看，工作单的作用是讨论的跳板，因为它们引导儿童说出实情，并聚焦于他们对特定问题或行为的想法。

工作单可以用在咨询的任何一个阶段。在咨询会谈的开始，工作单可以帮助儿童开始思考并探索特定的问题。当一次咨询会谈或一连串咨询会谈结束时，工作单可以强化最近学到的观点、信念和行为，并帮助儿童巩固解决问题的技能。通过使用工作单，咨询师积极地促进了改变（第16章）。

工作单可以从以下几方面帮助儿童。
1. 开始思考特定的问题，使这些问题能得以探讨。
2. 探讨新的思考和行为方式。
3. 探索、理解和提高解决问题和做决定的能力。
4. 了解如何对特定的社会情境或事件做出恰当的回应，并探讨这些回应可能带来的结果。
5. 认识到旧行为和新行为之间的差异。
6. 肯定或强化咨询过程中所探讨的概念、观点、信念和行为。
7. 制订计划，使学到的技能可以广泛应用到儿童周围的环境中。

另外，工作单作为一种帮助儿童分享不同观点的手段，还可用于团体之中。

我们将针对下列目标来重点介绍工作单的使用。
1. 培养自尊（第32章）

2. 社会技能训练（第 33 章）
3. 自我保护教育（第 34 章）

每一章都提供了我们为满足特定目标而设计的工作单。这些工作单可以在本书最末尾找到。我们欢迎你影印这些工作单并用于你对儿童的心理咨询。但是，请切记它们是有著作权的，并且不能用作其他用途。我们认为，把它们扩印到 A4 纸大小时使用起来最为方便。你也可以在 **http://study.sagepub.com/geldardchildren** 网站上找到工作单的数字版本。

第 32 章

培养自尊

工作单结合叙事心理治疗对 SPICC 模式（见图 8-1）的第三阶段，即改变儿童对自身的观点尤其有效。

儿童从很小的时候起，就开始形成对自身的印象或图式。我们称这种印象或图式为儿童的自我概念，它在很大程度上基于儿童生活中的重要他人对待儿童的方式。这些重要他人通过他们的回应给儿童提供了关于儿童本身及其行为的信息。由此，儿童形成了对自身的正面和负面的态度。

我们必须强调，自我概念并不等同于自尊。儿童对自身的印象或图式是他们的自我概念，也就是儿童如何看待他们自身。他们赋予这个印象的价值才是对他们自尊的测量。因此，自尊是儿童如何评价自身的一个指标。

在进行儿童咨询时，认识到自我概念和自尊之间的差异是很重要的。尽管一般情况下许多拥有正面自我概念的儿童都会伴随高自尊，但事实并不总是如此。有些儿童认为自己拥有许多优点。他们可能在学习上比较聪明，擅长运动和言语表达，因此有一个正向的自我概念，然而，他们可能并不看重这些优点，所以可能会产生低自尊并伴有不好的感觉。有些能力很强的儿童对自身有很高的期待，当他们的表现与个人期望不匹配时，他们就会认为自己是不成功的、没有价值的。他们对失败的恐惧唤起了他们的焦虑，同时自尊也受到了威胁。同样也有反面的例子，有些儿童可能认为自己不聪明，运动和言语表达能力也很差。然而，他们可能会满意自己的表现从而产生高自尊。

儿童对自我概念所寄予的价值和判断，也就是儿童的自尊水平，不可避免地会对儿童的适应功能产生重大影响。他们的信念、想法、态度、情绪、情感、行为、动机、兴趣、对事件和活动的参与度以及对未来的期待，都会受到他们的自尊水平的巨大影响。另外，儿童建立和维持有意义的人际关系的能力也依赖于他们的自尊。

高自尊儿童倾向于拥有下列特质。

◇ 他们有更强的创造力
◇ 他们更可能在社会团体中表现活跃
◇ 他们不太会受自我怀疑、恐惧和矛盾情绪的左右
◇ 他们更可能直接和现实地朝个人目标前进
◇ 他们能更容易地接受自己在学习成绩、同伴关系和物质追求等方面与其他人的差异
◇ 他们较少为身材和外貌上的差异而苦恼，能够接受这些差异并自我感觉良好

许多前来寻求心理咨询的儿童并没有上述所列特质。反之，他们感到无助和自卑，无法改善他们所处的环境，并且认为他们没办法减少焦虑。他们拥有低自尊。

有些低自尊的儿童，当他们持续得到负面的回应和反馈时，会尝试通过过度顺从或假装自信的行为方式来争取社会支持。他们努力试着让自身感觉良好。

通常情况下，儿童的自尊在几年的时间内是相当稳定、维持不变的。然而，在适当的干预下，自尊可以受到直接或间接的影响。咨询师可以帮助儿

童提升他们的自尊。

直接提升自尊的干预手段通常包含使用表扬和成效反馈，它们能同时提高儿童的自我概念和自尊。然而，尽管这种类型的直接干预有一定的效用，但是并不总是提升自尊的最有效方法。提升自尊还可以利用间接的方法。这种方法是针对某些特定领域的，例如儿童的学习成绩、同伴关系或运动成绩。显然，如果儿童可以在这些领域中拥有专长和自信，他们的自尊就很可能得到提高。

我们认为对大多数儿童来说，团体活动能给他们提供最佳的机会以提升自尊。通过团体的互动过程，儿童可以现实且正面地评价自己。特定领域的技能发展也比较容易通过练习和活动获得提升。

按照我们的观点，尽管一般情况下团体活动是提高自尊的最有效方法，但是有些儿童的自我力量或行为特质不能让他们很好地融入团体。这些儿童可能来自缺乏关爱和成功体验的环境，独裁、拒绝和严酷的惩罚导致了对儿童自我的高度伤害，他们可能变得顺从和退缩，或者极端好斗和专横。因为这类儿童无法自在地融入团体，所以他们的自尊最好通过一对一的咨询来培养。在对这类儿童进行咨询时，工作单是比较有效的。这类儿童一般擅长回避和逃离任何对他们的无能、缺点和焦虑的讨论。我们可以利用工作单来帮助他们聚焦和对准这些重要话题。

有些咨询程序着重帮助儿童认识和接受他们的个人特质、优点和局限。这有点像说："这就是你所拥有的，充分利用它。"尽管这种方法是有效的，但是我们并不认为这就足够了，因为它限制了儿童改变的潜力。

我们想要强调的不只是儿童的接受力，还强调儿童是其全部负面和正面特质的主人。想象一下，有人给你一个破旧的绘具箱和几支斑驳的画笔，并命令说："用这些工具，尽你所能画一幅画吧。"现在，再想象有人给了你同样的绘具箱和画笔，并对你说出了不同的话语："这些工具是你的了，尽你所能画一幅画吧。"第二个指示暗示了所有权并巧妙地改变了使用者对这些工具的态度、责任心和义务。在两种情况下，你可能都会画出一幅画。然而在第二种情况下，你可能更有兴趣打理和改善绘具箱、画笔，这样它们可以在以后变得更好用。同样，我们认为通过强调儿童对某些特质的所有权，能够帮助儿童更充分地发现自我。这样，他们就更可能发展出处理和管理他们认为是负面特质的方法。

如果儿童准备好接受和承认他们的优点和局限，那么他们就可能承担起学习如何改进和管理自身缺点的责任，并相信自己才是唯一要对自身改变负责的人。

自尊受到适应性的社会互动能力的重要影响。社会技能非常重要，所以我们将单独开辟一章（第 33 章）来专门介绍社会技能训练。

要提高儿童的自尊，必须要做到以下几点。

⋄ 发现自我，这样他们才能拥有更现实的自我概念

⋄ 认识并了解他们自身的优点和局限

⋄ 建立未来的目标，并制订和执行实现这些目标的计划

针对这三个领域，我们分别准备了三张工作单。这些工作单的总结及其用法都呈现在表 32-1 中。

表 32-1　自尊工作单

针对的主题	工作单编号	标题	页码
发现自我	1	我能做任何事	368
	2	我在哪里	369
	3	我的选择	370
优点和局限	4	从里到外	371
	5	新闻头条	372
	6	跨越障碍	373
未来的目标	7	平衡你的生活	374
	8	这是我的梦想	375
	9	描画自己……过去、现在和未来	376

在接下来的段落中，我们将讨论使用这些工作单的方法。请记住仅使用工作单本身并不足够，因为它们只是对相关问题进行讨论的媒介。

发现自我

工作单可以用来帮助儿童发现自我，这样他们可以拥有更为现实的自我概念。这些工作单使儿童做到以下事情。

- ◇ 表达出内心多种对立的特质。
- ◇ 探测内心的哪些部分是可以向他人随意展露的，哪些部分是隐藏起来的。
- ◇ 发现自己是如何决定做什么事的。
- ◇ 发现自己在独自一人以及与他人一起时，是如何做决定的。

用于发现自我的三个工作单主题如下所示。

- ◇ "我能做任何事"（工作单1）
- ◇ "我在哪里"（工作单2）
- ◇ "我的选择"（工作单3）

"我能做任何事"工作单用于讨论儿童在不同时间、不同情境下能够最安心表达自身的哪些部分。例如，当儿童与同伴在一起时，可能感觉到强大有力，而非与父母在一起时就显得顺从。当使用这个工作单时，我们建议将讨论的焦点围绕在不同情境下可以有不同行为的观点，并且探讨适应他人并为他人着想的需要。

"我在哪里"工作单使儿童将那些可以安心让他人看见和更愿意隐藏起来的部分构成一幅图画。然后，探讨如果儿童要向他人表露他们隐藏的部分，那么可能带来什么样的风险。通过将各种特质与树的不同部分连接，可以鼓励儿童探索一种可能性，即隐藏部分可以成长为树上那些显露出来并被他人看见和赏识的部分。

"我的选择"工作单鼓励儿童根据特定类型活动来看待他们的生活。它鼓励儿童划分活动的类别，然后创作一幅关于他们自身的图画。这幅画可以帮助儿童认识到他们在特定活动上所花的时间，并决定是否要做出改变。在咨询会谈中，咨询师可以鼓励儿童自己决定是否改变他们自身的某些部分。

优点和局限

在设计与优点和局限相关的工作单时，我们帮助儿童的目标如下。

◇ 明确优点和局限。
◇ 发现自身能使用的、可提高自尊的资源。
◇ 明确关于自身的、阻碍成长的任何看法和损己信念。
◇ 学会如何照顾自己。
◇ 认识到失败是成功之母。

三个涉及优点和局限的工作单如下。

◇ "从里到外"（工作单4）
◇ "新闻头条"（工作单5）
◇ "跨越障碍"（工作单6）

"从里到外"工作单帮助儿童区分自身的三个独立成分：身体、情感和想法，然后帮助儿童发现关注他们的身体、情感和想法的新方法。工作单能帮助儿童认识和承认阻碍他们发挥优点的行为。

"新闻头条"工作单突出儿童在生活中犯错误的一个特定事件。它为儿童提供了处理负面经历的机会，却聚焦于这段经历的正面结果。

"跨越障碍"工作单试图鼓励儿童在思维上更灵活，并冒险探寻那些阻止他们做出新选择的问题所在。

未来的目标

按照计划和目标进行是自信的一个象征。在这个部分，我们试图鼓励儿童将他们的愿望和梦想与现实结合。我们设计了三个工作单来针对有关未来目标的主题。

◇ "平衡你的生活"（工作单7）

⋄ "这是我的梦想"（工作单8）
⋄ "描画自己……过去、现在和未来"（工作单9）

"平衡你的生活"工作单鼓励儿童根据不同类别来看待他们的日常生活。这张工作单展示了一幅关于儿童的生活是如何被划分的图画。它为儿童呈现了一些信息，例如，他们是否要将大部分时间花在学习而不是休闲上，然后鼓励儿童思考可以改变他们日常生活的方法，以求在各个类别间达成更令人满意的平衡。

"这是我的梦想"工作单让儿童对他们的生活进行幻想，并思考他们对现在和近期的期望，以及未来更长远的打算。在使用工作单时，我们鼓励儿童尽可能地想象和创造。

"描画自己……过去、现在和未来"工作单帮助儿童通过审视过去、思考现在和着手实现未来的梦想及愿望，来计划他们对未来的远大蓝图。我们鼓励儿童认清他们已经实现的和想要实现的梦想，以及实现目标所需的人或物。

在我们结束这个话题之前，我们想强调一下在培养自尊时考虑儿童的文化背景的重要性。如第15章所述，儿童的家庭环境和儿童生活的社会之间的文化价值差异可能存在冲突（Friedman, 1993）。如果他们察觉到与他们的家庭文化有关的自我信念在社会中不被重视，比如在他们的学校文化中，这可能会影响儿童的自尊。意识到这种可能性，并支持儿童意识到这种可能性，将有助于他们掌握这些关于自我的文化信念，从而更好地处理这种冲突。

● 重点

- 自我概念是儿童对自身的印象或图式。
- 自尊与儿童对自我概念所寄予的价值有关。
- 团体咨询对适合的儿童来说，通常是提升自尊的最有效方式。
- 为了提升自尊，儿童必须形成现实的自我概念，认识和了解他们的优点和局限，以及设定未来的目标并为之做好计划。

◎ 更多资源

作为"通过早期帮助方案强化家庭"的一部分，什罗普郡议会（Stropshire Council）制作了一些家庭信息服务和资源包。

与自尊相关的资源包可以在 new.shropshire.gov.uk/media/2586/self-esteem.pdf 网页上找到，并且包含了许多关于自尊的信息和服务链接，这些链接可以用来支持自尊。

访问 http://study.sagepub.com/geldardchildren 获取工作单和查看 *David Dunning Defines Self-Esteem* 和 *The Enduring Self: Self-esteem*。

第 33 章

社会技能训练

正如之前章节所提到的，儿童的自我印象和自尊依赖于他们与同伴和成人互动的能力。这些能力对自尊有决定作用，因为拥有良好社会技能的儿童更可能建立满意的人际关系并获得他人的正面反馈。缺乏社会技能的儿童可能有不令人满意的人际关系，并得到负面反馈。因此，如果我们想要在 SPICC 模式（见图 8-1）的第三阶段改变儿童对自身的看法，那么可能需要帮助他们提高社会技能。另外，在 SPICC 模式的第五阶段，也就是儿童练习和尝试新行为中，帮助儿童学习更多具有适应性的社会技能可能是很重要的。

许多前来寻求帮助的、有情感障碍的儿童在社会技能方面表现拙劣，因此这些儿童建立了功能不全的人际关系。通常，他们养成了不被社会接受的行为，从而引发了令他们痛苦的结果。

拙劣的社会技能可能是成人的不良示范所致。另外，经历过创伤的儿童通常会形成不符合社会标准的行为，例如他们可能变得激进或过度顺从。有的儿童则形成了不合理和损己信念，这些信念使他们不相信他人并误解他人的行为。

我们很清楚，拙劣的社会技能不仅导致了儿童时期的问题，也影响他们日后的生活，所以对这些缺乏社会技能的儿童来说，得到适当的训练来帮助他们进步是很重要的，这样他们就可以享受社会互动并产生良好的自我感觉。

缺乏社会技能的儿童拥有什么特质呢？他们在哪些方面不同于其他儿童呢？

我们认为以下几点是缺乏社会技能的儿童的典型特质。

1. 他们常常不能使自己的行为适应他人的需要。
2. 他们倾向于选择那些不太被社会接受的行为。
3. 他们不会预测行为的后果。
4. 他们误解了社交线索。
5. 他们无法施展特定情境所需的社交技能。
6. 他们通常无法控制冲动或激进行为。

要使社会技能训练有效且有用，那么做到以下三点是非常必要的。

◇ 我们必须帮助儿童清楚了解哪些是适应社会的行为
◇ 我们必须帮助儿童发现如何使用适当的社会技能
◇ 我们必须帮助儿童将学到的技能泛化，这样儿童就能在不同社会情境中进行练习

为了满足以上几点要求，我们更倾向于将团体咨询和个体咨询结合使用。

团体咨询为儿童提供机会确认和讨论出现在团体中的能被接受和不被接受的社会性行为，同时也有助于新行为的练习。

在个体咨询中，我们使用工作单帮助儿童思考他们现在的行为及其结果，并使之认识到其他可替代的行为，以及该如何对未来特定的社会情境做出反应。个体咨询为儿童提供了一个在他人压力之外检验他们的反应和选择的机会。很明显，这是一个个体任务，因为每个儿童都是不同的，并且拥有各自独特的社交环境。一旦儿童在特定社会环境中选择使用了适当的社会技

能，我们就可以帮助他们制订一个行动计划。在这个计划中，儿童必须明确在他们所处的各种情境下使用适当技能的最佳时机，由此他们可以思考如何将学到的技能泛化到他们独有的个人环境的不同情境中去。

在儿童尝试执行他们的活动计划后，可以鼓励他们对计划是否成功进行评估，同时在必要的情况下对计划进行修正，以备未来之需。我们也可以帮助儿童探索对各种新难题可能的应对方法，而这些难题可能正是使用新的社会技能所带来的。

在培养儿童的社会技能时，我们必须注意以下三个方面。

✧ 识别和表达情绪

✧ 与他人交流

✧ 自我管理

如果儿童想要发展适应性的人际关系，那么对他们来说很重要的一点就是识别自己和他人的情绪。他们必须能够有效地与他人交流，既能表达他们的需要，也可以获得他人的尊重。他们必须学会有效管理自身的行为，这样才能被社会接纳。

针对上述的每个方面，我们又分别提出了三个可供探讨的特定主题，我们为每个主题都准备了两个工作单。对这些工作单的概况和用法如表 33-1 所示。

表 33-1　社会技能工作单

关于识别和表达情绪的工作单			
针对的问题	工作单编号	标题	页码
识别自己的情绪	10	找感觉	377
	11	阿泰很焦虑	378
识别他人的情绪	12	猜猜是什么	379
	13	你的身体	380
表达自己的情绪	14	火山	381
	15	与小菲一起战胜恐惧	382

(续)

关于与他人交流的工作单			
针对的问题	工作单编号	标题	页码
交朋友	16	谈话发起者	383
	17	提问	384
被孤立	18	给吉姆的建议	385
	19	冈波兄妹说闲话	386
解决冲突	20	争斗	387
	21	泰利、大龙和我	388

关于自我管理的工作单			
针对的问题	工作单编号	标题	页码
冷静	22	起跳之前先看看	389
	23	选择与取舍	390
行为结果	24	如果—那么—但是	391
	25	犯罪与惩罚	392
坚持自己	26	说"不"很容易	393
	27	奖赏自己	394

识别和表达情绪

为了表现出适应性功能并且更自如地与他人互动，儿童必须能够识别自己和他人的情绪，并表达出自己的情绪。

下面的段落将讨论我们所设计的工作单的使用方式，以此来明确上述的三个主题。仅使用工作单本身并不足够，因为它们只是对相关问题进行讨论的媒介。

帮助儿童识别自己的情绪

下列工作单帮助儿童识别自己的情绪。

◆ "找感觉"（工作单 10）

◆ "阿泰很焦虑"（工作单 11）

我们非常频繁地发现儿童无法命名他们正在体验的情绪。对有些儿童来说，这可能是因为他们所收集到的情绪信息是混淆的。例如，母亲事实上在生气，她却告诉孩子她"只是累了"。有些儿童可能难以认识到相似情绪之间的差异，例如，感到沮丧可能与感到悲伤是混淆的，感到尴尬可能与感到害羞是混淆的。

"找感觉"工作单帮助儿童通过将情绪与事件和情境相对应来识别特定的情绪。

"阿泰很焦虑"工作单为儿童呈现了一系列情境，在其中他们可能会发现焦虑的苗头。同时也请儿童思考那些对他们自身关系重大并会使他们产生焦虑的情境和事件。

帮助儿童识别他人的情绪

下列工作单帮助儿童识别他人的情绪。

◇ "猜猜是什么"（工作单 12）

◇ "你的身体"（工作单 13）

一旦儿童学会识别自己的情绪并将情境和事件对应起来，那么他们就可以学着预测或猜测他人在特定情境下的心情。

"猜猜是什么"工作单请儿童猜测工作单上其他人可能的情绪体验。通过这个工作单，儿童可以在想象中将自身投射到与图画相似的环境中，从而引发对特定事件和问题的讨论。

"你的身体"工作单鼓励儿童使用观察技巧。它要求儿童思考人们如何通过身体和面部表情来表达他们的情绪。在这个练习之后，我们可以请儿童再想想自己的身体语言以及他们如何用这些身体语言来表达自己的情绪。

帮助儿童表达自己的情绪

下列工作单帮助儿童表达自己的情绪。

◇ "火山"（工作单 14）

✧ "与小菲一起战胜恐惧"（工作单 15）

一旦儿童可以识别自己的情绪并认识到其他人正在表达的情绪，他们就要开始学习如何清晰和恰当地表达自己的情绪，也就是以让自己和周围的其他人都感到舒适的方式来表达情绪。

"火山"工作单特别针对愤怒的表达。当使用这个工作单时，对火山的每个部位都要进行讨论。例如，一旦儿童知道了什么样的事情会让他们发怒，他们就可能看向火山底部，并想象把怒火关在里面。我们可以鼓励儿童讨论压住怒火是什么感觉，以及这么做可能的结果和其他人的反应。然后，我们询问他们是否知道有别的儿童或其他人也会控制住他们的愤怒。朝着火山上行来到允许怒气释放的高度，它为儿童提供了探索另一种愤怒表达方式的机会。他们可以再次确认是否见到过有其他人也是这样做的。火山顶端是怒火喷发的反应。在这里，我们鼓励儿童审视这种愤怒表达方式是否得当。记住，工作单是进一步讨论的平台。

"与小菲一起战胜恐惧"工作单鼓励儿童探讨对恐惧的可能反应，并思考他们自己对恐惧的反应。

列举出来的情境可能与某个特定儿童并不相关，所以当使用这张工作单时，我们会鼓励儿童说出他们自己对恐惧的经历。然后，他们可以探讨自己在这样的经历中的反应。"与小菲一起战胜恐惧"工作单也使咨询师将恐惧感正常化。这是很重要的，因为有些儿童认为感到害怕是不正常且不被允许的。

与他人交流

一旦儿童识别了自己和他人的情绪，并且可以开始恰当地表达情绪，他们与他人在交流方面获得成功的可能性就更大了。社会性交流是指两个（或多个）人之间的一种交流。通常，一个人发出信号而其他人给予回应。在童年早期，这种同伴之间的互动基于一起游戏。然而，随着儿童逐渐长大，这种互动变得更注重同伴的接受性和亲密度。友谊开始从身体动作转移到对他人情感的重视上。在童年中期，即 7～11 岁之间，儿童有了更多的社会性往来并且找到了"最好的朋友"。随着亲密友谊关系的建立，他们开始对彼此承诺，攻击性的互动开始减少，游戏也逐渐囊括更多的言语互动。对儿童来说，在这个阶段进行适应性的交流很重要，否则他们就无法建立令人满意的社会关系。另外，他们必须学习如何处理童年期事件所带来的难以回避的情感后果，如被孤立、被忽视、被严格要求或者被嘲笑。

为了帮助儿童学习适当的沟通技巧，我们设计了工作单来解决下列问题。

◇ 交朋友
◇ 被孤立
◇ 解决冲突

交朋友

下列工作单帮助儿童学习如何交朋友。

◇ "谈话发起者"（工作单 16）
◇ "提问"（工作单 17）

"谈话发起者"工作单给出了七种不同的方法让儿童在新入学的第一天发起谈话。我们要求儿童找出可以选择哪些谈话发起者。同时，我们鼓励他们思考那些没被选择的其他发起者可能会有什么样的回应。这个工作单帮助儿童思考在新情境中如何适当地发起谈话，并帮助他们探讨与进入新的社交情境相关的焦虑问题。

"提问"工作单教导儿童如何利用提问和回答来开始和持续一段交谈。这个工作单让儿童针对一幅画，提出以"什么""哪里""怎么样""什么时候""为什么"和"谁"开头的问题。每当儿童提出一个有关这幅画的问题时，咨询师就要创造性地进行回应，这样故事才得以展开。例如，儿童可能问："是什么让地板上出现了积水？"咨询师可能会回应说："天花板上有个洞，而且这栋房子正好建在巨大的瀑布下面。"随着儿童提出的问题越来越多，咨询师可以发展这个故事，如果愿意的话也可以搞笑。同样，咨询师可以提出问题来鼓励儿童讲出一个有关这幅图画的不同故事。然后，儿童和咨询师可以轮流提出问题并一起扩展这个故事。

通过这个练习，儿童学到了如何利用提问和回答来发起谈话。他们也学到了倾听和轮流。然后，儿童可以在与同伴分享令人感兴趣或激动人心的消息时练习这些技能。

被孤立

下列工作单有利于确认被孤立的问题。

◇ "给吉姆的建议"（工作单 18）
◇ "冈波兄妹说闲话"（工作单 19）

被孤立是儿童在学校和家中时常碰到的事情。"给吉姆的建议"工作单帮助儿童探讨他们对被孤立的反应，也让儿童说出过去感觉到被孤立的次数，并讨论他们回应的方式。然后，咨询师可以认可儿童的情绪并鼓励儿童探讨其他备选的回应方式。

"冈波兄妹说闲话"工作单帮助儿童思考流言蜚语是如何损害社交关系的，而它的结果恰恰导致儿童被孤立。当其他儿童怂恿他们加入说闲话的行列时，这个工作单就会帮助儿童学习适当的回应方式。另外，它也帮助儿童探讨当他们由于流言蜚语而被孤立时，他们应有的反应。

解决冲突

下列工作单帮助儿童学习如何解决冲突。

◇ "争斗"（工作单 20）
◇ "泰利、大龙和我"（工作单 21）

解决人际关系的冲突需要理解、技能和练习。对儿童来说找到出现冲突的原因并理解他们自身对冲突的反应是很重要的。"争斗"工作单让儿童思考出现争斗的可能原因。我们也鼓励儿童讨论在家庭和学校中出现的冲突情境，并思考这些冲突是如何发生的。

"泰利、大龙和我"工作单探讨应对冲突的多种不同方式。当图上的点依次连起来后，就会看到泰利是一个慢吞吞的人，他的反应总是羞怯、害怕和有所保留的，处于无助的受害者的立场。相对而言，大龙是一个巨怪，他可能是好斗、暴力、强大、操控一切的。当儿童思考自己身为工作单中的"我"应有什么样的反应时，咨询师可以鼓励他们探讨果断处理冲突的方式。咨询师还要认同儿童在某种冲突情境下的情绪、情感，不论是害怕还是愤怒。

自我管理

为了培养社会能力，儿童必须能够识别和表达情绪，提升与他人有效交流的技能，同时要意识到并管理自身的行为。意识到自身的行为有助于儿童对来自他人的反馈敏感，并认识到在互动中行动的时机和节奏。在管理自身行为时，他们必须能够理解和认识到行为的后果，并能够在犯错误后进行改正，表现出能被社会接受的行为方式，从而以一种积极的方式强化他们的社会性行为。

为了帮助儿童学习自我管理技能，我们设计了工作单来处理下列主题。
  ◇ 冷静
  ◇ 行为结果
  ◇ 坚持自己

冷静

冷静是冲动反应的对立面。下列工作单帮助儿童学习如何冷静。
  ◇ "起跳之前先看看"（工作单 22）
  ◇ "选择与取舍"（工作单 23）

"起跳之前先看看"工作单使用了第16章详细介绍的停止–思考–行动法。这个方法被广泛应用于在校学生遇到自我管理难题时。在受到挑衅或令人恼怒的事件发生后,冷静包括以下三个方面。

◇ 停止:不做回应,克制动作
◇ 思考:花时间思考和评估事件,找出看似最佳的行动方式
◇ 行动:练习你希望的行动方式,然后行动

这个工作单鼓励儿童认清有时候他们可能会使用导致不良结果的行为。当使用这个工作单时,咨询师可以与儿童一起找出经常出现在他们生活中的某个特定情境。然后,儿童可以制订一个新行为的计划。在儿童执行这个计划后,可以根据结果对其有效性进行评估。如果儿童认为这个计划是不成功的,那么可以探讨其他解决方案,制订一个新的计划,然后再次进行练习。

"选择与取舍"工作单有助于儿童探讨可以在不同时候采取的其他行动的结果。请儿童思考当他们在工作单的某一个决定框中做选择时的感觉,这对咨询师来说是很有用的。因此,尽管任务是认知层次的,却突出了下决定时意识到情绪、情感的重要性。这很重要,因为选择会受到情感反应的重大影响。

行为结果

下列工作单是关于行为结果的。

◇ "如果—那么—但是"(工作单24)
◇ "犯罪与惩罚"(工作单25)

如果儿童能管理自己的行为,那么他们必须对行为结果的本质和适当性有清晰的了解。

"如果—那么—但是"工作单的独特之处在于,它让儿童同时探讨特定行为的正面和负面结果。这个工作单帮助儿童了解做出一些适当的行为决定可能会损失当下的满足感。这个工作单也可以看成是一个起点,来帮助儿童思考新的选择和取舍,并筹划新的不同的行为。如果儿童在两次咨询会谈之

间尝试这些新的行为，那么就可以对正面和负面的结果进行评估。如果有必要，还可以制订一个新的计划。

"犯罪与惩罚"工作单帮助儿童检验某种不被接受的行为的严重性。它让儿童探讨行为结果的适当性和对某些行为的惩罚。

坚持自己

下列工作单帮助儿童学习坚持自己：
- "说'不'很容易"（工作单 26）
- "奖赏自己"（工作单 27）

尽管自我管理的本质是抑制和约束激进或其他不适当行为的爆发，但是也应当强调，自我管理同时还意味着儿童可以对自己的积极成就进行奖赏，并将自己视为一个独立个体。

存在许多让儿童感到要被迫做出某些行为的情境，这些情境使他们自身的信念、价值观和抱负被迫妥协。良好的自我管理必须包括在恰当的时候说"不"的能力。然而，向同伴说"不"对儿童来说并不容易。它可能导致儿童受到同伴的排斥，变得不受欢迎，被同伴批评或者嘲笑。"说'不'很容易"工作单告诉儿童在同伴的压力下如何做出回应。这个工作单促使咨询师与儿童一起探讨他们可以怎样提出一些建议，以及这样说的难易程度。这个工作单也可以帮助儿童找到说"不"的方法。

"奖赏自己"工作单让儿童强化自己优良的社会性成就。在这些徽章里，儿童可以把他们感到自豪的行为写上去或画上去。这个工作单也为儿童提供机会，去练习以恰当的、易为人所接受并可以对正面行为深入肯定或强化的方式来鼓励和告知某人所取得的成绩。

总结

在设计本章的这些工作单时，我们选择了我们认为能帮助儿童发展社会技能的最重要方面。我们很清楚，通过工作单可以使更多的行为、情绪和情境得到有效的探讨。你可能想要设计一些自己的工作单。我们已经发现，这么做不但有效而且令人满意。

● **重点**

- 社会技能训练是指帮助儿童明确社会适应性行为的概念，学习使用恰当的社会技能并泛化学到的技能。
- 团体咨询为儿童提供机会去识别和讨论令人接受和不令人接受的社会性行为。
- 工作单帮助儿童思考他们现在的行为以及行为的结果，并且认识到其他可选择的行为。
- 在学习社会技能时，儿童必须逐渐意识到自己的情绪以及他人的情绪。
- 有效的谈话技巧可以营造良好的关系，其中包含发起谈话和提出适当的问题。
- 为了更好地管理自身的行为，儿童必须逐步意识到自己的行为对他人的影响。
- 为了避免冲动性反应，儿童必须学习如何变得冷静。
- 行动计划用于帮助儿童泛化学到的社会技能。

◎ **更多资源**

在 www.kidsmatters.edu.au/mental-health-matters/social-and-emotional-learning 网站上有很多支持社会情感学习的资源。这些资源适合与父母分享，以支持他们鼓励孩子发展情感和社交技能。

访问 http://study.sagepub.com/geldardchildren 获得工作单和查看 *Principles of Interpersonal Communication, Conversation Skills* 和 *School House Bullies: Helping the victim*。

第 34 章

自我保护教育

　　自我保护教育指的是向儿童传递如下信息，即"保护自己远离伤害和潜在的危险"。要想儿童实现适当的自我保护，他们必须能够做到这三个方面。

◇ 理解什么是适当的界线
◇ 保护自己远离身体伤害
◇ 保护自己远离情感伤害

　　自我保护教育通常出现在 SPICC 模式的第四阶段和第五阶段，这时候儿童的信念正在发生改变，他们思考自己所面临的各种选择，并练习和尝试新的行为。然而有时候，在某些情境下为了确保儿童的安全，帮助儿童在此之前学会自我保护是很重要的。正如第 2 章所介绍的，对儿童来说有风险的地方，就要有适当的行为来保护他们。

帮助儿童理解什么是适当的界线

　　如果儿童想要获得安全感，那么他们必须对社会中正常的、适当的和可接受的界线有清晰的认识。他们也必须了解与这些界线相关的局限、期望和行为。有了这层认知，儿童才更有可能在界线之内行动并维护他们的界线。

在帮助儿童时，我们必须考虑到发展、家庭、社会和文化界线。

发展界线

随着儿童长大并进入正常的发展阶段，他们的社会、情感和身体界线会随之发生改变。当儿童在婴儿期时，其他人可能积极地照顾他们的身体，比如喂他们吃东西，给他们洗澡、换尿布，来自家庭以外的人可能会时常与他们玩耍。有时候，满怀艳羡的陌生人可能会抚摸或拥抱他们。随着儿童长大，他们的区分能力增强并开始设置自己的边界。他们会开始表达希望谁来满足他们的身体、情感和社会需要。随着儿童开始设置自己的边界，其他人可能会变得更尊重他们并较少介入，尤其是在亲密的需要方面。显然，四五岁的孩子通常就不那么接纳陌生人了，也不喜欢他们侵犯自己的身体或情感空间。如果陌生人想抱这个年龄段的孩子或者带他们去厕所，他们可能会很不乐意。

界线会随着发展进行适当的调整，直到成人阶段，这时候亲密的身体接触仅局限于父母、配偶或男女朋友。

在教导自我保护时，我们必须考虑到顺应发展的那些界线。对儿童来说，同样很重要的是，理解现在无法被接受的行为可能在长成青少年或成人时就能被接受了。同样，他们必须了解在婴幼儿时期可以被接受的界线和行为可能现在已无法被他人认可。

家庭界线

关于家庭界线的观点通常是代际传承的。母亲原来的家庭或父亲原来的家庭中觉得可接受的行为在孩子的家庭中通常也是可接受的。然而，有时候问题的出现是源于母亲和父亲来自持不同态度和标准的家庭。或许你也有兴趣想一想自己的家庭，并找出哪些界线和行为是从上一代传下来的，又有哪些是新的。

家与家是不同的，有互不干涉、极其严格保持界线的家庭，也有完全相反的、相互牵绊、有着开放界线的家庭。

一个互不干涉的家庭通常是孤立的核心家庭，这时候家庭作为一个团体与外界并没有很多的社会交往。家庭内的个体可能会表现得相当独立，而且缺少沟通。

相对而言，许多互相牵绊的家庭，其生活方式更为群体化。他们将家庭扩张到包含与婶姨、叔伯、堂表兄弟姐妹和朋友的关系，并且可能经常举办大型的家庭聚会。在这类家庭中成长的儿童可能会轻松自在地与扩张家庭中的任何一个成员在一起。他们可以一起购物、一起度假，当有需要的时候，身处远方的亲友也会伸出援手。无疑，有些人很喜欢这种扩张家庭的氛围。然而，对其他人来说，缺乏清晰的界线是让人困惑和无助的。

在教导儿童自我保护时，认识到儿童所生活的家庭体系的本质是一个基本要求。我们认为，通常情况下在进行自我保护教育时，要让父母和儿童在一起。这种做法可以让父母参与到设置和维系合理界线的努力中，这些界线能在特定的家庭环境中为儿童提供安全保障，同时也能为家庭所接受。如果没有父母的配合，儿童很可能会面临失败。

社会界线

社会界线是指在当代社会中人们普遍认为具有社会适应性的界线，其中一些最重要的界线需立法保护。例如，法律规定有许多行为在公共场合中是禁止的，如对他人的身体攻击是违法的，成人和儿童之间的性关系是违法的。

当家庭界线和文化界线非常强大、影响甚广且不同于社会所接受的标准时，社会界线最有可能被触犯。这时，咨询师就需要帮助儿童和父母认识到社会和家庭期望之间的差异，这样才能划出合理的界线。

文化界线

文化界线以特定文化或宗教背景下的信念和价值观为基础。世界不同地方的人对什么是适当的儿童行为和父母养育方式持有非常不同的价值观和态度。不同文化关于性和身体方面的许可和禁忌也各不相同。同样,信仰不同宗教的人之间,以及有宗教信仰和没有宗教信仰的人之间,在何为适当界线的认知上,差异也是很明显的。

触犯文化界线通常会造成社会性的后果,并导致严重的情感创伤。在进行心理咨询时,我们必须牢记如果忽略了文化规条就将事倍功半。我们必须认识和了解文化界线,并解决在 SPICC 模式中出现的任何问题。

帮助儿童保护自己,远离身体伤害

自我保护教育的其中一个内容就是,帮助儿童发展保护自己远离身体伤害的能力。可能会造成身体伤害的情境如下。

- ◇ 家庭暴力
- ◇ 性虐待
- ◇ 同伴压力
- ◇ 同伴关系

家庭暴力

通常,当家庭中的父母之间存在暴力行为时,儿童不只是暴力的见证者,同时他们自身也屈从于身体虐待。有时候,儿童想要阻止父母之间的暴力。在这种情境下,他们就会面临有意或无意遭受身体伤害的危险。同样,当父母或兄弟姐妹无法管理自己的怒火时,儿童也会受到身体伤害。

身处上述情境中的儿童需要咨询来帮助他们在面临危险时进行自我保护。很明显,让父母参与到这类计划的制订中是有必要的,这样就能确保儿童得到他们的支持。

性虐待

性虐待涉及滥用权力和控制力,这时候儿童很难保护自己,因为他们没有成人的气力。如果儿童试图反抗或者向他人揭露，施虐者可能会威胁儿童并对其进行身体伤害。当出现性虐待时，儿童的身体很有可能会受伤。施虐者通常会侵入男童和女童的身体从而造成身体损伤。有些性虐待者还会用各种手段引诱不辨是非的儿童。如果儿童不明确适当的界线，就可能会加剧这种混淆。

咨询师必须教导儿童什么是适当的性界线，并帮助他们学会保护这些界线不被侵犯。他们也必须鼓励儿童敢于告发不恰当的行为。

同伴压力

大多数儿童都想被同伴接受，因此他们就会受到同伴压力的影响。对青少年早期的儿童来说尤其如此。因此，当儿童身处一些无法胜任的情境时，通常会以身体为代价来接受挑战或打赌。例如，如果儿童想要用抓住一根绳子荡过瀑布来证明他是勇敢或有胆量的，那么他很可能会招致严重的伤害。这告诉我们，自我保护教育必须涵盖如何反抗不适当的同伴压力。

同伴关系

儿童之间的社会关系主要集中于被接纳、受欢迎、勇敢、坚强、有特长和"令人欣赏"等方面。儿童时常发现自己受到挑衅，并且必须保护自己远离他人对自己的身体伤害。在学校操场上特别容易发生这种事，因为这里为同伴之间的打斗或群殴等不良行为提供了空间。

作为自我保护教育的一部分，儿童必须学习如何应对同伴可能对自己造成的身体伤害。

帮助儿童保护自己，远离情感伤害

低龄儿童的情感需要通常由成人来满足。然而随着儿童逐渐长大，他们开始更多地为自己的情感需要负责，同时必须发展出相应的技能。他们还要学习如何避免可能的情感伤害，这样，当伤害确实出现时就可以得到处理。对儿童来说，情感伤害的出现通常涉及以下三个方面。

◇ 保守秘密
◇ 被嫌弃
◇ 缺乏沟通技能和不自信

保守秘密

分享秘密是幼儿在发展"最好的朋友"关系时经常使用的策略。这种策略使儿童向他们的同伴发出信号，表明他们之间的关系是排外的。对这个年纪的儿童来说，这种行为方式在心理发展上是适宜的，而且那些秘密通常也不会给他们带来什么困扰。然而，成人和儿童之间的秘密通常会引发严重的情感问题，尤其是当秘密触及违反社会、家庭或文化的界线时。

在出现暴力行为的家庭中，儿童通常会感到无法向外人提起这个问题。他们会觉得在被迫保守这个秘密，因为不管他们有多羞耻或者有多害怕，如果告诉他人都可能带来令人不快的结果。即使这些行为触犯了适当的界线，儿童也可能会被迫支持父母的行为。

自我保护教育的一个重要内容是帮助儿童意识到保守秘密可能会引发问题，并帮助他们在恰当的时候能毫无负担地袒露秘密。

被嫌弃

出于多种原因，儿童经常觉得自己被嫌弃。他们可能觉得自己成为家庭中被嫌弃的人是因为他们年纪最小，或者因为他们是家中唯一的男性或女性，或者因为他们是年纪最大的，或者归结到他们身上的某些特质或行为。在学校里，儿童觉得自己被嫌弃，可能因为他们是最胖的、最瘦的、最慢的、最笨的、戴眼镜或者有其他缺陷。被认为是负面的行为和特质通常会归结到这类儿童身上。因此，他们可能被嫌弃，无力摆脱魔咒并陷入恶性循环。结果，他们大多发展出或好斗或过分顺从的不适应行为。这不可避免地成为未来人际关系和行为的毒瘤。

缺乏沟通技能和不自信

儿童通常会因为缺乏沟通技能、无法表达自己的情感或者谈论自己的需求和担忧而遭遇情感创伤。那些无法与他人讨论重要问题的儿童可能会形成损己信念，从而对他们的情感造成伤害。而为了应付这种信念，他们可能会形成适应不良的行为。

缺乏沟通技能的儿童可能无法坚持自己和维护自己的权利。在有同伴或成人在场的情境下，缺乏自信可能导致无助感、无能感以及无力掌控的感觉。自我保护教育应当涵盖对沟通技能的培养，尤其是自信。

工作单在自我保护教育中的应用

从之前的讨论中我们能清晰地得出结论，儿童必须要有做决定的能力，这样他们才能积极地获得身体和情感上的安全。当他们的身体或情感安全受到威胁时，他们需要拥有解决问题的能力，并且理解什么行为是被社会接受的，什么行为是不被接受的。他们必须理解什么是限制、期望和界线。因此，如果儿童想要自我保护，那么他们必须提高解决问题和做决定的能力，并学会如何设置适当的界线。

我们认为这些能力可以通过工作单来提高，设计好的工作单主要针对以下三个特定主题（见表34-1）。

- ◇ 设置适当的界线
- ◇ 保护身体的做法
- ◇ 保护情感的做法

与之前的工作单一样，这些工作单只是对相关问题进行讨论的媒介。

表 34-1　自我保护教育工作单

针对的问题	工作单编号	标题	页码
设置适当的界线	28	年龄与阶段	395
	29	我的地盘，我的空间	396
	30	彩虹大道	397
保护身体的做法	31	我的安全计划	398
	32	暴徒布利	399
	33	三个 A	400
保护情感的做法	34	惊人之事与秘密之事	401
	35	从嫌弃到爱戴	402
	36	水晶球	403

设置适当的界线

在帮助儿童设置适当的界线时，我们必须考虑儿童的发展需要以及儿童的家庭体系和更为广阔的社会体系。另外，我们必须帮助儿童获得做决定和解决问题的能力。在设计下列工作单时，我们已经把所有这些因素都纳入考虑。

◇"年龄与阶段"（工作单 28）

◇"我的地盘，我的空间"（工作单 29）

◇"彩虹大道"（工作单 30）

"年龄与阶段"工作单呈现了三种儿童可能经历的情境，并鼓励儿童思考和讨论不同年纪的儿童需要做的决定。因此，我们鼓励儿童认识到与特定情境相关的正确决定可能因为年龄不同而有所变化。例如，在第一幅图中，对年纪较小的孩子来说，锁上门并寻求成人的帮助是符合他们发展阶段的做法，而十几岁的孩子可能会询问陌生人他要什么，同时会保护自己远离危险。

"我的地盘，我的空间"工作单探讨家庭内部的隐私问题。它鼓励儿童思考在家庭背景下，对不同年纪的儿童来说什么是适当的人际界限。

"彩虹大道"工作单帮助儿童探讨社会界限，并思考如何正确地对他们可能会接触到的不同人群进行回应。不理解适当社会界限的儿童无法分清对陌生人或家里远房亲戚的问候和相处方式。通过给工作单上的方格填色，儿童可以从视觉上认识从亲密关系到陌生关系的这个连续体。当儿童从大道上的起点方格开始涂色时，沿着螺旋前进，颜色会遵循彩虹的顺序。不过，为了强调什么时候需要严格的界限，什么时候需要较为开放的界限，彩虹的顺序有时候会被打乱。例如，当儿童去看医生时，基于特定医学目的的人际接触是可以的，尽管医生可能并非亲密的家庭成员。

保护身体的做法

这里的三个工作单聚焦于家庭暴力、同伴压力和性虐待。这些工作单分别如下所示。

◇ "我的安全计划"（工作单 31）
◇ "暴徒布利"（工作单 32）
◇ "三个 A"（工作单 33）

"我的安全计划"工作单用来帮助儿童探讨当他们被卷入暴力事件或身体受到危害时可能的结果。它专门针对暴力家庭中的儿童，在这种家庭中，儿童通常很难知道到底是要保护自己还是要捍卫暴力的受害者。这个工作单为咨询师开启了契机，来帮助儿童认识到施暴者是唯一要为暴力负责的人。这个工作单鼓励儿童为保护自己的人身安全做打算。

"暴徒布利"工作单的目的是帮助儿童认清什么是暴力行为。很明显，尽管任何程度的暴力都是不可以的，但是有些暴力行为并不像其他暴力行为那样情节严重。通过这个工作单，我们鼓励儿童在从最不严重到最严重的量尺上标定各种暴力行为。然后，将儿童的注意力转移到一个事实上，那就是所有暴力行为都被标定在表示"禁止"的国际符号内。由此传达出的强烈信息是所有暴力行为都是不被接受的，不管这种行为多轻微。尽管暴力行为都被归结到布利这个施暴者身上，但是我们请儿童思考布利改变的可能性。这样我们可以鼓励儿童领会到受批评的是行为而非个人。当使用这个工作单时，我们可以鼓励儿童思考和讨论他们在学校中可能遭遇的恐吓行为。

"三个A"工作单针对的是儿童在遇到陌生人或遭受长辈性虐待时可能需要使用的自我保护行为。这个工作单强调儿童要警惕潜在的危险，同时也提供了一系列问题。当儿童遭遇可能的危险情境时，为了做出最好的决定，他们可以问自己这些问题。在思考过这些问题后，我们请儿童找到走出迷宫的方法。通过这个方法，他们既可以谨慎地选择路线来躲避危险，也可以采取行动来应对危险情境。工作单能让儿童对躲避潜在危险情境产生强烈的认同感，它也鼓励儿童思考在发现自己身处潜在危险情境时所能采取的行动。

保护情感的做法

当探讨如何预防情感伤害时，我们将使用针对秘密、嫌弃和沟通技能的工作单。

◆ "惊人之事与秘密之事"（工作单34）
◆ "从嫌弃到爱戴"（工作单35）
◆ "水晶球"（工作单36）

"惊人之事与秘密之事"工作单可以帮助儿童理解说出惊人之事是令人愉快的，而保守秘密之事会令人不舒服。然后，儿童可以探讨有些秘密是不好的，并思考保守或袒露这些秘密的结果。

"从嫌弃到爱戴"工作单探讨嫌弃的问题。通常，认为自己被嫌弃的儿童会觉得他们无法摘掉被嫌弃的帽子，也没有改变的可能。这个工作单通过将图示中的人物从"被嫌弃者"的身份转变到"英雄"的身份，鼓励儿童建构更为积极的信念，提升自信。在使用这个工作单时，首先要求儿童想象例子中每个人物可能思考、感受和喜欢的东西。我们提议咨询师接下来应当请儿童列举出一个强大的英雄人物（例如，猫女或超人）。然后针对每个例子，我们可以询问儿童那个英雄可能说的话，让他们使用以下列词组为开头的肯定陈述句，比如"我认为""我觉得"和"我想要"。

"水晶球"工作单鼓励儿童说出他们的需求并申请他们有权得到的东西，而不是指望其他人猜测或读出他们的内心。这个工作单帮助儿童探讨在猜测其他人的感受和想要的东西时会遇到哪些隐患。它帮助儿童认识到其他人也不可能猜出自己需要或想要的。因此，他们可以学到为了满足自身的需求，必须清楚和坚定地表达出来。

● **重点**

- 自我保护需要了解何为适当的界线，以及如何寻求帮助来获得保护自己远离伤害。
- 因为对界线的认知在家庭之间存在差异，所以通常有必要在教导自我保护时让父母和儿童一起在场。
- 有必要让儿童和父母认识到社会、文化和家庭期望之间是存在差异的，借此才能决定如何划界线。
- 通常，我们希望让父母参与儿童安全计划的制订，这样在实施计划时儿童就可以得到他们的支持。
- 儿童必须勇于告发不恰当的行为并在适当的时候袒露秘密的信息。

◎ **更多资源**

为了获得一系列旨在支持自我保护行为发展的资源，读者可能有兴趣在 families feelingsafe.co.uk/resources/recommended-resources 上搜索 "Families Feeling Safe"。

访问 http://study.sagepub.com/geldardchildren 查看线上资源和工作单。

结束语

尽管我们所写的这本书只是一部介绍性的著作,但是我们希望它能成为可供新手工作者和经验丰富的咨询师使用的资源,可以为正在接受心理咨询的儿童提供鼓励,并帮助他们解决问题。我们希望物尽其用,希望读者能够把自身的观点和我们的观点结合在一起。

我们强烈认同个体具有差异而我们有必要尊重他人的观点。我们意识到读者可能强烈地支持特定的理论观点和治疗模式。然而,我们希望我们所介绍的许多观点可以在修正后适应于不同的工作方式。我们也认识到心理咨询的方法必须要有所差别,这样才能适应特定的文化、生活方式、信念和价值观。虽然我们在这本书中提到了一些文化方面的考虑,但是在这个主题上提供全面的指导是不可能的。因此,我们鼓励读者利用现有的其他资源,例如 lvey 等人(2012)以及 Yan 和 Wong(2005)的文章,这些资源侧重于咨询的重要方面。

我们尊重不同专业对儿童心理咨询工作的贡献,也强烈倾向于在可能的情况下利用多学科的团队进行儿童心理咨询工作。这种倾向可能是由我们本身的差异造成的。我们都拥有多年的儿童和家庭治疗经验,但我们的背景是不同的。凯瑟琳最初接受的是职业治疗师的训练，而大卫和丽贝卡接受的是心理学家的训练。通过在一起工作，我们的不同背景很大程度地帮助我们提高了儿童心理咨询工作的质量。

我们要反复说明的是，我们并不认为儿童心理咨询应当局限于某个专业或某个环境。通常，无论出身何种专业背景，只要能直接接触到儿童所处的环境，这样的工作者都能为需要咨询的儿童服务。例如，我们已经发现女性救助站的工作者一般都可以满足儿童的即时需求。同样，学校的老师和咨询师、医院的护士和医护人员也都可以提供某种水平的即时咨询和帮助，因为他们可以在自己的经验下满足儿童的需求，所以特别有效。不过，对工作者来说，重要的是认识到自己的局限，并在必要的时候向儿童引荐具有更多特定经验和技术的专家。

我们认识到，在许多情境中心理咨询师并没有我们在私人实践中所使用的标准资源。然而这些资源并不是完全必需的。只具备画纸和画笔（第25章）、一盒模型动物（第22章），一盒沙具（第23章）和一些故事书（第27章）的咨询师已经拥有了在任何可用空间中进行有效咨询干预所需的所有基本工具。这可能并不完美，但是我们并非生活在一个完美的世界中，而拥有一些轻便的工具可能会为咨询师提供相当大的帮助，以便儿童讲出他们的故事并能感觉好一些。

最后，我们想要强调培训和督导的重要性。这本书本身并不足以说明这个问题，它只是汇集了各方的观点。我们认为，儿童心理咨询师必须接受经验丰富的高资质专家的正确培训，而且所有儿童心理咨询师都需要持续地由专家督导来确保他们的工作质量，并明确特定儿童的需求。尽管我们都是经验丰富的心理咨询师，但是我们仍然定期与另外的资深专家讨论个别案例，从而获得不同的观点，并随时检查我们自身的问题。无论我们是否承认，我们自身的问题都会时不时地干扰心理咨询工作。优秀的督导可以识别这些问题，并帮助我们厘清，这样问题就能得到解决而不会持续干扰我们的咨询工作。

最后，祝愿身为读者的你在未来的心理咨询工作中一切顺利，并期盼你能从儿童心理咨询工作中获得像我们这么多的满足感。虽然大卫在这个版本出版前就去世了，但我们知道他希望通过他对《儿童心理学》的贡献为年轻人的生活带来实实在在的改变。

凯瑟琳·格尔德

大卫·格尔德

丽贝卡·伊芙

附录：工作单

1. 我能做任何事_____

我是巨人卡祖
我能够用一只手搬动大桥

我是女皇_____

我能够_____
_____

我是人称_____的智者，
我能够_____

我是人称_____的寡言者，
我能够_____

我是人称_____的勇士，
我能够_____

工作单 1

© Reproduced from *Counselling Children* by Geldard, Geldard & Yin Foo, SAGE, 2018.

2. 我在哪里

有时候我们会把自己的一部分隐藏起来，只让其他人看到我们想让他们看到的部分。我们这么做可能有很多种原因，你能想到哪些呢？

想象一下你是这棵树，而围绕着这棵树的人可以象征你的一些部分。把那些像你的人与这棵树用线连起来。如果你将这些人隐藏起来了，那就用一条线把这些人连到树根上。如果你希望让其他人看到这些人，那就用一条线把他们连到树枝上。

你能在这里画出你的另一个部分吗？
它适合放在哪里呢？

工作单 2

© Reproduced from *Counselling Children* by Geldard, Geldard & Yin Foo, SAGE, 2018.

3. 我的选择

从下面的各种活动中选择最吸引你的活动，然后根据你的兴趣把它们放在下面的坐标图中。你可以使用彩色笔来选定某种活动（在这种活动旁画一个圆圈）。然后，在坐标图内用同颜色的圆点标注你平均每天在这种活动上所花的时间，以及你是单独进行还是与其他人一起。

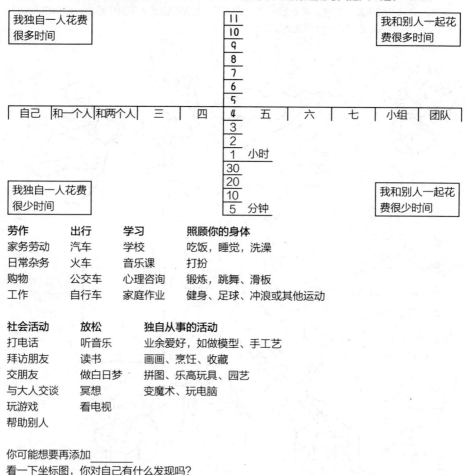

劳作	出行	学习	照顾你的身体
家务劳动	汽车	学校	吃饭，睡觉，洗澡
日常杂务	火车	音乐课	打扮
购物	公交车	心理咨询	锻炼、跳舞、滑板
工作	自行车	家庭作业	健身、足球、冲浪或其他运动

社会活动	放松	独自从事的活动
打电话	听音乐	业余爱好，如做模型、手工艺
拜访朋友	读书	画画、烹饪、收藏
交朋友	做白日梦	拼图、乐高玩具、园艺
与大人交谈	冥想	变魔术、玩电脑
玩游戏	看电视	
帮助别人		

你可能想要再添加 _____
看一下坐标图，你对自己有什么发现吗？

工作单 3

© Reproduced from *Counselling Children* by Geldard, Geldard & Yin Foo, SAGE, 2018.

4. 从里到外

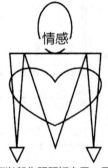

下面所列的是你可能想到的、情感上感受到的或身体做过的事情。用一支红色笔将所列项目和与之关系最紧密的身体图连起来。

- 暴饮暴食
- 耸肩
- 咬指甲
- 感到紧张
- 头痛
- 控制别人
- 咬牙
- 假装我没有这样
- 当我没有准备好时让他们出去
- 压力很大
- 拨弄东西
- 认为人们不喜欢我

- 应当更加努力地工作
- 胃痛
- 懒散
- 担心明天
- 看起来很卑鄙
- 假装我们拥有他们（但其实并没有）
- 不应当冒险
- 嗜睡
- 应当表现更好
- 思考最坏的可能

身体

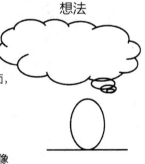

情感

想法

现在我们有一些建议，可以帮你照顾好自己。用一支绿色笔将它们和那些最能获益的身体图连起来。

- 给朋友打电话
- 放松
- 看电视
- 寻求帮助
- 接受我的错误
- 告诉自己我是最可爱的、有能力的
- 听音乐
- 数到十

- 牢记我身上有好的一面，也有坏的一面
- 洗澡
- 读书
- 烤蛋糕
- 轻轻地吹十口气（就像吹蜡烛一样）
- 与别人聊天
- 出去散步

工作单 4

© Reproduced from *Counselling Children* by Geldard, Geldard & Yin Foo, SAGE, 2018.

5. 新闻头条

每日快报

今天_____
出现了史上最恶劣的罪犯。当世界上的其他地方都在沉睡的时候，宾格小镇却被这样一则新闻惊醒_____
_____
_____

许多人说_____
_____
_____
_____

然而，也有人说_____
_____
_____
_____

据_____称，
很明显，这是_____
_____
_____

结果是_____
_____
_____
_____

工作单 5

6. 跨越障碍

你的想法是可以改变的。

改变你的想法意味着你发现在探索新异的体验以及做出新异的选择时遇到了阻碍。

你愿意爬过一条长长的、黑暗的隧道去往世界上最好玩的公园　　还是　　与一只友好的老虎一起玩

你愿意开飞机　　还是　　开 F1 赛车

你愿意坐在一个装满蜗牛的浴盆里　　还是　　沿着一根独木桥行走，桥下伏着一条无毒的蛇

你需要什么人或者什么东西来帮助你改变想法吗？

工作单 6

7. 平衡你的生活

每天，我们都会发现自己要做下面这些活动。

- 独自做某事
- 放松
- 与他人交往
- 照料我们的身体
- 学习
- 工作
- 出行

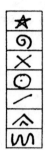

你认为自己现在正在做的事情最符合哪一类，就把对应的方格涂成红色……太棒了！你已经抓住诀窍了……现在……开始下面的每日之旅……每当你遇到空格的时候，就在里面画上相应的符号，来表示你在那个时候所做事情的种类。

上学的日子

开始	起床				去上课		课间操
到家			放学			午饭	回去上课
					上床睡觉		

周末

开始	起床						午饭
晚饭							
					上床睡觉		

你有什么想要改变的吗？

工作单 7

8. 这是我的梦想

第一个愿望，今天 _____

第二个愿望，明天 _____

第三个愿望，将来 _____
_____

工作单 8

© Reproduced from *Counselling Children* by Geldard, Geldard & Yin Foo, SAGE, 2018.

9. 描画自己……过去、现在和未来

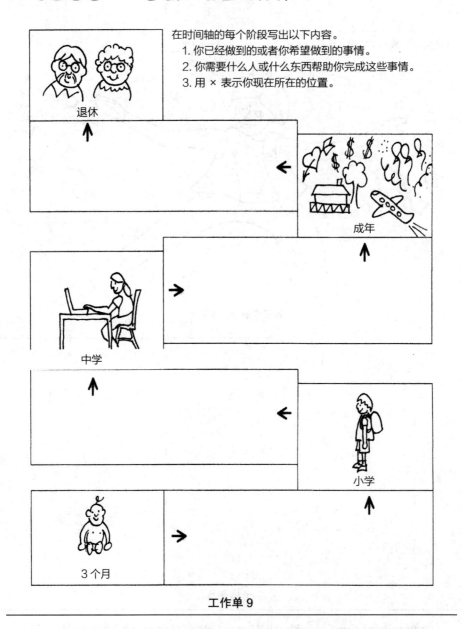

工作单 9

10. 找感觉

请将下面的句子和对应的表情用一条线连接起来。

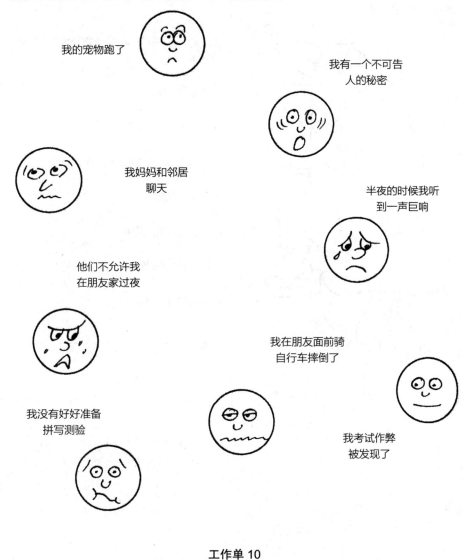

工作单 10

© Reproduced from *Counselling Children* by Geldard, Geldard & Yin Foo, SAGE, 2018.

11. 阿泰很焦虑

你能帮助阿泰找出是什么让他这么焦虑吗？
阿泰有一点像你哦……

画一条线，将阿泰和让阿泰感到焦虑的事情连起来。

- 去看医生或牙医

- 被叫去校长办公室

- 想知道妈妈或爸爸今晚心情好不好

- 不懂游戏规则

- 必须在课堂上发问

- 牢记回家的时间

- 明天的拼写测验

- _____

工作单 11

12. 猜猜是什么

工作单 12

© Reproduced from *Counselling Children* by Geldard, Geldard & Yin Foo, SAGE, 2018.

13. 你的身体

我们可以从人们的身体动作以及他们的脸部表情来猜测他们的情绪。
这些人的情绪是怎样的呢?
将用来表达情绪的身体部位用圆圈圈起来。

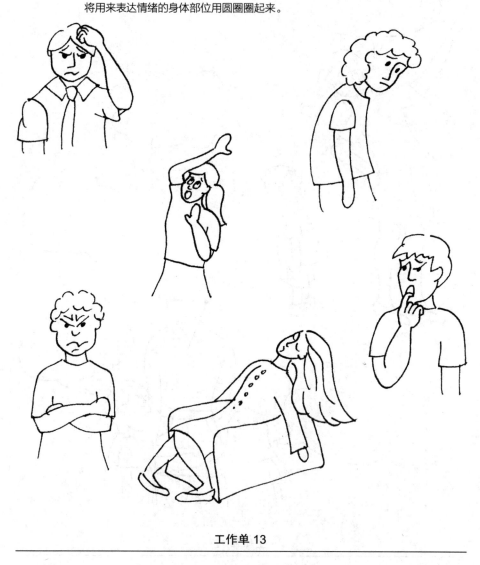

工作单 13

附录：工作单 381

14. 火山

是什么惹你生气了？

当_____时，我就会生气。

在火山上找到最像你生气时的那个地方。

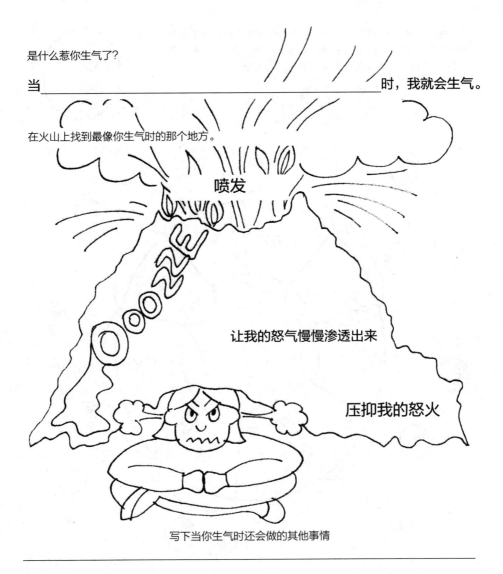

喷发

Ooozze

让我的怒气慢慢渗透出来

压抑我的怒火

写下当你生气时还会做的其他事情

工作单 14

© Reproduced from *Counselling Children* by Geldard, Geldard & Yin Foo, SAGE, 2018.

15. 与小菲一起战胜恐惧

每个人都会有感到害怕的时候。有一些东西会比其他东西更令人感到恐怖。用红线把小菲的头和救生圈上对应的部分连起来，表示在下列每种情况下，如果感到恐惧你会做什么事情。

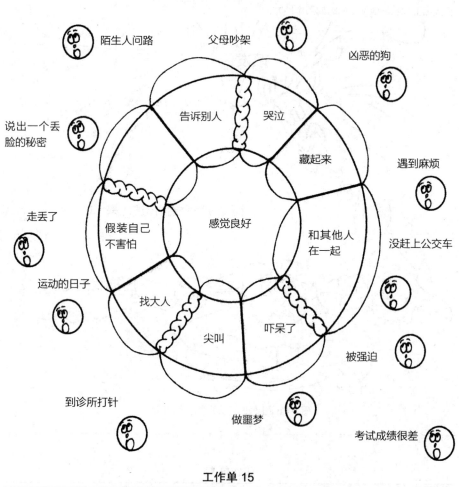

工作单 15

16. 谈话发起者

假设你第一天来到一所新学校，请在下列你认为可以用来发起谈话的话语旁的方框中打勾。

那些你没有打勾的谈话发起方式有什么问题呢？

工作单 16

© Reproduced from *Counselling Children* by Geldard, Geldard & Yin Foo, SAGE, 2018.

17. 提问

观察这幅图，利用下列词语，提三个问题。
a) 什么_____ d) 什么时候_____
b) 在哪里_____ e) 为什么_____
c) 怎么样_____ f) 谁_____
从而找出更多关于这幅图画的信息。

工作单 17

18. 给吉姆的建议

吉姆需要帮助。他有个哥哥，他哥哥总是跟着他们的叔叔阿本，并且经常住在阿本叔叔的农场里。这样，吉姆的哥哥就可以早起帮助叔叔干活儿。每当吉姆也想去的时候，叔叔总是说："下次再带你去。你太小了，干不了那些活儿。"

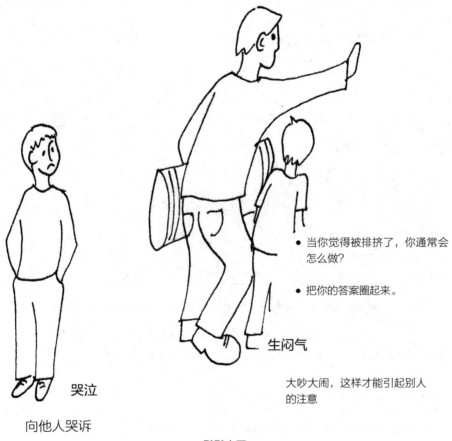

- 当你觉得被排挤了，你通常会怎么做？
- 把你的答案圈起来。

哭泣

向他人哭诉

生闷气

大吵大闹，这样才能引起别人的注意

默默走开

工作单 18

© Reproduced from *Counselling Children* by Geldard, Geldard & Yin Foo, SAGE, 2018.

19. 冈波兄妹说闲话

冈波兄妹总是到处说些不合事实的事情
= 他们说闲话 =
说闲话会造成伤害并且会让你感到被排挤

如果有人问你关于别人的问题，那么你可能也会说别人的闲话。这里有一个很好的原则：

如果你不能说好话，那就什么都不要说

如果人们试图说闲话，那么你会说什么或做什么呢？请在下面的选项中打勾。

☐ 让我们说点别的吧
☐ 我不是很了解他们，所以我无法告诉你那是不是真的
☐ 我认为你在说闲话

如果人们在说你的闲话，那么你应该怎么做呢？请在下面的选项中打勾。

☐ 说他们的闲话（这是他们应得的）
☐ 与说闲话的人交谈，让他们不要这样了
☐ 找其他人帮助你解决问题

工作单 19

© Reproduced from *Counselling Children* by Geldard, Geldard & Yin Foo, SAGE, 2018.

20. 争斗

当人们做出下列举动时，可能就会打起来。

奚落	说闲话	揭人隐私
欺骗	偷东西	推搡
恐吓	撒谎	打人
不守信用	炫耀	不信任

看看你能不能在下面的方格中找出这些英文单词，并把它们圈出来。

A	N	C	F	H	M	P	Q	U	W	A	B	F
B	R	E	A	K	P	R	O	M	I	S	E	S
Z	L	B	U	L	L	Y	A	T	S	P	Q	A
F	G	K	T	E	L	L	T	A	L	E	S	P
O	E	S	T	E	A	L	O	Q	F	R	S	A
G	L	C	Z	X	D	S	P	A	W	K	I	E
M	R	H	F	S	C	H	I	T	L	O	A	B
P	N	E	B	K	G	O	S	S	I	P	W	G
W	I	A	D	P	H	V	X	Z	E	D	J	N
Z	D	T	E	A	S	E	J	B	A	J	Z	O
K	S	H	O	W	O	F	F	H	W	B	I	T
X	D	O	N	T	B	E	L	I	E	V	E	R

什么事情会让你和别人打起来呢？
_____
_____

人们为什么会发生争斗，你还能想到别的原因吗？
_____
_____

工作单 20

21. 泰利、大龙和我

我们可以选择一种坚决但平和的方式回应那些想与我们打架的人。

把点按照顺序连起来找到泰利

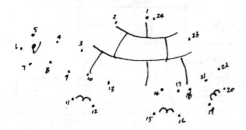

如果泰利跟人打架，你认为将会发生什么事呢？
_____
_____
_____
_____
_____

把点按照顺序连起来找到大龙

如果大龙跟人打架，你认为将会发生什么事呢？
_____
_____
_____
_____
_____
_____

如果你跟别人发生争执，你会怎么做呢？写在下面。
_____
_____

工作单 21

© Reproduced from *Counselling Children* by Geldard, Geldard & Yin Foo, SAGE, 2018.

22. 起跳之前先看看

	是	否		是	否
有时候我说了一些话，但是过后我就会后悔			有时候我不经思考就做了决定		
有时候我没有听清规则就去做事情			有时候我没有阅读说明就开始做事		
有时候争吵双方的话我都不听			有时候我没有听清细节就开始安排		
有时候我在转达口信时会漏掉大部分信息					

如果你在上面的题目中有五个以上回答"是"，那么你必须学会"冷静"。
冷静意味着循序渐进，不要着急，并使用"停止－思考－行动"法。

停止——并发现问题或任务是什么。
思考——三个可以用来解决问题或完成任务的办法。
行动——选择你认为对你来说最好的那个。

工作单 22

© Reproduced from *Counselling Children* by Geldard, Geldard & Yin Foo, SAGE, 2018.

23. 选择与取舍

当你与朋友之间出现分歧的时候，有多种应对方法。
◇ 拿一根彩笔，沿着你想要的路径走（你是苏西）。在每个决定框中，思考一下你在做决定时的感觉。
◇ 用另一种颜色的笔沿着你想要尝试的路径走。

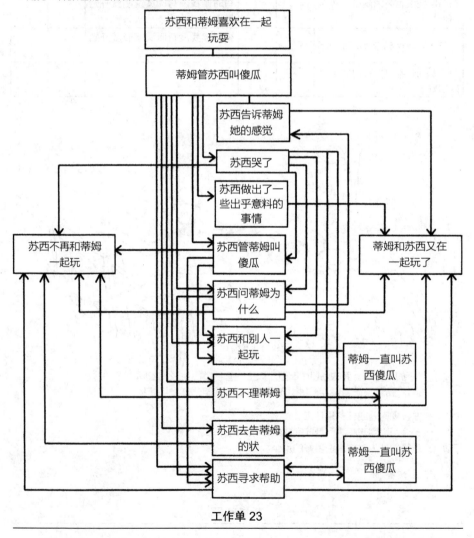

工作单 23

24. 如果—那么—但是

像下面这个例子那样补全句子。

如果我在没有得到同意的情况下借走了妈妈的自行车，
那么，我会更快到达音像店，
但是，周末我可能就不能出去玩了。

现在，请在"如果—那么—但是"后面的空白处进行填空。

如果我在考试中作弊，
那么，_____
但是，_____

如果我明天逃课，
那么，_____
但是，_____

如果我告诉我最好的朋友她伤害了我的感情，
那么，_____
但是，_____

如果我把工作中挣到的钱全花在买一件东西上，
那么，_____
但是，_____

如果我说出我的这个秘密，
那么，_____
但是，_____

如果我待在家里复习考试，
那么，_____
但是，_____

工作单 24

© Reproduced from *Counselling Children* by Geldard, Geldard & Yin Foo, SAGE, 2018.

25. 犯罪与惩罚

下面列出了一些行为，其中一些行为比其他行为更糟糕。真正恶劣的行为可能会导致严重的后果。
◇ 将下列行为按照从最严重到最轻微进行重新排序。
◇ 在你的列表后面，写下你认为合适这些"犯罪"的惩罚。

犯罪	我的列表	结果
谋杀		
背后谈论别人		
打人		
撒谎		
偷窃		
打断别人说话		
违反规定		
恐吓		
起外号		
传闲话		
欺骗		
保密		
揭人隐私		
改变你的想法		

工作单 25

26. 说"不"很容易

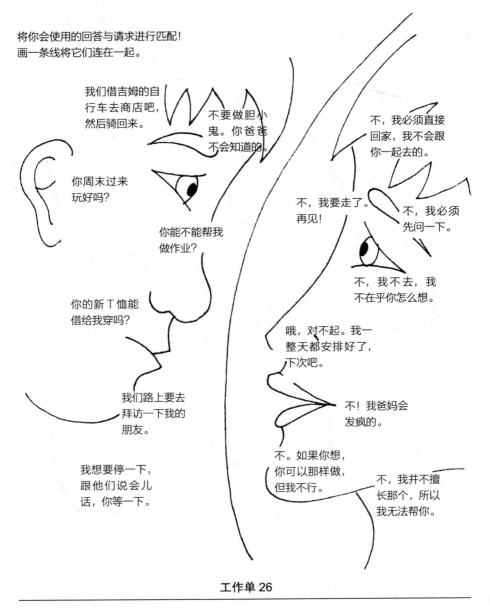

工作单 26

© Reproduced from *Counselling Children* by Geldard, Geldard & Yin Foo, SAGE, 2018.

27. 奖赏自己

通常，我们无法意识到我们可以为自己做的或说的许多事情感到骄傲。在下面的每个徽章里，写出或画出你感到自豪而且可以告诉其他人的事情。

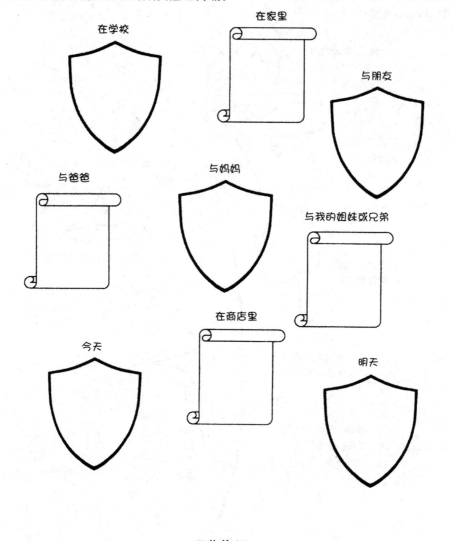

工作单 27

© Reproduced from *Counselling Children* by Geldard, Geldard & Yin Foo, SAGE, 2018.

28. 年龄与阶段

4 岁：米菲 4 岁了，当有人敲门时她该怎么做？请你帮助她做出正确的决定。

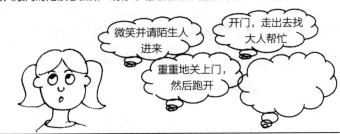

塔菲会怎么做呢？
凡达会怎么做呢？

8 岁：塔菲 8 岁了，星期天在教堂碰到赖斯先生时他该如何回应？请你帮助他做出正确的决定。

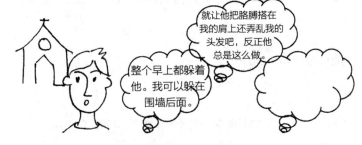

米菲会怎么做呢？
凡达会怎么做呢？

14 岁：凡达 14 岁了。帮助凡达决定如何正确回应隔壁新来的朋友博夫。

米菲会怎么做呢？
塔菲会怎么做呢？

工作单 28

© Reproduced from *Counselling Children* by Geldard, Geldard & Yin Foo, SAGE, 2018.

29. 我的地盘，我的空间

判断下列说法的正误，并在你的选择上画圈，以此来测试你是否尊重隐私。

❖ 托比 2 岁了，他应当单独洗澡，这样他才有隐私。

对　错

❖ 蒂娜 16 岁了，如果她想单独待在自己的房间里，她就可以那样做。

对　错

❖ 西蒙 9 岁了，如果他的房门关上了，那么其他家庭成员在进去之前应该先敲门。

对　错

❖ 爸爸和妈妈不应单独在一起。

对　错

❖ 萨曼莎 13 岁了，每个家庭成员可以不经过她的同意就看她的日记。

对　错

❖ 马修 4 岁了，当他单独在院子里玩的时候，如果他想让家里人都走开，那么家里人就应该留他一个人待着。

对　错

❖ 瑞贝卡 7 岁了，当她的叔叔来拜访的时候，她应该让叔叔帮她洗澡。

对　错

工作单 29

© Reproduced from *Counselling Children* by Geldard, Geldard & Yin Foo, SAGE, 2018.

30. 彩虹大道

下面的方格代表我们向他人问候或与他人接触的不同方式。按照指示给方格涂上颜色。

触摸隐私部位（红色）	搂紧（橙色）	拥抱（黄色）	握手（绿色）	挥手示意（蓝色）	注视（深蓝色）	不理睬（紫色）

苏菲的年纪跟你一样大。她已经准备好出门了，她会在路上遇到很多人。苏菲必须决定如何与这些人打招呼。你能帮助她吗？从下面写着"起点"的方格开始，跟随苏菲的脚步。随着你的前行，根据上面方格的颜色，给下面每个方格涂上匹配的颜色，以此表示你认为苏菲应当如何与路上遇到的人打招呼。

德雷克医生	出租车司机	车站的大妈	售票员	遛狗的男人
公交司机	爸爸	琼阿姨	鲍叔叔	开车的男人
商店售货员	妈妈	起点 我	邻居	
保姆	老师	最好的朋友	隔壁的男孩	

工作单 30

31. 我的安全计划

有时候，在那些父母经常吵架的家庭里，年幼的孩子可能会受到伤害。梅森就生活在这样一个家庭里。下面列出的都是梅森可以用来保护自己的计划。找到对梅森来说最适用的安全计划，使他可以保护自己，免受伤害。

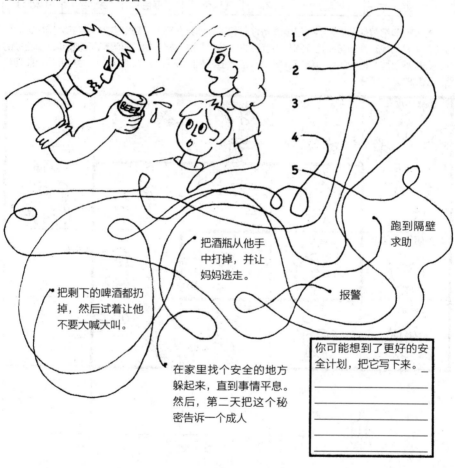

把酒瓶从他手中打掉，并让妈妈逃走。

跑到隔壁求助

报警

把剩下的啤酒都扔掉，然后试着让他不要大喊大叫。

在家里找个安全的地方躲起来，直到事情平息。然后，第二天把这个秘密告诉一个成人

你可能想到了更好的安全计划，把它写下来。
_____
_____
_____
_____
_____

工作单 31

32. 暴徒布利

圆环外围的词表示布利这个暴徒可能做出的暴力行为。

把每个词沿着圆环中心的线写下来。根据你认为的该种暴力行为的严重性，将这条线上的词由左向右排列。

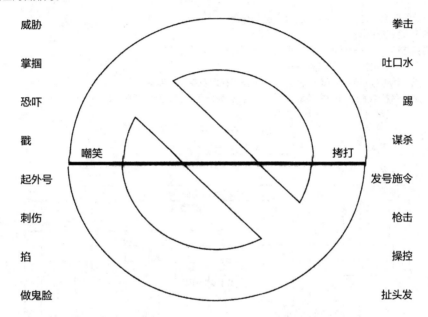

威胁　　　　　　　　　　　拳击
掌掴　　　　　　　　　　　吐口水
恐吓　　　　　　　　　　　踢
戳　　　　　　　　　　　　谋杀
　　　嘲笑　　　　　拷打
起外号　　　　　　　　　　发号施令
刺伤　　　　　　　　　　　枪击
掐　　　　　　　　　　　　操控
做鬼脸　　　　　　　　　　扯头发

- 你有没有注意到所有的词现在都在一个表示"禁止"的符号之类。
- 这些行为有多少会发生在学校里？
- 你还能添加其他的暴力行为吗？
- 你认为暴徒布利会改变吗？

工作单 32

33. 三个 A[①]

保证身体的安全有时候意味着要知道如何保护你的身体远离伤害，甚至是当每件事看起来都很好的时候。你是否曾经觉得好像有些不对劲却又无能为力？注意，那个感觉就是所谓的"警觉"。

通过下面的迷宫找到你的道路。你可以通过一条没有阻碍的道路来躲避危险情境。为了保证安全，你还可以使用"先决定，再行动"的策略来处理那些阻碍。

当你沿着迷宫行走时，问你自己以下这些问题。
◇ 这个人我认识吗？
◇ 当我与这个人在一起的时候，我会感觉到安全和无忧无虑吗？
◇ 如果事情失去控制，我能够获得帮助吗？
◇ 妈妈、爸爸或其他我可以相信的人知道我现在以及将来在哪里吗？
如果这些问题中的任何一个答案是"不"，那么做出下列的其中一个选择。
◇ 说"不，停止！"   ◇ 走开
◇ 大声叫喊   ◇ 跑向最近的安全房子
◇ 告诉一个成人   ◇ ＿＿＿＿＿＿＿＿

迷宫内容：
- 一伙青少年在喝酒
- 一个人想要你帮忙到灌木丛里找走失的狗
- 吉姆大叔把你推到床上摸你的隐私部位
- 一个大人想要你跟他走
- 保姆想和你一起洗澡
- 一个陌生人想开车把你从家载到学校
- 一辆车停在你身边，里面的人找你问路

工作单 33

© Reproduced from *Counselling Children* by Geldard, Geldard & Yin Foo, SAGE, 2018.

① 这里指警惕（alert）、躲避（avoid）、行动（action）。——译者注

附录：工作单　401

34. 惊人之事与秘密之事

亚瑟心里的是秘密之事还是惊人之事？　　是好事吗？
_____　　_____

亚瑟有什么感觉呢？　　亚瑟应该说出来吗？
_____　　_____

如果亚瑟说出来将发生什么事？
亚瑟会有什么感觉呢？　_____

珍妮心中的是秘密之事
还是惊人之事？　　是好事吗？
_____　　_____

珍妮有什么感觉呢？　　珍妮应该说出来吗？
_____　　_____

如果珍妮说出来将发生什么事？
那么珍妮会有什么感觉呢？　_____

多莉心中的是秘密之事还是惊人之事？　　是好事吗？
_____　　_____

多莉有什么感觉呢？　　多莉应该说出来吗？
_____　　_____

如果多莉说出来将发生什么事？
那么多莉会有什么感觉呢？　_____

回答问题
- 秘密之事和惊人之事有差别吗？
- 有什么差别？
- 有没有好的秘密之事和不好的秘密之事？
- 有没有好的惊人之事和不好的惊人之事？

工作单 34

© Reproduced from *Counselling Children* by Geldard, Geldard & Yin Foo, SAGE, 2018.

35. 从嫌弃到爱戴

有时候当我们挑剔时，就会把我们的感觉和行为归咎于其他人。如果我们自己解决了问题，通常就会有更好的感觉。

以下列词语作为开头进行造句。
⬥ 我认为____
⬥ 我觉得____
⬥ 我想要____
这是一个好的开始。

在下面的例子中，你觉得你会说什么呢？

	• 汤尼觉得博卡期待他一直帮忙拿东西。 • 这让他觉得自己被利用了，而且一无是处。 • 有时候他想帮助博卡，但是大多时候他都想对博卡说"不"。 • 他也想让博卡说"请"和"谢谢"。	我认为____ 我觉得____ 我想要____
	• 杰克是家里最小的孩子，他总是不得不清理家里的鞋子。 • 当他的哥哥们在他这个年纪时，也要做这样的事。 • 他认为这样耽误自己做其他事，而且这个工作也不重要。 • 有时候他想做别的工作，而不是总重复相同的事情。	我认为____ 我觉得____ 我想要____
	• 蒂娜是家里唯一的女孩。 • 当父母忙碌的时候，她总是要照顾她的小弟弟。 • 蒂娜爱她的弟弟，但是她没有足够的时间留给自己和朋友。 • 蒂娜有两个哥哥，他们与弟弟都相处得很好。	我认为____ 我觉得____ 我想要____

工作单 35

© Reproduced from *Counselling Children* by Geldard, Geldard & Yin Foo, SAGE, 2018.

36. 水晶球

❖ 通过观察水晶球,你可以猜测克丽丝现在的感觉和她想要的东西。
❖ 克丽丝要说什么才能让你了解她的感觉和需要呢?

工作单 36

© Reproduced from *Counselling Children* by Geldard, Geldard & Yin Foo, SAGE, 2018.

参 考 文 献

Adler, A. (1964) *Social Interest: A Challenge to Mankind*. New York: Capricorn.
Alford, B.A. (1995) 'Introduction to the special issue: psychotherapy integration and cognitive psychotherapy', *Journal of Cognitive Psychotherapy*, 9: 147–51.
Ali, S. (2007) 'Upwardly mobile: A study into mobile TV use amongst children', *Young Consumers*, 8(1): 52–7.
Athanassiadou, E., Tsiantis, J., Christogiorgos, S. and Kolaitis, G. (2009) 'An evaluation of the effectiveness of psychological preparation of children for minor surgery by puppet play and brief mother counseling', *Psychotherapy and Psychosomatics*, 78: 62–3.
Attewell, P., Suazo-Garcia, B., and Battle, J. (2003) 'Computers and young children: Social benefit or social problem?', *Social Forces*, 82(1): 277–96.
Australian Psychological Society (2007) *Code of Ethics*. Melbourne: Author.
Australian Psychological Society (2009) *Ethical Guidelines* (9th ed.). Melbourne: Author.
Axline, V. (1947) *Play Therapy*. Boston: Houghton Mifflin.
Baggerly, J.N. (2004) 'The effects of child-centered group play therapy on self-concept, depression, and anxiety of children who are homeless', *International Journal of Play Therapy*, 13(2): 31–51.
Baggerly, J.N. and Bratton, S. (2010) 'Building a firm foundation in play therapy research: response to Phillips (2010)', *International Journal of Play Therapy*, 19(1): 26–38.
Baggerly, J.N. and Jenkins, W.W. (2009) 'The effectiveness of child-centered play therapy on developmental and diagnostic factors in children who are homeless', *International Journal of Play Therapy*, 18(1): 45–55.
Bandler, R. (1985) *Using Your Brain for a Change: Neuro-linguistic Programming*. Moab: Real People Press.
Bandler, R. and Grinder, J. (1982) *Reframing*. Moab: Real People Press.
Bauer, G. and Kobos, J. (1995) *Brief Therapy: Short Term Psychodynamic Intervention*. New Jersey: Aronson.
Bavelier, D., Green, C.S., and Dye, M.W.G. (2010) 'Children, wired: For better and for worse', *Neuron*, 67(5): 692–701.
Bay-Hinitz, A.K., Peterson, R.F. and Quilitch, H.R. (1994) 'Cooperative games: a way to modify aggressive and cooperative behaviours in young children', *Journal of Applied Behavior Analysis*, 27(3): 435–46.
Beck, A.T. (1963) 'Thinking and depressions: 1. Idiosyncratic content and cognitive distortions', *Archives of General Psychiatry*, 9: 324–33.
Beck, A.T. (1976) 'Cognitive therapy and the emotional disorders', *Archives of General*

Psychiatry, 41: 1112–14.
Becker, H.J. (2000) 'Who's Wired and Who's Not: Children's Access to and Use of Computer Technology', *The Future of Children,* 10(2): 44–75.
Beebe, A., Gelfand, E.W. and Bender, B. (2010) 'A randomized trial to test the effectiveness of art therapy for children with asthma', *The Journal of Allergy and Clinical Immunology,* 126(2): 263–6.
Bond, T. (1992) 'Ethical issues in counselling in education', *British Journal of Guidance & Counselling,* 20(1): 51–63.
Bower, P. (2013) 'Growing up in an Online World: The Impact of the Internet on Children and Young People', *Community Practitioner,* 86(4): 38–40.
Bowlby, J. (1969) *Attachment.* New York: Basic Books.
Bowlby, J. (1988) *A Secure Base.* New York: Basic Books.
Braverman, S. (1995) 'The integration of individual and family therapy', *Contemporary Family Therapy: An International Journal,* 17: 291–305.
Brewer, S., Gleditsch, S.L., Syblik, D., Tietjens, M.E. and Vacik, H.W. (2006) 'Pediatric anxiety: child life intervention in day surgery', *Journal of Pediatric Nursing,* 21(1): 13–22.
British Association for Counselling and Psychotherapy (2016) *Ethical Framework for the Counselling Professions.* Lutterworth: Author.
British Association of Play Therapists (2008) *An Ethical Basis for Good Practice in Play Therapy* (3rd ed.). Weybridge: Author.
British Psychological Society (2002) *Professional Practice Guidelines: Division of Educational and Child Psychology.* Leicester: Author.
British Psychological Society (2007) *Child Protection Position Paper.* Leicester: Author.
British Psychological Society (2009) *Code of Ethics and Conduct.* Leicester: Author.
Bucci, W. (1995) 'The power of the narrative: a multiple code account', in J.W. Pennebaker (ed.), *Emotion, Disclosure, and Health.* Washington, DC: American Psychological Association.
Burroughs, M.S., Wagner, W.W. and Johnson, J.T. (1997) 'Treatment with children of divorce: a comparison of two types of therapy', *Journal of Divorce & Remarriage,* 27(3/4): 83–99.
Cade, B. (1993) *A Brief Guide to Brief Therapy.* New York: Norton.
Caselman, T.D. (2005) 'Stop and think: an impulse control program in a school setting', *School Social Work Journal,* 30(1): 40–60.
Cattanach, A. (2003) *Introduction to Play Therapy.* New York: Brunner-Routledge.
Chantler, K. (2005) 'From disconnection to connection: "Race", gender and the politics of therapy', *British Journal of Guidance & Counselling,* 33(2): 239–56.
Chemtob, C.M., Nakashima, J.P. and Hamada, R.S. (2002) 'Psychosocial intervention for postdisaster trauma symptoms in elementary school children: a controlled community field study', *Archives of Pediatrics & Adolescent Medicine,* 156: 211–16.
Christ, G.H., Siegel, K., Mesagno, F. and Langosch, D. (1991) 'A preventative program for bereaved children: problems of implementation', *Journal of Orthopsychiatry,* 61: 168–78.
Clarkson, F. and Cavicchia, S. (2014) *Gestalt Counselling in Action* (4th ed.). London: Sage.
Colwell, C.M., Davis, K. and Schroeder, L.K. (2005) 'The effect of composition (art or music)

on the self-concept of hospitalized children', *Journal of Music Therapy*, 42(1): 49–63.

Copeland, W.E., Keeler, G., Angold, A. and Costello, J. (2007) 'Traumatic events and post-traumatic stress in childhood', *Archives of General Psychiatry*, 64: 577–84.

Culley, S. and Bond, T. (2011) *Integrative Counselling Skills in Action*. London: Sage.

Dale, E.M. (1990) 'The psychoanalytic psychotherapy of children with emotional and behavioural difficulties', in V.P. Varma (ed.), *The Management of Children with Emotional and Behavioural Difficulties*. London: Routledge.

Dauber, S., Lotsos, K. and Pulido, M.L. (2015) 'Treatment of complex trauma on the front lines: a preliminary look at child outcomes in an agency sample', *Child and Adolescent Social Work Journal*, 32(6): 529–43.

Dene, M. (1980) 'Paradoxes in the therapeutic relationship', *The Gestalt Journal*, 3(1): 5–7.

DePaolis, K. and Williford, A. (2015) 'The nature and prevalence of cyber victimization among elementary school', *Child Youth Care Forum*, 44: 377–93.

De Shazer, S. (1985) *Keys to Solution in Brief Therapy*. New York: Norton.

Dougherty, J. and Ray, D. (2007) 'Differential impact of play therapy on developmental levels of children', *International Journal of Play Therapy*, 16(1): 2–19.

Driessnack, M. (2005) 'Children's drawings as facilitators of communication: a meta-analysis', *Journal of Pediatric Nursing*, 20(6): 415–23.

Dryden, W. (1990) *Rational Emotive Counselling in Action*. London: Sage.

Dryden, W. (1995) *Brief Rational Emotive Behaviour Therapy*. London: Wiley.

Duncan, B.L., Hubble, M.A. and Miller, S.D. (1997) *Psychotherapy with Impossible Cases: Efficient Treatment of Therapy Veterans*. New York: Norton.

Ehly, S. and Dustin, R. (1989) *Individual and Group Counseling in Schools*. New York: Guilford.

Ellerton, M.-L. and Merriam, C. (1994) 'Preparing children and families psychologically for day surgery: an evaluation', *Journal of Advanced Nursing*, 19: 1057–62.

Ellis, A. (1962) *Reason and Emotion in Psychotherapy*. New York: LyleStuart.

Erikson, E. (1967) *Childhood and Society* (2nd ed.). London: Penguin.

Ernst, A.A., Weiss, S.J., Enright-Smith, S. and Hansen, J.P. (2008) 'Positive outcomes from an immediate and ongoing intervention for child witnesses of intimate partner violence', *American Journal of Emergency Medicine*, 26: 389–94.

Fantuzzo, J., Manz, P., Atkins, M. and Meyers, R. (2005) 'Peer-mediated treatment of socially withdrawn maltreated preschool children: cultivating natural community resources', *Journal of Clinical Child and Adolescent Psychology*, 34(2): 320–5.

Fantuzzo, J., Sutton-Smith, B., Atkins, M., Meyers, R., Stevenson, H., Coolahan, K. and Manz, P. (1996) 'Community-based resilient peer treatment of withdrawn maltreated preschool children', *Journal of Consulting and Clinical Psychology*, 64(6): 1377–86.

Fatout, M.F. (1996) *Children in Groups: A Social Work Perspective*. Westport, CT: Auburn House.

Favara-Scacco, C., Smirne, G., Schiliro, G. and Di Cataldo, A. (2001) 'Art therapy as support for children with Leukemia during painful procedures', *Medical and Pediatric Oncology*, 36: 474–80.

Felder-Puig, R., Maksys, A., Noestlinger, C., Gadner, H., Stark, H., Pfluegler, A. and

Topf, R. (2003) 'Using a children's book to prepare children and parents for elective ENT surgery: results of a randomized clinical trial', *International Journal of Pediatric Otorhinolaryngology*, 67: 35–41.

Freud, A. (1928) *Introduction to the Technique of Child Analysis*. Trans. L.P. Clark. New York: Nervous and Mental Disease Publishing.

Freud, A. (1982) *Psychoanalytic Psychology of Normal Development*. London: Hogarth Press.

Friedman, H.L. (1993) 'Adolescent social development: A global perspective – implications for health promotion across cultures', *Journal of Adolescent Health*, 14: 588–94.

Garaigordobil, M., Maganto, C. and Etxeberria, J. (1996) 'Effects of a cooperative game program on socio-affective relations and group cooperation capacity', *European Journal of Psychological Assessment*, 12(2): 141–52.

Garza, Y. and Bratton, S. C. (2005) 'School-based child-centered play therapy with Hispanic children: outcomes and cultural considerations', *International Journal of Play Therapy*, 14(1): 51–79.

Geist, E.A. (2012) 'A qualitative examination of two year-olds interaction with tablet based interactive technology', *Journal of Instructional Psychology*, 39(1): 26–35.

Geldard, K. and Geldard, D. (2001) *Working with Children in Groups: A Handbook for Counsellors, Educators and Community Workers*. Basingstoke: Palgrave Macmillan.

Geldard, K., Geldard, D. and Yin Foo, R. (2016) *Counselling Adolescents: The Pro-active Approach* (4th ed.). London: Sage.

Geldard, K., Yin Foo, R. and Shakespeare-Finch, J. (2009) 'How is a fruit tree like you? Using artistic metaphors to explore and develop emotional competence in children', *Australian Journal of Guidance and Counselling*, 19(1): 1–13.

Glasser, W. (1965) *Reality Therapy*. New York: Harper & Row.

Glasser, W. (2000) *Reality Therapy in Action*. New York: HarperCollins.

Gold, J.R. (1994) 'When the patient does the integrating: lessons for theory and practice', *Journal of Psychotherapy Integration*, 4: 133–58.

Goldfried, M.R. and Castonguay, L.C. (1992) 'The future of psychotherapy integration. Special Issue: The future of psychotherapy', *Psychotherapy*, 29: 4–10.

Goymour, K.-L., Stephenson, C., Goodenough, B. and Boulton, C. (2000) 'Evaluating the role of play therapy in the paediatric emergency department', *Australian Emergency Nursing Journal*, 3(2): 10–12.

Gupta, M.R., Hariton, J.R. and Kernberg, P.F. (1996) 'Diagnostic groups for school age children: group behaviour and DSM-IV diagnosis', in P. Kymissis and D.A. Halperin (eds), *Group Therapy with Children and Adolescents*. Washington, DC: American Psychiatric Press Inc.

Gutheil, T.G. and Gabbard, G.O. (1993) 'The concept of boundaries in clincial practice: theoretical and risk-management dimensions', *The American Journal of Psychiatry*, 150(2): 188–96.

Hall, A.S. and Lin, M.-J. (1995) 'Theory and practice of children's rights: implications for mental health counselors', *Journal of Mental Health Counseling*, 17(1): 63–80.

Hallowell, L.M., Stewart, S.E., de Amorim e Silva, C.T. and Ditchfield, M.R. (2008) 'Reviewing the process of preparing children for MRI', *Pediatric Radiology*, 38: 271–9.

Hamre, H.J., Witt, C.M., Glockmann, A., Ziegler, R., Willich, S.N. and Kiene, H. (2007) 'Anthroposophic art therapy in chronic disease: a four-year prospective cohort study', *Explore,* 3: 365–71.

Hanney, L. and Kozlowska, K. (2002) 'Healing traumatized children: creating illustrated storybooks in family therapy', *Family Process,* 41(1): 37–65.

Hatava, P., Olsson, G.L. and Lagerkranser, M. (2000) 'Preoperative psychological preparation for children undergoing ENT operations: a comparison of two methods', *Paediatric Anaesthesia,* 10: 477–86.

Heidemann, S. and Hewitt, D. (1992) *Pathways to Play.* Minnesota: Redleaf Press.

Henderson, D.A. and Thompson, C.L. (2016) *Counseling Children* (9th ed.). Boston, MA: Cengage Learning.

Henry, S. (1992) *Group Skills in Social Work* (2nd ed.). Pacific Grove, CA: Brooks/Cole.

Ho, R.T.H, Lai, A.H.Y., Lo, P.H.Y., Nan, J.K.M. and Pon, A.K.L. (2016) 'A strength-based arts and play support program for young survivors in post-quake China: effects on self-efficacy, peer support, and anxiety', *Journal of Early Adolescence,* 37(6): 1–20.

Ilievova, L., Zitny, P. and Karabova, Z. (2015) 'The effectiveness of drama therapy on preparation for diagnostic and therapeutic procedures in children suffering from cancer', *Journal of Health Sciences,* 5(2): 53–8.

Ivey, A.E., D'Andrea, M., and Ivey, M.B. (2012) *Theories of Counseling and Psychotherapy: A Multi-cultural Perspective* (7th ed.). Thousand Oaks: SAGE.

Jacobson, N.S. (1994) 'Behaviour therapy and psychotherapy integration. Society for the Exploration of Psychotherapy Integration (1993, New York: New York)', *Journal of Psychotherapy Integration,* 4: 105–19.

Jones, E.M. and Landreth, G. (2002) 'The efficacy of intensive individual play therapy for chronically ill children', *International Journal of Play Therapy,* 11(1): 117–40.

Jung, C. (1933) *Modern Man in Search of a Soul.* New York: Harcourt Brace.

Kaduson, H.G. and Finnerty, K. (1995) 'Self-control game interventions for Attention-Deficit Hyperactivity Disorder', *International Journal of Play Therapy,* 4(2): 15–29.

Kain, Z.N., Caramico, L.A., Mayes, L.C., Genevro, J.L., Bornstein, M.H and Hofstadter, M.B. (1998) 'Preoperative preparation programs in children: a comparative examination', *Anesthesia & Analgesia,* 87: 1249–55.

Karcher, M.J. and Shenita, S.L. (2002) 'Pair counseling: the effects of a dyadic developmental play therapy on interpersonal understanding and externalising behaviors', *International Journal of Play Therapy,* 11(1): 19–41.

Karver, M.S., Handelsman, J.B., Fields, S. and Bickman, L. (2006) 'Meta-analysis of therapeutic relationship variables in youth and family therapy: the evidence for different relationship variables in the child and adolescent treatment outcome literature', *Clinical Psychology Review,* 26: 50–65.

Klein, M. (1932) *Psychoanalysis of Children.* London: Hogarth Press.

Kohlberg, L. (1969) 'Stage and sequence: the cognitive developmental approach to socialization', in D. Groslin (ed.), *Handbook of Socialization Theory and Research.* Chicago: Rand McNally.

Koocher, G.P. and Keith-Spiegel, P. (2008) *Ethics in Psychology and the Mental Health*

Professions: Standards and Cases. Oxford: Oxford University Press.
Kool, R. and Lawver, T. (2010) 'Play therapy: considerations and applications for the practitioner', *Psychiatry*, 7(10): 19–24.
Kot, S., Landreth, G. and Giordano, M. (1998) 'Intensive child-centered play therapy with child witnesses of domestic violence', *International Journal of Play Therapy*, 7(2): 17–36.
Kraft, I. (1996) 'History', in P. Kymissis and D.A. Halperin (eds), *Group Therapy with Children and Adolescents*. Washington DC: American Psychological Association.
Kring, A.M., Johnson, S.L., Davison, G.C. and Neale, J.M. (2015) *Abnormal Psychology* (13th ed.). New York: Wiley.
Kymissis, P. (1996) 'Developmental approach to socialization and group formation', in P. Kymissis and D.A. Halperin (eds), *Group Therapy with Children and Adolescents*. Washington, DC: American Psychiatric Press Inc.
Lambert, M.J. (1992) 'Psychotherapy outcome research: implications for integrative and eclectic therapists', in J.C. Norcross and M.R. Goldfried (eds), *Handbook of Psychotherapy Integration*. New York: Basic Books.
Lambert, M.J. (2013) 'The efficacy and effectiveness of psychotherapy', in M.J. Lambert (ed.), *Bergin and Garfield's Handbook of Psychotherapy and Behavior Change* (6th ed.). Hoboken: John Wiley & Sons, Inc.
Lawrence, G. and Robinson Kurpius, S.E. (2000) 'Legal and ethical issues involved when counseling minors in nonschool settings', *Journal of Counseling & Development*, 78(2): 130–6.
Lazarus, A. and Fay, A. (1990) 'Brief psychotherapy: tautology or oxymoron?', in J. Zeig and S. Gilligan (eds), *Brief Therapy: Myths, Methods and Metaphors*. New York: Brunner/Mazel.
Leebert, H. (2006) 'Reflections on ... the colour blindness of counselling', *Healthcare Counselling & Psychotherapy Journal*, 6(4): 4–5.
Legoff, D.B. and Sherman, M. (2006) 'Long-term outcome of social skills intervention based on interactive LEGO play', *Autism*, 10(4): 317–29.
Lendrum, S. (2004) 'Satisfactory endings in therapeutic relationships: Part 2', *Healthcare Counselling & Psychotherapy Journal*, 4(3): 31–5.
Li, H.C.W. (2007) 'Evaluating the effectiveness of preoperative interventions: the appropriateness of using the children's emotional manifestation scale', *Journal of Clinical Nursing*, 16: 1919–26.
Li, H.C.W., Chung, J.O.K., Ho, K.Y. and Kwok, B.M.C. (2016) 'Play interventions to reduce anxiety and negative emotions in hospitalized children', *BMC Pediatrics*, 16: 36–44.
Li, H.C.W. and Lopez, V. (2008) 'Effectiveness and appropriateness of therapeutic play intervention in preparing children for surgery: a randomized controlled trial study', *Journal for Specialists in Pediatric Nursing*, 13(2): 63–73.
Li, H.C.W., Lopez, V. and Lee, T.L.I. (2007a) 'Effects of preoperative therapeutic play on outcomes of school-age children undergoing day surgery', *Research in Nursing & Health*, 30: 320–32.
Li, H.C.W., Lopez, V. and Lee, T.L.I. (2007b) 'Psychoeducational preparation of children for surgery: the importance of parental involvement', *Patient Education and Counseling*,

65, 34–41.

Lin, Y-W. and Bratton, S.C. (2015) 'A meta-analytic review of child-centered play therapy approaches', *Journal of Counseling and Development*, 93: 45–58.

Lowenfeld, M. (1967) *Play in Childhood*. New York: Wiley.

Lynch, M. (1994) 'Preparing children for day surgery', *Children's Health Care*, 23(2): 75–85.

Macner-Licht, B., Rajalingam, V. and Bernard-Opitz, V. (1998) 'Childhood Leukaemia: towards an integrated psychosocial intervention programme in Singapore', *Annals of the Academy of Medicine, Singapore*, 27(4): 485–90.

Macy, R.D., Macy, D.J., Gross, S.I. and Brighton, P. (2003) 'Healing in familiar settings: support for children and youth in the classroom and community', *New Directions for Youth Development*, 98: 51–79.

Madden, J.R., Mowry, P., Gao, D., McGuire Cullen, P. and Foreman, N.K. (2010) 'Creative arts therapy improves quality of life for pediatric brain tumor patients receiving outpatient chemotherapy', *Journal of Pediatric Oncology Nursing*, 27(3): 133–45.

Mah, J.W.T. and Johnston, C. (2012) 'Cultural variations in mothers' acceptance of and intent to use behavioral child management techniques', *Journal of Child and Family Studies*, 21(3): 486–97.

Malekoff, A. (2014) *Groupwork with Adolescents* (4th ed.). New York: Guilford.

Margolis, J.O., Ginsberg, B., Dear, G.D.L., Ross, A.K., Goral, J.E. and Bailey, A.G. (1998) 'Paediatric preoperative teaching: effects at induction and postoperatively', *Paediatric Anaesthesia*, 8: 17–23.

Martin, J. (1994) *The Construction and Understanding of Psychotherapeutic Change*. New York: Teachers College Press.

McColgan, M. and Giardino, A.P. (2005) 'Internet Poses Multiple Risks to Children and Adolescents', *Pediatric Annals*, 34(5): 405–14.

McMahon, L. (1992) *The Handbook of Play Therapy*. London: Routledge.

Maslow, A.H. (1954) *Motivation and Personality*. New York: Harper.

Miller, D.E. (2004) *The Stop Think Do Program*. Longwood, FL: Xulon.

Millman, H. and Schaefer, C.E. (1977) *Therapies for Children*. San Francisco: Jossey-Bass.

Miner, M.H. (2006) 'A proposed comprehensive model for ethical decision-making (EDM)', in S. Morrissey and P. Reddy (eds), *Ethics and Professional Practice for Psychologists*. South Melbourne: Thomson Social Science Press.

Mitchell, C.W., Disque, J.G. and Robertson, P. (2002) 'When parents want to know: responding to parental demands for confidential information', *Professional School Counseling*, 6(2): 156.

Morgan, A. (2000) *What is Narrative Therapy?* Adelaide: Dulwich Centre.

Nabors, L., Ohms, M., Buchanan, N., Kirsh, K.L., Nash, T., Passik, S.D. and Brown, G. (2004) 'A pilot study of the impact of a grief camp for children', *Palliative and Supportive Care*, 2: 403–8.

Nasab, H.M. and Alipour, Z.M. (2015) 'The effectiveness of sandplay therapy in reducing symptoms of separation anxiety in children 5 to 7 years old', *Journal of Educational Sciences and Psychology*, 5(1); 47–53.

Oaklander, V. (1988) *Windows to our Children*. New York: Center for Gestalt

Development.

O'Connor, C. and Stagnitti, K. (2011) 'Play, behaviour, language and social skills: the comparison of a play and a non-play intervention within a specialist school setting', *Research in Developmental Disabilities,* 32: 1205–11.

Oldham, J., Key, J. and Starak, V. (1978) *Risking Being Alive.* Bundoora: Pit Publishing.

Olenik-Shemesh, D. and Heiman, T. (2014) 'Exploring cyberbullying among primary children in relation to social support, loneliness, self-efficacy, and well-being', *Child Welfare,* 93(5): 27–46.

Ononogbu, S., Wallenius, M., Punamaki, R.-L., Saarni, L., Lindholm, H., and Nygard, C.-H. (2014) 'Association between Information and Communication Technology Usage and the Quality of Sleep among School-Aged Children during a School Week', *Sleep Disorders,* 2014: 1–6.

Oravec, J.A. (2000) 'Internet and computer technology hazards: Perspectives for family counselling', *British Journal of Guidance & Counselling,* 28(3): 309–24.

Osel, T. (1988) 'Health in the Buddhist tradition', *Journal of Contemplative Psychotherapy,* 5: 63–5.

Parry, A. and Doan, R. (1994) *Story Re-visions: Narrative Therapy in the Post-Modern World.* New York: Guilford.

Pearson, M. and Wilson, H. (2001) *Sandplay and Symbol Work: Emotional Healing and Personal Development with Children, Adolescents, and Adults.* Camberwell: ACER Press.

Petersen, L. and Adderley, A. (2002) *Stop, Think, Do: Social Skills Training for Primary Years.* Melbourne: ACER Press.

Phillips, R.D. (2010) 'How firm is our foundation? Current play therapy research', *International Journal of Play Therapy,* 19(1), 13–25.

Piaget, J. (1962) *Play, Dreams and Imitations.* New York: Norton.

Piaget, J. (1971) *Psychology and Epistemology: Towards a Theory of Knowledge.* Trans. A. Rosin. New York: Viking.

Pierce, R.A., Nichols, M.P. and Du Brin, M.A. (1983) *Emotional Expression in Psychotherapy.* New York: Gardner.

Pinsoff, W.M. (1994) 'An overview of Integrative Problem Centered Therapy: a synthesis of family and individual psychotherapies. Special Issue: Developments in family therapy in the USA', *Journal of Family Therapy,* 16: 103–20.

Pope, K.S. and Vasquez, M.J.T. (2016) *Ethics in Psychotherapy and Counseling: A Practical Guide* (5th ed.). Hoboken: John Wiley & Sons.

Potter, R.H. and Potter, L.A. (2001) 'The Internet, cyberporn, and sexual exploitation of children: Media moral panics and urban myths for middle-class parents?', *Sexuality & Culture,* 5(3): 31–48.

Powell, D.H. (1995) 'Lessons learned from therapeutic failure', *Journal of Psychotherapy Integration,* 5: 175–81.

Pressdee, D., May, L., Eastman, E. and Grier, D. (1997) 'The use of play therapy in the preparation of children undergoing MR imaging', *Clinical Radiology,* 52: 945–7.

Prochaska, J.O. (1999) 'How do people change, and how can we change to help many more people?', in M. Hubble, B. Duncan and S. Miller (eds), *The Heart and Soul of*

Change: What Works in Therapy? Washington, DC: American Psychological Association.

Prochaska, J. and DiClemente, C. (1982) 'Transtheoretical therapy: toward a more integrative model of change', *Psychotherapy: Theory Research and Practice*, 19: 276–88.

Prochaska, J. and DiClemente, C. (1983) 'Stages and processes of self-change of smoking: toward an integrative model of change', *Journal of Consulting and Clinical Psychology*, 51: 390–5.

Queensland Counsellors Association (2009) *Code of Ethics*. Retrieved 10 March 2012, from www.qca.asn.au/index.php?option=com_content&task=view&id=14&Itemid=32

Rachman, A.W. and Raubolt, R. (1985) 'The clinical practice of group psychotherapy with adolescent substance abusers', in T.E. Bratter and C.G. Forrest (eds), *Alcoholism and Substance Abuse: Strategies for Clinical Intervention*. New York: Free Press.

Ramzy, I. (1978) *The Piggle: An Account of the Psychoanalytic Treatment of a Little Girl by D.W. Winnicott*. London: Hogarth Press.

Ray, D.C., Armstrong, S.A., Balkin, R.S. and Jayne, K.M. (2015) 'Child-centered play therapy in the schools: review and meta-analysis', *Psychology in the Schools*, 52(2): 107–23.

Ray, D.C., Schottelkorb, A. and Tsai, M.-H. (2007) 'Play therapy with children exhibiting symptoms of Attention Deficit Hyperactivity Disorder', *International Journal of Play Therapy*, 16(2): 95–111.

Reisman, J.M. and Ribordy, S. (1993) *Principles of Psychotherapy with Children* (2nd ed.). Lexington, MA: Lexington Books.

Resnick, R. (1995) 'Gestalt therapy: principles, prisms and perspectives', *British Gestalt Journal*, 4(1): 3–13.

Rogers, C.R. (1942) *Counseling and Psychotherapy*. Boston: Houghton-Mifflin.

Rogers, C.R. (1955) *Client-Centered Therapy*. Boston: Houghton-Mifflin.

Rogers, C.R. (1965) *Client-Centered Therapy: its Current Practice, Implications and Theory*. Boston: Houghton-Mifflin.

Rose, S.D. (1998) *Group Therapy with Troubled Youth: A Cognitive Behavioural Interactive Approach*. Thousand Oaks, CA: Sage.

Rose, S.D. and Edleson, J.L. (1987) *Working with Children and Adolescents in Groups: A Multi-method Approach*. San Francisco, CA: Jossey-Bass.

Ryce-Menuhin, J. (1992) *Jungian Sand Play: The Wonderful Therapy*. New York: Routledge, Chapman & Hall.

Scaturo, D.J. (1994) 'Integrative psychotherapy for panic disorder and agoraphobia in clinical practice', *Journal of Psychotherapy Integration*, 4: 253–72.

Schaefer, C.E. and O'Connor, K.J. (eds) (1983) *Handbook of Play Therapy*. New York: Wiley.

Schaefer, C.E. and O'Connor, K.J. (eds) (1994) *Handbook of Play Therapy – Advances and Innovations*. New York: Wiley.

Schnitzer de Neuhaus, M. (1985) 'Stage 1: Preparation', in A.M. Siepker and C.S. Kandaras (eds), *Group Therapy with Children and Adolescents: A Treatment Manual*. New York: Human Sciences Press.

Selvini-Palazzoli, M., Boscolo, L., Cecchin, G. and Prata, G. (1980) 'Hypothesizing – circularity – neutrality: three guidelines for the conductor of the session', *Family Process*,

19: 3–12.

Shechtman, Z. (1999) 'Bibliotherapy: an indirect approach to treatment of childhood aggression', *Child Psychiatry and Human Development*, 30(1): 39–53.

Shelby, J. (1994) 'Psychological intervention with children in disaster relief shelters', *The Child, Youth, and Family Services Quarterly*, 17: 14–18.

Shen, Y.-J. (2002) 'Short-term group play therapy with Chinese earthquake victims: effects on anxiety, depression, and adjustment', *International Journal of Play Therapy*, 11(1): 43–63.

Shields, M.K. and Behrman, R.E. (2000) 'Children and computer technology: Analysis and recommendations', *The Future of Children*, 10(2): 4–30.

Shirk, S.R. and Karver, M. (2003) 'Prediction of treatment outcome from relationship variables in child and adolescent therapy: a meta-analytic review', *Journal of Consulting and Clinical Psychology*, 71(3): 452–64.

Siepker, A.M. and Kandaras, C.S. (eds) (1985) *Group Therapy with Children and Adolescents: A Treatment Manual*. New York: Human Sciences Press.

Skinner, B.F. (1953) *Science and Human Behavior*. New York: Macmillan.

Sloves, R. and Belinger-Peterlin, K. (1986) 'The process of time limited psychotherapy with latency aged children', *Journal of the American Academy of Child Psychiatry*, 25: 847–51.

Sloves, R. and Belinger-Peterlin, K. (1994) 'Time limited play therapy', in C.E. Schaefer and K.J. O'Connor (eds), *Handbook of Play Therapy – Advances and Innovations*. New York: Wiley.

Smahel, D., Wright, M.F. and Cernikova, M. (2015) 'The Impact of Digital Media on Health: Children's Perspectives', *International Journal of Public Health*, 60: 131–7.

Speers, R.W. and Lansing, C. (1965) *Group Therapy in Childhood Psychoses*. Chapel Hill, NC: University of North Carolina Press.

Spitz, H.I. (1987) 'Cocaine abuse: therapeutic approaches', in H.I. Spitz and J.S. Rosecan (eds), *Cocaine Abuse: New Directions in Treatment and Research*. New York: Brunner/Mazel.

Steenbarger, B.X. (1992) 'Toward science–practice integration in brief counselling and therapy', *Counselling Psychologist*, 20: 403–50.

Swanson, A.J. (1996) 'Children in groups: indications and contexts', in P. Kymissis and D.A. Halperin (eds), *Group Therapy with Children and Adolescents*. Washington, DC: American Psychiatric Press Inc.

Tallman, K. and Bohart, A. (1999) 'The client as a common factor: clients as selfhealers', in M. Hubble, B. Duncan and S. Miller (eds), *The Heart and Soul of Change: What Works in Therapy*. Washington, DC: American Psychological Association.

Tuukkanen, T. and Wilska, T.-A. (2015) 'Online environments in children's everyday lives: Children's, parents' and teachers' points of view', *Young Consumers*, 16(1): 3–16.

Vernberg, E.M., Routh, D.K. and Koocher, G.P. (1992) 'The future of psychotherapy with children: developmental psychotherapy', *Journal of Psychotherapy*, 29: 72–80.

Walter, J. and Peller, J. (1992) *Becoming Solution Focussed in Brief Therapy*. New York: Brunner/Mazel.

Wampold, B.E. (2001) *The Great Psychotherapy Debate: Models, Methods, and Findings*. Mahwah: Lawrence Erlbaum Associates, Publishers.

Wartella, E.A. and Jennings, N. (2000) 'Children and Computers: New Technology–Old Concerns', *The Future of Children,* 10(2): 31–43.

Watkins, C.E. and Watts R.E. (1995) 'Psychotherapy survey research studies: some consistent findings and integrative conclusions', *Psychotherapy in Private-Practice,* 13: 49–68.

Watson, J.C. and Rennie, D.L. (1994) 'Qualitative analysis of clients' subjective experience of significant moments during the exploration of problematic reactions', *Journal of Counselling Psychology,* 41: 500–9.

Wedding, D. and Corsini, R.J (eds) (2014) *Current Psychotherapies* (10th ed.). Belmont, CA: Brooks/Cole.

White, M. and Epston, D. (1990) *Narrative Means to Therapeutic Ends.* New York: Norton.

Wilson, S.L., Raval, V.V., Salvina, J., Raval, P.H. and Panchal, I.N. (2012) 'Emotional expression and control in school-age children in India and the United States', *Merrill-Palmer Quarterly,* 58(1): 50–76.

Wolfberg, P., DeWitt, M., Young, G.S. and Nguyen, T. (2015) 'Integrated play groups: promoting symbolic play and social engagement with typical peers in children with ASD across settings', *Journal of Autism and Developmental Disorders,* 45: 830–45.

Yan, M.C. and Wong, Y.-L.R. (2005) 'Rethinking self-awareness in cultural competence: toward a dialogic self in cross-cultural social work', *Families in Society,* 86(2): 181–8.

Yontef, G. (1993) 'Gestalt therapy', in C.E. Watkins (ed.), *Handbook of Psychotherapy Supervision.* New York: Wiley.

Zahr, L.K. (1998) 'Therapeutic play for hospitalized preschoolers in Lebanon', *Pediatric Nursing,* 23(5): 449–54.

Zeig, J. and Gilligan, S. (eds) (1990) *Brief Therapy: Myths, Methods and Metaphors.* New York: Brunner/Mazel.